U0326249

功能多孔材料的控制制备及其电化学性能研究

韩丽娜　著

北　京
冶　金　工　业　出　版　社
2021

内 容 提 要

本书全面系统地介绍了碳材料及过渡金属氧化物的电催化性能（包括氧还原、氧析出催化反应）及其在锌-空气电池中的应用；改性碳材料在超级电容器中的应用以及过渡金属氮化物（氮化钛）@氮掺杂碳复合材料的储锂性能。重点介绍了碳材料的定向调控及其在电催化性能、锌-空气电池性能及超级电容器性能等，过渡金属氧化物 TiO_2 材料的定向调控及其锌-空气电池性能，过渡金属氮化物（氮化钛）/氮掺杂碳复合材料的构筑及其储锂性能。

本书可供从事能源、材料、化工、动力、物理等领域的科技工作者和相关科研人员使用，也可供高等院校相关专业师生参考。

图书在版编目(CIP)数据

功能多孔材料的控制制备及其电化学性能研究/韩丽娜著. —北京：冶金工业出版社，2019.1（2021.3 重印）
ISBN 978-7-5024-7970-1

Ⅰ.①功…　Ⅱ.①韩…　Ⅲ.①功能材料—多孔性材料—电化学—化工设备—研究　Ⅳ.①TQ150.5

中国版本图书馆 CIP 数据核字(2018)第 302474 号

出 版 人　苏长永
地　　址　北京市东城区嵩祝院北巷 39 号　邮编　100009　电话　(010)64027926
网　　址　www.cnmip.com.cn　电子信箱　yjcbs@cnmip.com.cn
责任编辑　李培禄　美术编辑　吕欣童　版式设计　孙跃红　禹　蕊
责任校对　郑　娟　责任印制　李玉山
ISBN 978-7-5024-7970-1
冶金工业出版社出版发行；各地新华书店经销；北京中恒海德彩色印刷有限公司印刷
2019 年 1 月第 1 版，2021 年 3 月第 3 次印刷
787mm×1092mm　1/16；12.25 印张；302 千字；185 页
53.00 元

冶金工业出版社　投稿电话　(010)64027932　投稿信箱　tougao@cnmip.com.cn
冶金工业出版社营销中心　电话　(010)64044283　传真　(010)64027893
冶金工业出版社天猫旗舰店　yjgycbs.tmall.com
（本书如有印装质量问题，本社营销中心负责退换）

前　言

当今能源和环境问题已经成为制约经济发展的主要因素，传统的能源利用方式由于资本投入大、产出经济效益小、环境污染大等缺点，已经不再适应经济的可持续发展和人与自然和谐发展的要求。锂离子电池、锌-空气电池、超级电容器等储能器件具有能源利用效率高、环境污染小等特点，目前已经成为人们研究的热点技术。电极材料的结构和特性影响储能器件的电化学性能。多孔材料具有比表面积高、孔隙率大等优点被广泛应用于电催化、电池、以及超级电容器等领域。多孔材料中的介孔和大孔结构有利于物质的快速传输；微孔结构有利于提高材料的比表面积，从而为反应提供更多的接触面积。因此合理搭配微孔和介孔/大孔结构（相互连接的微孔和介孔）是一种有效的提高材料性能的方法。除此之外，杂原子掺杂也是提高材料性能的有效方法之一。

本书以具有特定形貌和结构的超分子自组装化合物为模板剂或者前驱体，构筑了空心结构材料、多级孔材料，并针对这些材料在电催化、锌-空气电池、超级电容器、锂离子电池等储能器件中的应用进行了研究。首先采用X射线衍射分析（XRD）、扫描电子显微镜（SEM）、透射电子显微镜（TEM）、氮气吸附-脱附仪、拉曼光谱（Raman）、X射线光电子能谱分析（XPS）、X射线吸收精细结构（XAFS）等分析手段，系统地研究了掺杂或者复合后材料的结构，然后通过旋转圆盘电极（RDE）、旋转环盘电极（RRDE）、循环伏安、恒电流充放电等手段研究了改性后材料的电化学性能。探讨了电催化反应过程、超级电容器储能机理以及储锂机理，为新型储能器件的进一步开发和应用提供理论基础和实际应用依据。

本书所涉及的所有相关实验和表征测试等均在上海交通大学化学与化工学院完成。在成稿和修改的全过程中，始终得到上海交通大学陈接胜教授和李新昊特别研究员的具体指导和帮助，在此表示衷心的感谢。同时，感谢昆明理工大学张英杰教授、隋育栋博士对本书提供的意见和帮助。

感谢国家自然科学基金（资助号：51802134）、第11批中国博士后科学基金特别资助（资助号：2018T110999）以及昆明理工大学高层次人才引进项目启动经费对本书所涉研究工作的资助。

由于著者水平所限，加之时间仓促，书中难免存在缺点和错误，敬请广大读者批评与指正。

韩丽娜

2018年9月

目 录

1 绪　论

1.1 概述

科学技术的发展和新型科研领域的探索，推动了人们对各种传统材料及功能材料的深入了解与研究。同时，对这些材料的深入探索也在不断地改变人类对社会与自然的认知，为人类社会的发展与进步提供坚实的物质基础。在众多的纳米材料中，多孔材料在材料学、化学以及物理学等领域一直备受关注，随着其研究的不断深入和发展成熟，已经成为跨学科的研究热点之一，其在石油化工、生物技术、环境治理净化、信息技术等重大科学技术以及工业生产领域内都有重要的应用。

多孔材料是指含有微孔、介孔或者大孔等孔结构的材料。与其他材料相比较，多孔材料具有相对密度低、比强度高、比表面积大、隔音、隔热、渗透性好等优点被广泛应用于各个领域。自然界中存在很多多孔材料，如竹子、蜂窝、六角形细胞、肺泡、有序大孔材料、介孔聚合物材料以及微孔聚合物材料等，如图 1-1 所示[1,2]。合理设计和模仿自然界

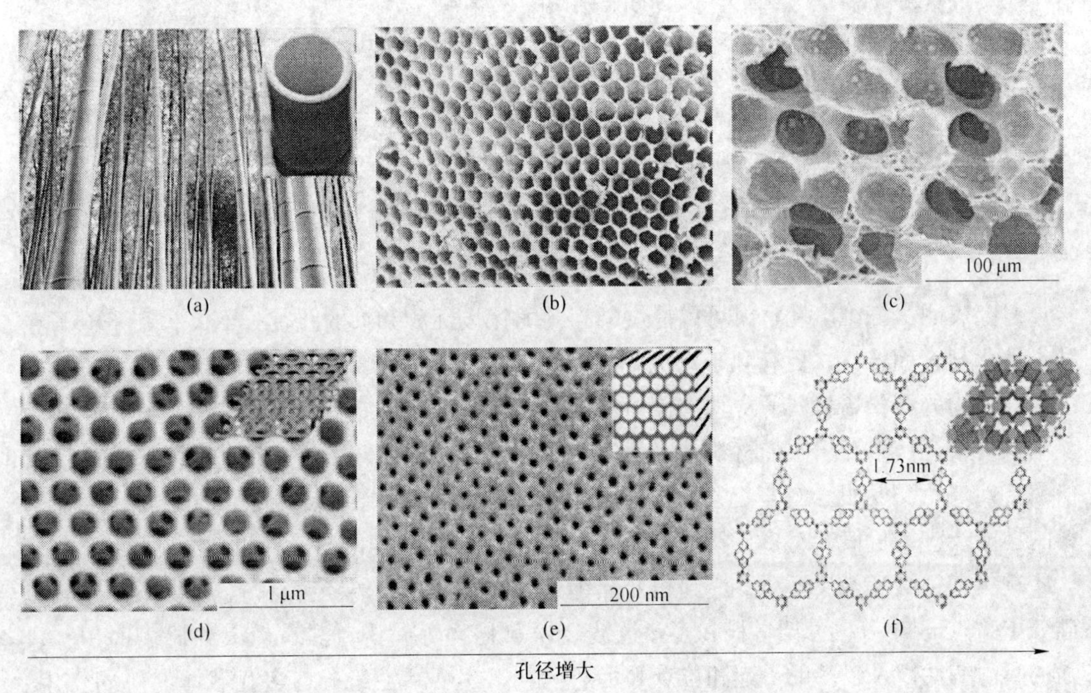

(a)　(b)　(c)　(d)　(e)　(f)

图 1-1　自然界中存在的和合成的不同孔径尺寸的多孔材料

(a) 竹子；(b) 马蜂窝；(c) 小鼠肺中的肺泡组织；(d) 直接模板法制备出的有序大孔聚合物；(e) 由嵌段共聚物自组装而成的有序介孔聚合物；(f) 有序微孔聚合物

中存在的多孔结构材料，早已成为一个重要的研究课题。多年来，人们使用不同的合成方法合成不同种类的多孔材料，如分子筛、多孔碳材料、多孔金属材料、多孔金属氧化物以及多孔聚合物材料等[3]。

通常情况下，根据孔径尺寸大小，多孔材料可分为三类：微孔（孔径尺寸小于 2nm）材料、介孔（孔径尺寸介于 2~50nm 之间）材料和大孔（孔径尺寸大于 50nm）材料[4]。很多形貌的孔材料含有的不只是一种孔结构，通常含有微孔、介孔和大孔中的两种或者三种孔结构。其中，微孔和介孔可以有效的提高材料的比表面积，为吸附或者化学反应提供更多的活性位点，而大孔和孔径较大的介孔有利于大分子的通过[5]。研究最多的是由微孔、介孔和大孔结构组成的纳米多级孔材料，这种材料通常具有较大的比表面积和孔隙率、易扩散、易塑、高稳定性、晶粒尺寸可控、化学组分可控以及形貌多样性等优点，如图 1-2 所示[6]。不同孔结构之间可通过协同效应产生更优异的性能，比如更有利于药物和生物蛋白质的负载及缓释，在光子晶体、催化、吸附分离、传感器、电池材料吸附和分离等领域也有着广泛的应用前景[7]。因此，很多人致力于开发新颖的合成方法制备新型多级孔材料，使材料具有更优异的性能和更广阔的应用领域。

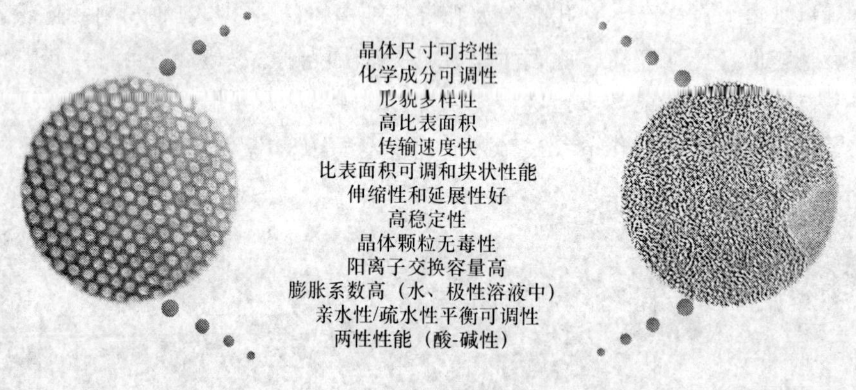

图 1-2 微孔和介孔纳米材料的重要性能

研究表明，三维多孔材料可以提供相当高的比表面积和大的孔容，不仅有利于电子在纳米催化剂表面转移，更有利于反应物在材料中进行传输[8]。比如，在碳材料中，含有多级孔结构的石墨烯材料通常具有优异的导电性、电催化性能等，其特殊的孔结构和多种孔结构的组合使多孔石墨烯材料在电化学储能和能量转移器件中具有较高的能量密度以及倍率特性等[9]。因此，怎样合理调节多孔材料的尺寸、形貌、组分和结构以提高多孔材料的性能及应用价值，对多孔材料的发展起着至关重要的作用。

近年来，纳米科技逐渐渗透到相变储能和催化领域，纳米多孔材料（如介孔二氧化硅分子筛、金属-有机骨架材料和多孔过渡金属氧化物等）因其具有较大的比表面积、较强的吸附特性以及较多的不饱和位点等特点，可以实现活性组分与多孔载体的协同作用。诸多典型纳米多孔材料丰富了纳米材料的范畴，同时纳米多孔材料的表面修饰及精细合成也为其应用领域的扩展提供了新的途径。因此，基于纳米多孔材料的改性成为了未来纳米多孔材料应用研究的核心思路和发展趋势。

1.2 多孔材料的形成机理

由于多孔材料的电子、光学、磁性、催化性能和力学性能取决于材料的本征性质，而这些本征性质和材料的种类和物相等密切相关，通过调控材料的晶型、结构等可以在一定程度上提高材料的性能，除此之外提高材料的比表面积、孔径分布和孔容等也是提高材料的性能的一种有效的方法。因此，可通过设计具有不同孔结构和特殊形貌来提高材料的性能。通常来讲，制备多孔材料的方法主要包括模板法、乳液法以及喷雾热分解方法等。模板法是制备形貌均一、孔径分布均一的多孔材料最有效的方法[10,11]。模板法是利用多孔材料作为模板剂，通过一定的技术将目标材料负载在模板上，然后经过退火、腐蚀或者溶解等方法将最初的模板剂移除，最终制得与模板剂形貌和尺寸类似的纳米多孔材料。按照使用的模板剂不同，主要分为乳液聚合物模板法、生物模板法、胶晶模板法以及多孔氧化铝模板法等。

在使用模板法合成多孔材料的过程中主要涉及以下三个主要组分：在组装过程中起导向作用的模板剂、为反应提供场所的溶剂和用来生成孔壁的物种。多孔材料的合成需要这三个组分中任何两个组分之间具有较强的相互作用。其中，模板剂与物种（包括有机物和无机物）之间的相互作用是多孔纳米材料的主要影响因素，是不同多孔材料合成过程中存在的共同点。这种相互作用力通常包括静电作用力、氢键作用以及配位键等。

对于不同的反应体系，模板剂和物种之间的相互作用力不同，可以得到不同结构的反应产物。例如，Antonelli 等人采用有机胺作为模板剂合成多孔 TiO_2[12]，制备的 TiO_2 材料表现为虫洞状孔结构。多孔 TiO_2 结构的形成是由于电中性的胺与钛低聚物之间的氢键作用引起的。由于钛源的反应速率快，难以控制其水解和缩合速率，因此得到的介孔 TiO_2 是呈现出虫洞般的有序结构，而不是有序的介孔结构。反应体系对超分子自组装模板剂和无机物种的水解和缩聚，溶剂起着重要的作用。Yang 等人第一次采用协同自组装过程制备介孔 TiO_2[13]，在非水系溶液中（乙醇中）通过四氯化钛作为前驱体，三嵌段共聚物 P123（聚环氧乙烷-聚环氧丙烷-聚环氧乙烷三嵌段共聚物）作为模板剂，使用常用的溶剂蒸发自组装方法制备介孔二氧化钛，由于反应过程中是在无水体系中进行，水解和缩聚速率降低，前驱体和模板剂之间通过弱配位键作用相互结合，最终形成具有高比表面积和孔分布的六边形或者六方形介孔 TiO_2 材料。

在水溶液中，钛源极易水解生成大块颗粒状的 TiO_2 材料，不利于在模板剂表面水解成固定结构的多孔材料。但是在酸性醇溶液中，钛源水解速率明显降低。因此，可以通过调节不同溶液和表面活性剂等来控制纳米材料的形貌[14]。Yusuke Yamauchi 等人在酸性四氢呋喃溶液中[15]，具有三个不同化学单元的不对称三嵌段共聚物自组装成聚合物胶束，铂（2，4-戊二醇）与聚苯乙烯核之间的强疏水相互作用，异丙醇钛与聚（乙烯基吡啶）壳之间的静电相互作用力，能够直接合成介孔 Pt 纳米颗粒修饰的介孔 TiO_2 材料，如图 1-3 所示。

使用模板剂合成多孔材料的反应原理，针对使用不同反应体系合成有序介孔材料，提出了以下几种反应机理：液晶模板机理[16]、协同作用机理[17]、电荷密度匹配机理[18]和广义液晶模板机理[19]等。

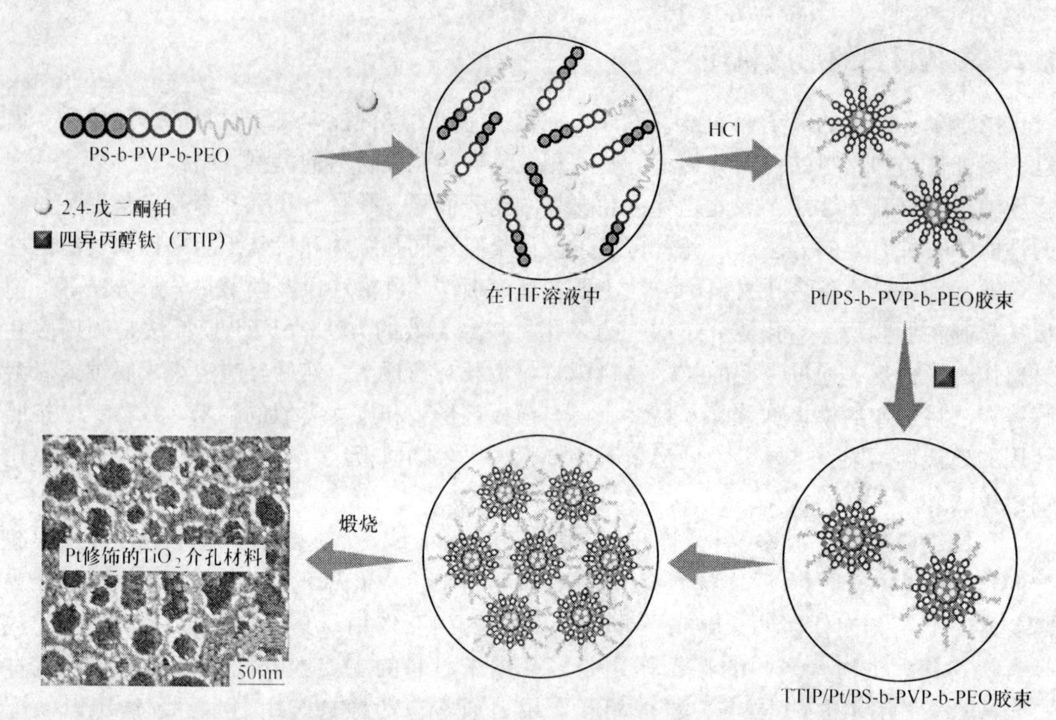

图 1-3 使用聚合物胶束自组装合成 Pt 修饰的 TiO_2 介孔材料示意图

1.2.1 液晶模板机理

液晶模板机理最早是由 Mobil 公司为了解释 M41S 系列分子筛的合成机理提出的，如图 1-4 所示。该机理认为具有两性基团的表面活性剂在水等溶剂中形成胶束，胶束的形状取决于溶剂以及表面活性剂的浓度等。加入无机或者聚合物单体与胶束之间通过非共价键相互作用，沉淀或者聚集在胶束之间或者孔隙内，进一步聚合固化形成无机物或者有机聚合物。他们的依据是高分辨电子显微镜成像和 X-射线衍射结果与表面活性剂在水中生成的溶致液晶的相应实验结果非常类似。也就是说，液晶模板机理是基于合成产物和表面活性剂溶致液晶相之间具有相似的空间对称性而提出的，可以认为介孔分子筛的合成是以表面活性剂的不同溶致液晶相为模板。目前液晶模板机理也用于解释其他多孔材料的合成机理[20]，比如合成介孔金属材料[21]。使用这种合成方法合成多孔材料需要特殊的实验条件，比如高浓度的非离子表面活性剂，表面活性剂的高含量增加了前驱体溶液的黏性。

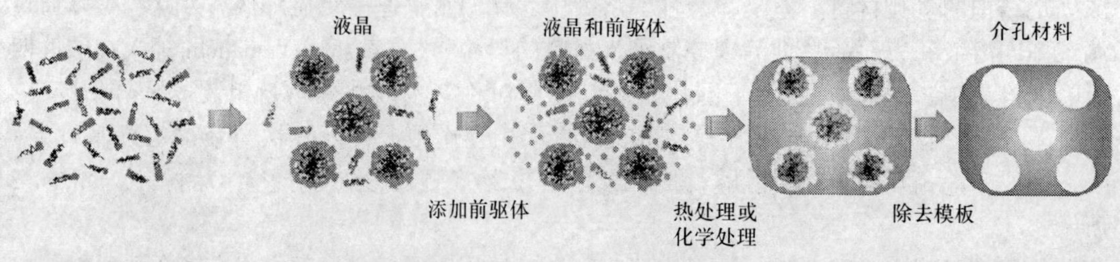

图 1-4 利用液晶模板作用合成纳米多孔材料的形成过程

液晶模板机理可解释表面活性剂浓度及反应温度等因素对产物结构的微区相转变规

律，可利用表面活性剂胶束的有效堆积参数与不同溶致液晶相结构之间的关系，指导如何利用不同结构的表面活性剂或加入助剂来设计合成不同结构的介化分子筛等。但是考虑到表面活性剂的液晶相对溶液的性质非常敏感，Mobil 公司的 Kesge 等人又提出另外一种可能的途径：硅物种的加入导致它们与表面活性剂胶束一起，通过自组装作用形成六方有序结构。但是，随着人们对介孔材料研究的深入，液晶模板机理的适用性受到限制。由于表面活性剂在水溶液中生成液晶相需要较高的浓度（例如，十六烷基三甲基溴化铵（CTAB），在28%以上可以生成六方相，生成立方相则需要约80%以上），而实际上 MCM-41 在很低的表面活性剂浓度下就能得到（如2%），即使合成立方相的 MCM-48 也无需非常高的表面活性剂浓度。而且 MCM-41 可在模板剂胶束不能稳定存在的温度（>170℃）下形成。此外，在水溶液中不能形成胶束的短链表面活性剂作为模板剂仍可合成 MCM-41 或类 MCM-41 材料。因而液晶模板机理很快就被否定了[22]。

1.2.2 协同作用机理

液晶模板机理简单直观，却无法解释所有合成纳米多孔材料的实验现象，比如在不同浓度的小分子前驱体溶液、不同的离子表面活性剂等条件下，可以得到不同形貌的胶束等自组装化合物。如图 1-5 所示，协同作用机理认为在合成有序介孔材料时，介观结构是通过前驱体和表面活性剂的共同作用组装形成的。与液晶模板机理不同的是，无机（或者有机）小分子和表面活性剂一起分散到溶液中，这些无机（或者有机）小分子通过分子间的相互作用力聚集在一起，这些相互作用力来自于离子表面活性剂和水解的溶胶-凝胶前驱体之间的静电吸引力、氢键作用或配位键等相互作用。随着反应的继续进行，这些杂化前驱体-表面活性剂簇凝聚自组装成纳米复合物，最终形成该前体包围的液晶相，并且此模板材料可以从溶液中析出[23]。通过解释协同作用机理的过程可以发现，无机或者有机前驱体的凝聚速率小于表面活性剂的自组装速率，如果其凝聚过程在形成液晶相之前发生，就会析出没有模板剂的前驱体，最后导致形成无序的结构材料。协同作用机理有助于解释介孔分子筛合成中的诸多实验现象，具有一定的普遍性，同时还可以适用于一些非硅介孔材料的合成。值得一提的是，利用该机理，Stucky 小组首次在酸性条件下实现了氧化硅介孔分子筛的合成，如 SBA-1、SBA-3、SBA-15 和 SBA-16 等[22]。

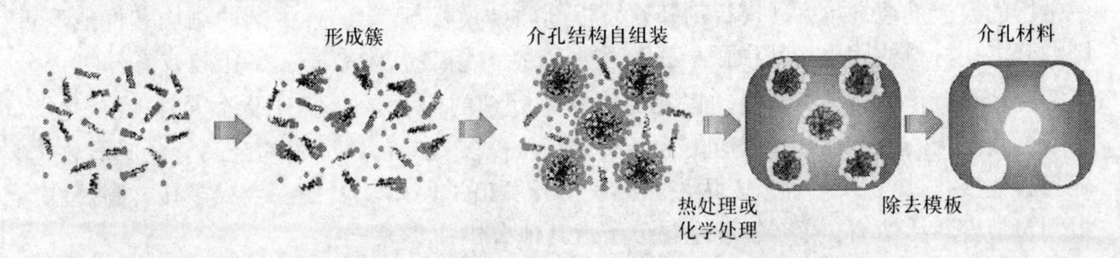

图 1-5 利用协同作用合成纳米多孔材料的形成过程

无机物通过库仑力与模板剂相互作用，在模板剂外表面包裹 2~3 层原子层的无机物，然后自发地聚集在一起堆积成具有一定形貌的结构，同时伴随着无机盐的水解、缩聚，经过一定时间后，无机物种在模板剂表面完全水解形成无机物/模板剂复合物。通过化学刻蚀等方法除去模板剂后即可得到多孔材料[24]。利用无机物与模板剂的相互作用力制备多孔材料最早是在形成 MCM-41 过程中提出来的[25]。

1.2.3 电荷密度匹配机理

Monnier 等在液晶模板模型基础上提出了“电荷密度匹配机理”，该机理主张有机、无机离子在界面处的电荷匹配。他们认为在 MCM-41 材料的合成过程中，溶液中首先形成由阳离子表面活性剂和阴离子硅源通过静电吸引作用而成的层状相，当硅源物种开始在界面沉积、聚集收缩时，无机相的负电荷密度下降。为了保证与表面活性剂之间的电荷密度平衡，带正电表面活性剂亲水端的有效占据面积增加，以达到电荷密度相匹配，从而使层状结构发生弯曲，层状介孔结构转变为六方相的介孔结构。利用这个机理可以用来合成六方晶型介孔磷酸盐氧钒材料([CTS]$VOPO_4 \cdot zH_2O$)、碲钒等材料[26,27]。

除了上述的反应机理之外，还提出了其他的机理解释，例如 Huo 等人在液晶模板机理的基础上提出了广义模板机理并归纳出 7 种不同类型的无机物与表面活性剂基团之间的相互作用方式[28]，从而将液晶模板机理推广到非硅组成的介孔材料的合成中。他们认为，首先表面活性剂分子与无机前驱体之间靠协同模板作用成核形成液晶相，然后进一步缩聚形成介孔结构。

硅酸盐片迭机理是由层状聚硅酸盐为前驱体制备介孔无机固体材料[29]。单层聚硅酸盐与烷基三甲基化铵溶液形成 Kanemite 季铵盐嵌入物，焙烧后可以得到介孔无机固体材料。但是，这些机理用以解释在特殊条件下合成的某些特殊的介孔材料不具备普遍意义。目前，最为经典和最被普遍接受的机理仍然是液晶模板机理和协同作用机理。在协同作用机理中，无机或者有机前驱体的凝聚速率和表面活性剂的自组装速率对于合成介孔材料起着重要的作用，如果无机或者有机前驱体的凝聚速率小于表面活性剂的自组装速率，则可以形成有序的介孔材料[30]。与此相反，如果无机或者有机前驱体的凝聚速率大于表面活性剂的自组装速率，则生成无序的多孔材料[31]。因此，可以通过控制无机或者有机前驱体的凝聚速率和表面活性剂的自组装速率来得到不同孔（比如多级孔）结构的材料。

1.3 多孔材料的制备方法

模板法（templating method）是最常用、最有效的合成多孔结构材料的方法。模板法中常用的模板剂通常包括硬模板剂和软模板剂两种模板剂[32]，模板剂的结构和性能严重影响到多孔材料的性质。其中硬模板剂主要包括自组装胶体晶体、多孔硅或者 SiO_2、分子筛、多孔氧化铝、碳纳米管，以及经过特殊处理的多孔高分子薄膜等[33]。除此之外，三维含孔结构的材料也被广泛应用于合成具有可控多孔结构和形貌的金属、金属氧化物、碳和其他多孔材料[34]。通过采用液晶体系，开发出了使用软模板法合成多孔材料。软模板则包括表面活性剂、聚合物、生物分子及其他有机物质等[35]。

利用各种不同的模板和沉积过程有助于合成具有良好结构的多孔材料。但是对于传统的模板剂来讲，在表面或者多孔模板剂中铸造其他材料，首先需要使用表面活性剂进行表面官能团化，这样在一定程度上增加了合成步骤、耗时以及增加成本[36]。在使用模板法合成多孔材料的过程中，超分子自组装在其中起着重要的作用。一方面超分子自组装的化合物可以作为模板剂用来合成多孔材料，另一方面可以在模板剂表面发生超分子自组装过程，经过碳化、除模板等过程用来合成多孔碳材料等[37]。

在驱动力作用下，超分子自组装是分子间自发组合形成一类结构明确、稳定、具有某种特定功能或性能的分子聚集体或超分子结构的过程。超分子组装构筑的驱动力包括氢键、配位键、π—π 键相互作用、电荷转移、分子识别、范德瓦尔斯力、亲水/疏水作用等。这类聚集体一般指同种或异种分子间的长程组织，具有特殊的结构和功能，并且具有可逆的性质。这种可逆性经常由于协同效应及热力学转变而加强，却往往因为分子识别导向的合成及交联而丧失，成为自发的而且不可逆的组装。超分子自组装体系可以将分子的流动性和有序性结合起来，并且在宏观水平上表现出良好的组织能力和功能。超分子自组装与分子周围的物理化学环境有着密切的关系，分子之间不同的作用力或者能量的变化会导致形成不同结构形貌的自组装结构，并且超分子组装体形成的驱动力往往不是单一的，多数情况下是以某一种作用力为主，几种作用力协同作用的结果。因此，可通过调节超分子周围的环境和不同分子之间的作用力，来研究分子是如何通过协同效应组装成稳定的超分子结构。

通过超分子自组装过程形成的超分子自组装模板剂是由带有丰富官能团的小分子化合物通过氢键、范德华力或者其他非共价键之间相互作用形成的表面具有确定结构的材料。通常这种模板剂表面带有丰富的官能团，有利于金属或者金属氧化物的前驱体在其表面进行水解等反应形成复合结构。采用超分子自组装模板剂合成多孔材料是利用无机（或者有机）前驱体和模板剂两者之间的静电力、氢键、配位键等相互作用实现的。由于超分子自组装模板剂的弱相互作用，可以使用透析等方法除去模板剂，得到空心或者多孔结构材料[38,39]。如图 1-6 所示[40]，赵东元课题组用超分子 F127、酚醛树脂和正硅酸四丁酯自组装后形成介孔聚合物/SiO_2 纳米复合材料，在氮气保护下，经过 900℃ 煅烧后形成介孔 C/SiO_2 复合材料，如果用 HF 溶液腐蚀掉 SiO_2，可以得到介孔碳材料，如果把 SiO_2 纳米复合材料在 500℃ 下煅烧除去碳材料，可以得到介孔 SiO_2 材料。

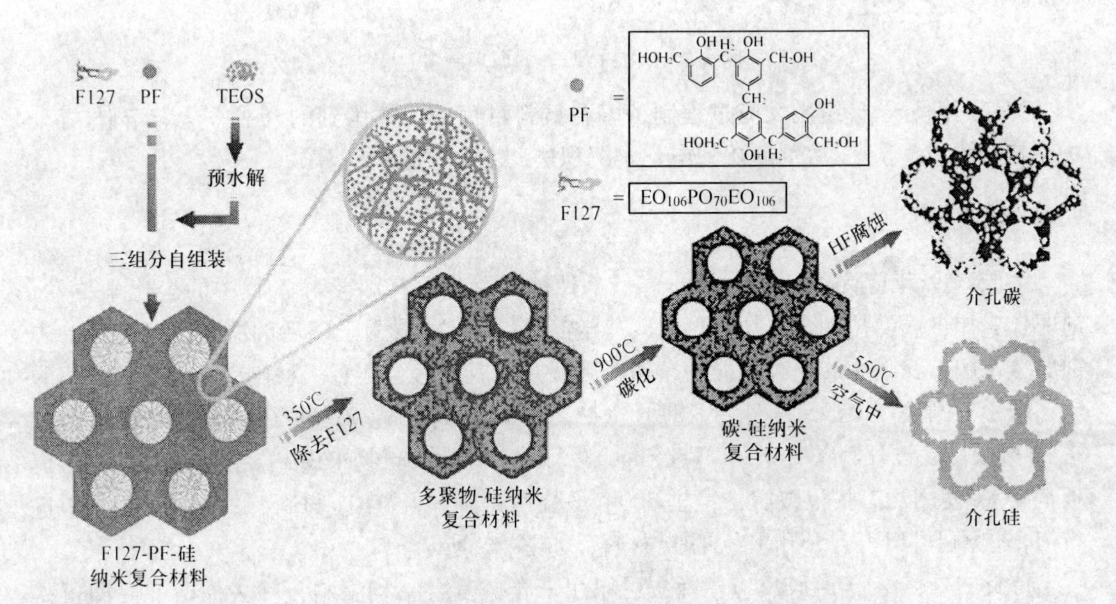

图 1-6 三组分共组装成有序介孔高分子/硅和碳/SiO_2 纳米复合材料，以及相应的有序介孔二氧化硅和碳框架

通常为了合成具有多孔结构的碳材料，目前一般使用小分子有机物在模板剂表面发生自组装聚合反应，经过碳化、去模板等过程得到含有微孔、介孔或者大孔的碳材料[41]。此时，如果要使自组装的材料能够稳定存在，必须满足以下两个条件：第一，要有足够的非共价键存在以保持体系的稳定；第二，分子之间这种以非共价键结合的作用力要大于它们与溶剂或者其他材料之间的相互作用力，以保证聚集体在碳化等过程中不会被解离成小分子化合物而挥发。

Qinghong Ai 等人使用纳米 $CaCO_3$ 作为模板剂[42]，首先将嵌段共聚物 PS-b-PVP-b-PEO 溶解于 THF 溶液中，使用铂（II）2，4-戊二酮作为疏水性 Pt 源溶解于含有聚合物的 THF 溶液中，滴加一定量的 HCl 溶液后产生胶束，如图 1-7 所示。在此过程中负载亲水性阳离子聚合物聚（丙烯胺盐酸盐）聚苯胺作为碳源，在 N_2 气氛下 600℃恒温 3h 碳化后，用稀盐酸除去模板剂得到多孔碳材料。寻找反应条件温和、易于操作、一步就能完成多孔材料和孔结构的合成与组装的化学方法将对多孔材料的工业化生产和应用具有重大意义。Liu 等人[43]以双表面活性剂为软模板合成的粒径可调的氮掺杂介孔碳球，可调的主要参数有：颗粒尺寸范围 40～750nm，比表面积范围 67～1295m^2/g，孔体积范围 0.05～0.84cm^3/g。实验发现，氮掺杂介孔碳球的颗粒尺寸大约在 150nm 时，展现出最高的催化活性，他们认为该合成策略可被应用于其他杂原子掺杂碳球的制备。

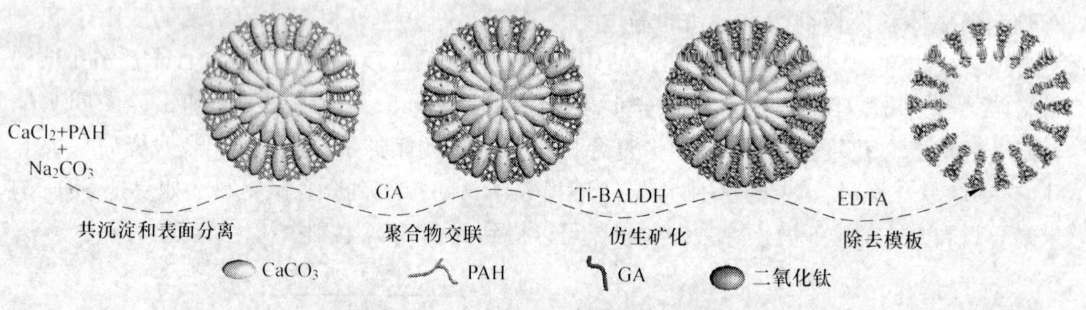

图 1-7　PGTi 微胶囊的原理制备过程

在使用超分子自组装反应过程制备多孔材料过程中，常用到的合成方法有溶胶-凝胶法、热分解法、水热/溶剂热法、电化学沉积法和原子层沉积法等。

1.3.1　溶胶-凝胶法

溶胶-凝胶反应（sol-gel reaction）是一种被广泛应用在科学和工程中的湿化学技术。前驱体，如金属醇盐和金属盐类形成的化学溶液（溶胶），用于随后的凝胶化过程。首先前驱体水解，在随后的缩合反应中，透明溶液开始成为综合任意一种网络聚合物或分离的胶体粒子的网络（凝胶）。相当多的氧化物，如 Al、Si、Ti、Zn 和 Zr 的氧化物可以通过溶胶-凝胶反应过程制备[44,45]。Wei Zhou 等人用三嵌段共聚物 P123 自组装复合物作为模板剂[46]，使用乙二胺包覆后，经过 700℃煅烧后得到介孔 TiO_2 材料，然后在 500℃中进行 H_2 还原则可以得到介孔黑色 TiO_2 材料，如图 1-8 所示。

除此之外，溶胶-凝胶反应模板法可以用来合成复合结构材料，除去模板剂后即可得到多孔材料。Hellmut Eckert 等人采用溶胶-凝胶的方法制备 $GaPO_4$-SiO_2 复合物[47]，首先将一定量的硝酸镓加入到正硅酸四乙酯的异丙醇溶液中，然后溶解于一定量的水中，使用

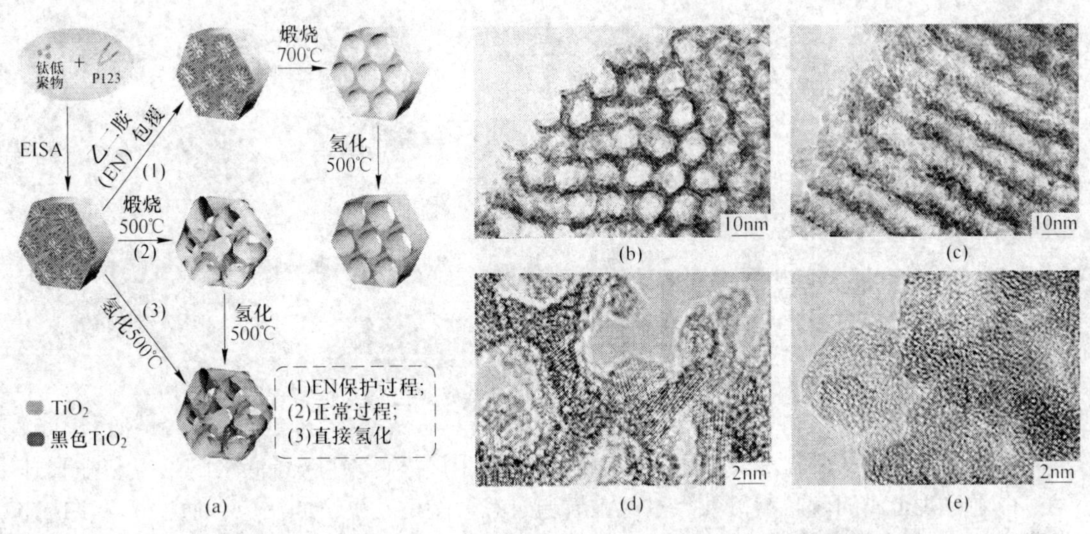

(a) (b) (c) (d) (e)

图 1-8 溶胶-凝胶反应制备介孔黑色 TiO_2 材料过程及产物

(a) 介孔黑色 TiO_2 材料的合成过程示意图;(b) 介孔黑色 TiO_2 材料的 TEM 图(沿[100]晶面方向);
(c) 介孔黑色 TiO_2 材料的 TEM 图(沿[110]晶面方向);(d)、(e) 介孔黑色 TiO_2 材料的 HRTEM 图

2mol/L 的氨水或者 1mol/L 的硝酸调节溶液的 pH 值至 1.35。搅拌 12h 后得到的澄清溶液涂在表面平坦的载体上然后置于 50℃下进行凝胶化形成散装透明干凝胶。首先将干凝胶置于 100 或者 200℃下加热 12h 后转移到石英容器中,在 650℃下煅烧几个小时即可得到 $GaPO_4$-SiO_2 复合物,除去 SiO_2 后即可得到多孔 $GaPO_4$ 材料。

使用溶胶-凝胶法最重要的一步是要控制原料的水解和缩聚速率,防止水解过快形成纳米颗粒聚集体,或者缩聚过快形成块状缩聚体。具有化学式 $M(OR)_x$ 的过渡金属醇盐,比如 $Ti(OR)_4$、$Zr(OR)_4$ 等通常不稳定极易发生水解。通过控制一些反应条件,如 pH 值、温度和溶剂等方法降低前驱体的水解速率[48]。Chun-Hua Yan 等人选择合适的温度和湿度,采用溶胶凝胶和蒸发诱导自组装的方法,使用三嵌段共聚物 P123 作为模板剂制备介孔 $Ce_{1-x}Zr_xO_2$ 材料[49]。在酸性条件下(通常 pH 值小于 4),过渡金属醇盐 $M(OR)_x$ 中的 OR 基团很容易被 H^+质子化,因此金属 M 变成亲电性,和 H_2O 结合形成水解的物质如 $M(OH)_z(OR)_{x-z}$,随后这些物种发生缩合。在酸性条件下,Sang Il Seok 等人使用三嵌段共聚物 F127 作为模板牺牲剂[50],1,3,5-三甲苯胺作为溶胀剂制备介孔 TiO_2 材料,其孔径的大小取决于 1,3,5-三甲苯胺的加入量。

有些有机化合物不包含羟基、氨基或者羧基官能团,不能通过氢键或者静电力与硅源发生自组装,不能被用作合成介孔硅的模板剂。Chen 等人发现有机物可以和乙醇/水的混合溶液形成均质相溶液,在质量分数为 5%的氨水溶液中,有机物可以和硅源结合生成介孔硅[51]。通过研究在合成介孔硅的过程中模板剂的种类、模板剂的用量以及氨水的浓度对介孔硅孔径的影响发现,孔径和模板剂分子尺寸的大小无直接关系,但是可以通过调节模板剂的浓度得到不同孔径尺寸的介孔硅。当氨水的浓度为 5%时,硅源形成凝胶的时间较短,此时模板剂的聚集体充当孔的填充剂被形成的三维 SiO_2 材料捕获,如图 1-9 所示。

除此之外,在低温(低于 10℃)条件下也可以降低反应速率。例如,在使用 $TiCl_4$ 等极易水解的前驱体时,通常将其在冰浴中分散到溶剂中,抑制其水解。一般来讲,在水解

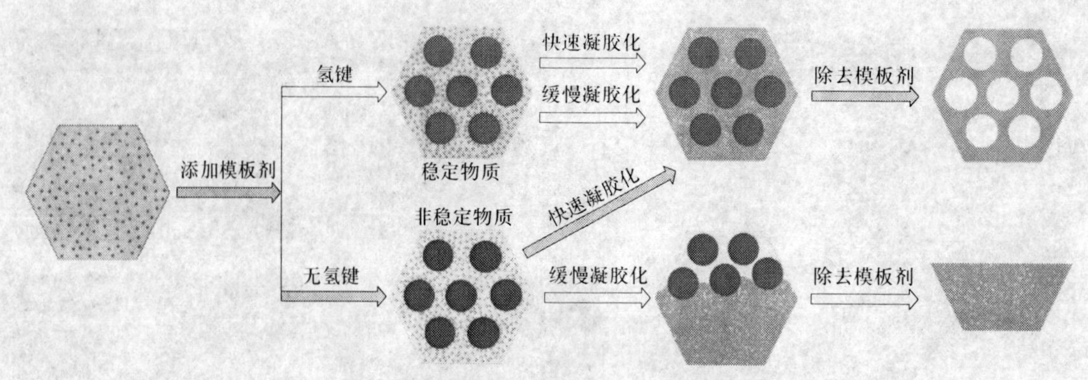

图 1-9　使用简单有机物作为模板剂合成介孔 SiO_2 的机理图

反应发生之前，金属醇盐通常溶解在溶剂中，这是因为稀释可以降低水解反应和缩聚速率。由于过渡金属的较高配位数，过渡金属通过烷氧基桥发生协同反应，通过降低反应速率形成稳定凝胶。因此，使用低极性溶剂（如二恶烷和四氢呋喃等）等有利于降低水解的反应速率和减少水解产物的聚集[52]。

1.3.2　热分解法

热分解法是以有机化合物为模板剂合成金属氧化物（或者纯金属）/有机模板剂复合物，经过适当高温度的煅烧除去模板，得到金属氧化物和纯金属的多孔材料的一种方法。一般来讲，制备多孔金属氧化物需要在空气气氛中煅烧，制备纯金属多孔碳材料需要在氮气等惰性气气氛中煅烧[53]。

若以二氧化硅为模板合成金属氧化物介孔材料时，采用的前驱体通常是金属硝酸盐，因此可以直接在空气中焙烧使硝酸盐分解成氧化物。在该过程中，金属氧化物在某一区域成核后，周围大部分的前驱体迁移聚集到该处，并进一步晶化形成连续的纳米线。制备介孔碳材料或其他对氧化气氛敏感的物质以及以碳为模板合成时，通常在惰性气体的保护下进行热处理。

赵东元等人利用三嵌段共聚物 F127 的易分解性，使用 F127 的自组装聚合物作为模板剂合成介孔碳膜，如图 1-10 所示[54]。把树脂/表面活性剂的前驱体旋涂在经过预处理的硅晶片上，蒸发掉溶剂，在硅片上形成 F127 三嵌段共聚物和酚醛树脂的薄膜，F127 聚合成球状周围被酚醛树脂包围着，在惰性气体保护下，三嵌段共聚物 F127 在 300～400℃下分解生成 CO_2 等气体，然后在 600℃下，酚醛树脂碳化生成多孔碳材料。最后使用一定浓度的 KOH 溶液除去硅片基底。由于 F127、P123 等超分子自组装化合物在加热条件下容易热分解生成 CO_2 等气体，因此经常被用来合成多孔无机材料，最常见的是合成分子筛 SBA-15、多孔金属氧化物、多孔金属以及碳材料等。除此之外，还可以通过热分解前驱物得到多孔材料，Chen 等人首先通过微乳液方法制备出棒状 MnC_2O_4 前驱体[55]，然后在高温下热分解前驱体 MnC_2O_4 直接得到多孔 Mn_2O_3 纳米棒。

Tatsumi Ishihara 等人使用聚环氧乙烷-聚环氧丙烷-聚环氧乙烷三嵌段共聚物 P123 作为结构导向剂，一步制备介孔 Ta_2O_5 晶体材料，如图 1-11 所示[56]。首先将 P123 溶解于乙醇中，加入 $TaCl_5$ 后继续搅拌一段时间后置于室温下一周自然晾干得到透明胶体，先将透

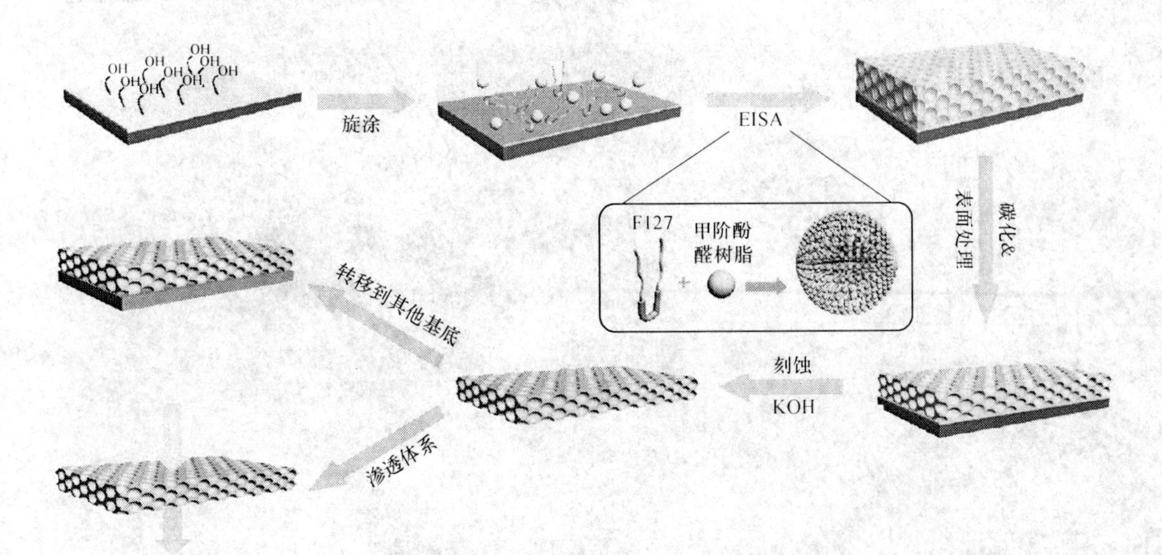

图 1-10 使用涂布蚀刻方法合成具有高度有序 Fmmm 微观结构的介孔碳薄膜的示意图

明胶体置于 250℃下保持 12h，此时发生的反应是聚合物的分解和 $TaCl_5$ 缩聚形成 Ta_2O_5 材料。研磨后置于更高温度煅烧后即可得到介孔 Ta_2O_5 晶体材料。由此可以看出，使用自组装化合物作为模板剂，结合热分解方法，可以直接制备出多孔材料。

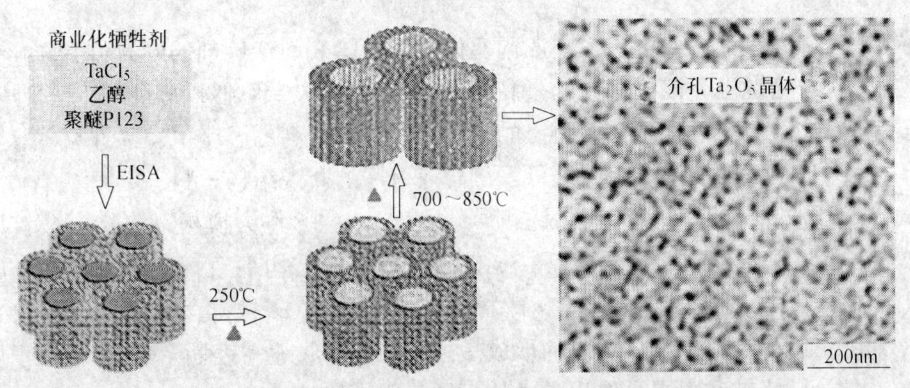

图 1-11 介孔 Ta_2O_5 晶体材料的制备过程示意图

1.3.3 直接合成法

纳米铸造（Nanocasting）是模板法最早的合成方法，通常被用于在具有高比表面积和热稳定性的纳米多孔 MgO 晶膜上沉积制备多孔材料的方法[57]。一般用纳米铸造法合成纳米多孔材料包括以下几个步骤（图 1-12）：第一步，制备多孔模板剂/表面活性剂复合材料；第二步，通过煅烧、萃取或者其他技术得到多孔模板剂；第三步，使用浸渍法、化学气相沉积等方法中的一种或者两种方法组合在模板剂的空隙中填充碳源；第四步，碳化碳源；第五步，通过 HF 等腐蚀的方法除去模板剂。虽然使用这种方法能更好地控制产物的形貌，但是得到的多孔材料的孔径分布大于模板剂的孔径分布，制备过程复杂费时、成本高，不适合大规模工业化生产和商业化应用。

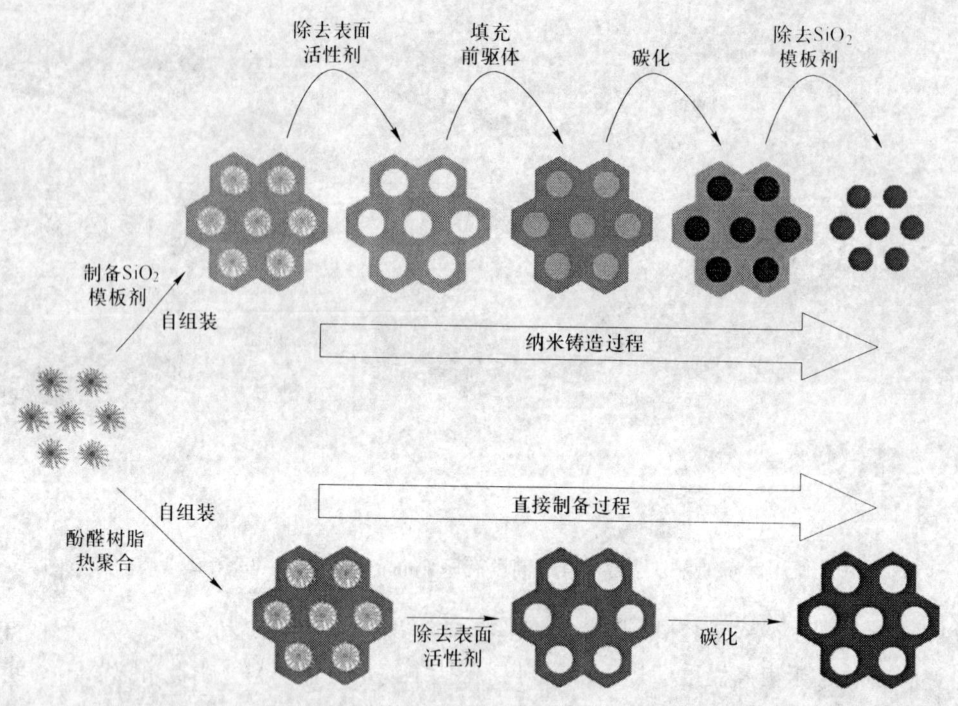

图 1-12　纳米铸造方法和使用三嵌段共聚物直接合成法制备有序介孔碳材料

在合成二氧化硅的初始可引入金属前驱体，在去除表面活性剂的同时将其转化为金属氧化物。大部分情况下，该法得到的是高分散的纳米颗粒，很难生成连续的纳米线阵列。但也有特例，在合成二氧化硅初始引入的金属前驱体在较高的温度下容易迁移聚集，进一步生长晶化形成连续的纳米线，因此可一步合成有序的介观结构材料。

Thornton Baker 等人采用直接合成法[58]，使用 SBA-15 作为模板剂直接合成有序介孔 ZrO_2 材料，虽然制备出的 ZrO_2 材料和 SBA-15 模板剂的结构一致，但是由于在合成过程中形成 Zr-O-Si，因此很难制备出纯 ZrO_2 材料。得到的 ZrO_2 材料含有稳定的单斜晶型和亚稳四方相。亚稳四方相 ZrO_2 材料的形成是由于颗粒的收缩和表面含有的 Si 原子层，抑制了 ZrO_2 粒子的烧结和阻碍晶体生长，从而导致形成的晶体尺寸小于临界尺寸。

为了减少反应步骤，降低成本，制备出稳定性好、结构明确、性能优异的多孔材料，戴胜[59]、赵东元[60]等人通过共聚物分子或者碳源自组装方法直接合成多孔碳材料。和传统铸造法相比，利用自组装纳米材料直接合成多孔材料具有很多优势。制备过程简单（图 1-12），主要包括以下几步：第一步，酚醛树脂和三嵌段共聚物表面活性剂等自组装成三维多孔结构；第二步，除去表面活性剂，孔的尺寸、形貌和拓扑结构取决于剩余多孔自组装聚合物的尺寸和结构；第三步，碳化多孔自组装聚合物得到多孔碳材料[61]。这种通过使用软模板方法直接合成多孔碳材料具有更好的机械稳定性。

合成过程取决于温度、溶剂的类型和离子强度等，通过调节这些因素可以得到具有不同结构和表面性能的多孔材料。Jiang 等人使用琼脂糖凝胶培养基作为模板剂，在碱性条件下发生反应生成琼脂糖凝胶线和 $ZrO(OH)_2 \cdot xH_2O$ 复合物，在高温下煅烧即可得到 ZrO_2 材料[62]。在制备多孔材料过程中，所使用的合成方法往往不是单一的，通常结合其他合成方法。

Paul S. Wheatley 等人使用大环化合物作为结构导向剂合成微孔分子筛材料[63]，在制备过程中，结合了溶剂热、溶胶凝胶等方法，通过调控反应中不同的大环化合物、pH 值、溶剂、反应温度、浓度等因素制备出不同形貌的分子筛材料。

通过自组装成具有特殊结构和稳定性的超分子聚集体，经过碳化等过程可直接得到多孔材料。由于三聚氰胺和柠檬酸表面均带有丰富的官能团，两种组分在溶液中容易发生自组装生成结构稳定的超分子聚集体。比如，Chen 等人利用三聚氰胺和柠檬酸作为单体在水溶液中发生自组装产生自组装化合物，然后在高温下煅烧即可得到具有高比表面积的纳米多孔材料，如图 1-13 所示[64]。使用超分子自组装化合物作为前驱体，煅烧后直接制备多孔材料，操作过程简单，成本低，适用于大规模的工业化生产。

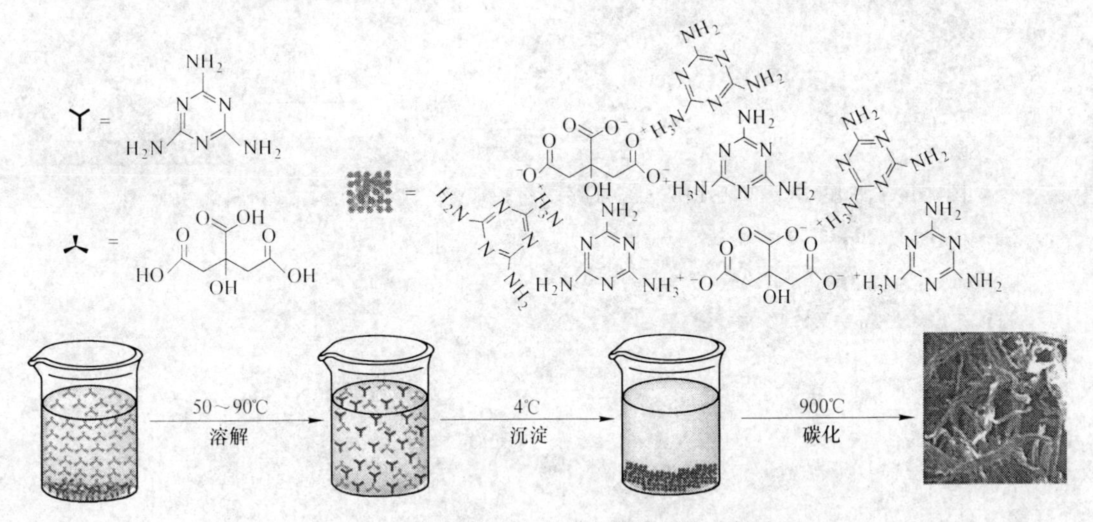

图 1-13 制备含氮丰富的石墨碳材料示意图

1.3.4 沉积法

沉积法包括电化学沉积法（electrochemical deposition）和化学气相沉积法（chemical vapor deposition，CVD），是一种通过外加电压或者化学反应等在模板剂表面沉积其他材料，除去模板剂后得到相应的多孔材料的制备方法[65,66]。这种方法经常被用来合成多孔薄膜。Fuzeng Ren 等人用沉积法制备了 PDA-CPS（polydopamine@ sulfonated polystyrene microspheres）纳米材料，如图 1-14 所示[67]。首先，通过超分子自组装过程制备的 PS-MS 模板剂，模板剂表面经过磺化以后，在模板剂表面沉积 PDA 形成 PDA@ SPS-MS 复合材料；然后经过自组装过程成膜；最后通过腐蚀的方法除去模板剂即可得到空心 PDA-CPS 材料。

在制备多孔材料过程中，往往使用多种方法相结合。例如，Yin 等人通过热分解聚二甲基硅氧烷（PDMS）橡胶直接制备出 SiO_2 纳米管，如图 1-15 所示。在升温过程中，PDMS 橡胶在惰性气体下分解成挥发性环状低聚物，当低聚物在空气氛围中氧化，形成的气相二氧化硅在 AAO 模板上成核，然后均匀的生长。形成的二氧化硅纳米管的直径和长度主要取决于 AAO 模板剂的孔尺寸，而二氧化硅纳米管的壁厚则是由二甲基硅氧烷（PDMS）橡胶的初始浓度决定的[68]。

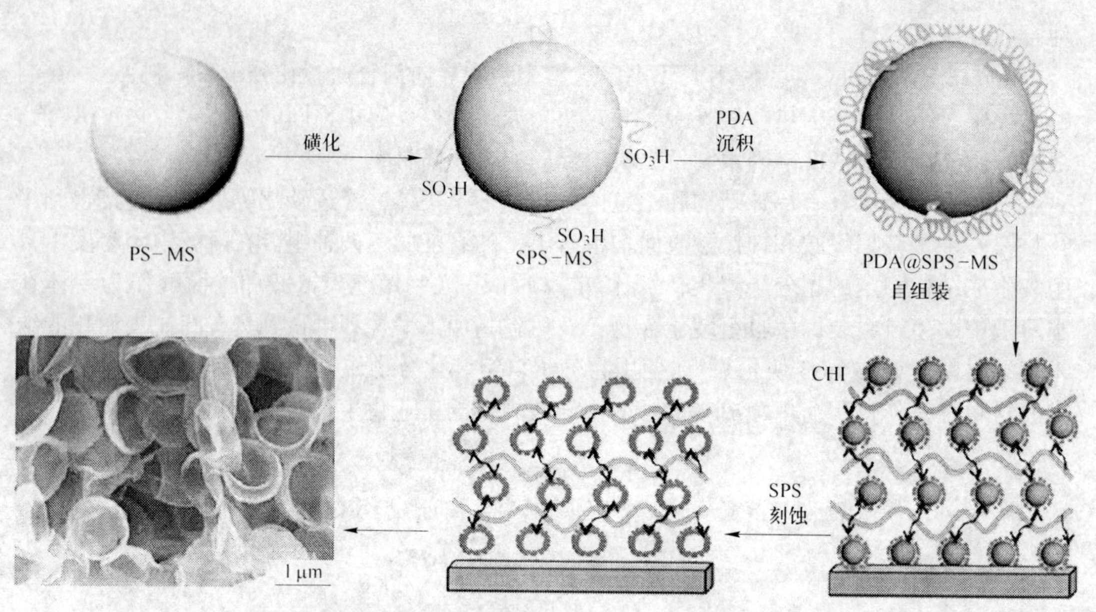

图 1-14　使用沉积法制备 PDA-CPS 的反应过程示意图以及 PDA-CPS 材料的 SEM 图

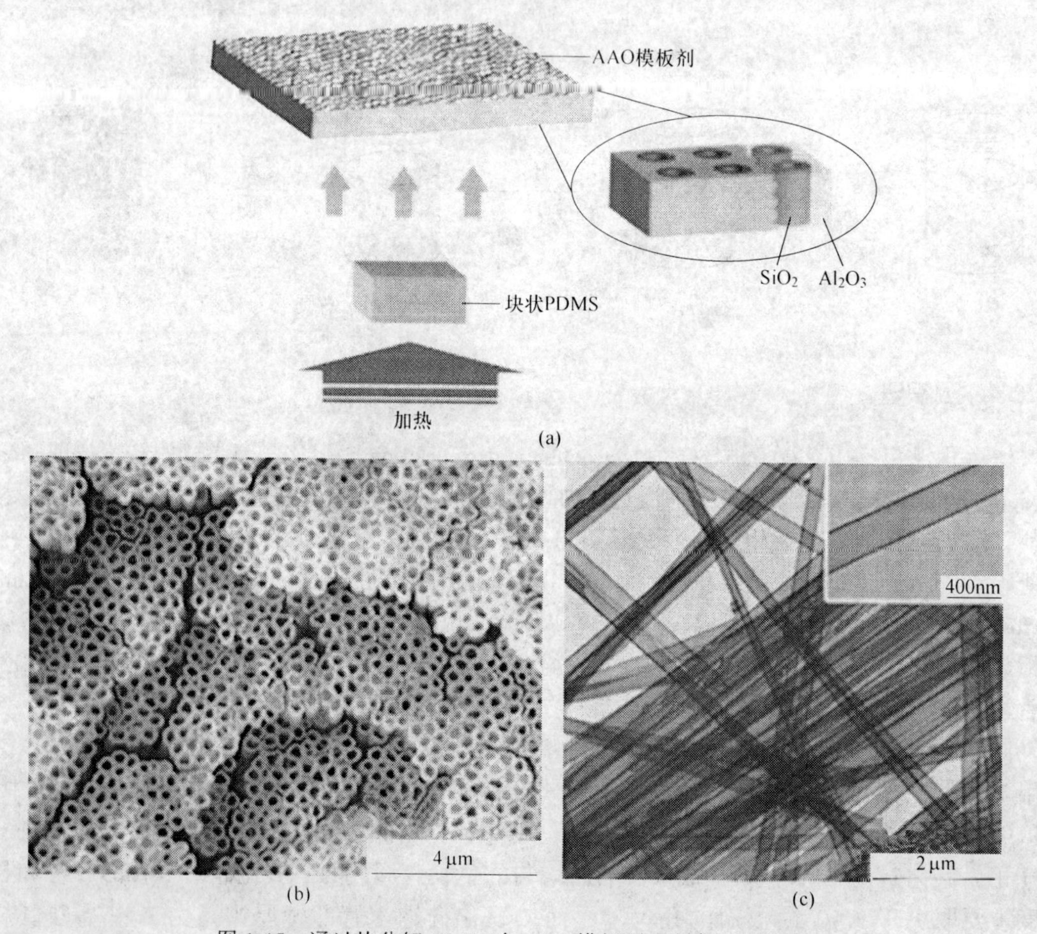

图 1-15　通过热分解 PDMS 在 AAO 模板剂上制备二氧化硅

(a) 合成过程示意图；(b)，(c) SiO_2 纳米管的 SEM 图和 TEM 图

除了上述之外，水热法、溶剂热法、均匀沉淀法等也常被用来制备多孔材料[69,70]。水热法或溶剂热法通常是指将原料和模板剂混合在水或有机溶剂中，然后置于聚四氟乙烯反应釜中，在高温、高压下进行反应，自然冷却后，使用HF等除去模板剂，制备所需的多孔材料。Han等人首先在碱性乙二醇单甲基醚中，使用钛酸四丁酯作为钛源制备出钛氢氧化物，制备出的钛氢氧化物和Sr源混合后，在碱性溶液中使用水热方法在200℃下保持2h后，自然冷却至室温，经过洗涤除去产生的$SrCO_3$，干燥后即可得到介孔$SrTiO_3$球。$SrTiO_3$纳米晶颗粒在$Na_2SiO_3 \cdot 9H_2O$存在的条件下发生自组装生成介孔$SrTiO_3$球[71]。通常使用水热或者溶剂热法制备少量的多孔材料，比较难实现大规模的商业化生产。

1.4 多孔材料的催化性能研究

无机多孔材料作为材料科学的一个重要分支，在科学研究、工业生产以及日常生活等方面均具有极其重要的意义。广义的无机多孔材料是指具有大比表面积、低密度、低热导率、低相对密度、高孔隙率等特点的，富含孔结构的材料。近年来，关于无机多孔材料的制备研究受到了广大科研工作者的广泛关注。目前无论是制备方法的改善和创新，还是物理性能的开发和利用，都取得了长足的进展，这也为新型多功能材料的制备与开发开辟了一条新的途径。无机多孔材料，无论是从微孔、介孔到大孔，在工业催化、吸附分离、离子交换、主客体化学等领域都得到了广泛的研究和应用，尤其是作为高效催化剂及催化剂载体，它们引导了石油化工领域的巨大进步。与此同时，随着各学科间的相互交叉渗透，无机多孔材料的功能化应用已经延伸到微电子学、分子/光学器件学以及药学/生物学等高新技术领域。当今，绿色、节能、高效已成为材料技术发展的主流趋势，对无机多孔材料的功能也提出了更多要求，开发无机多孔材料在光、电、磁、催化以及储能领域的应用已成为科研工作者的重要任务，无机多孔材料的功能化和组装为此提供了更多的发展机会。

1.4.1 电催化

随着人类社会的发展，能源与环境问题显得日益突出，能源储存量日益减少，环境污染越来越严重，急需寻找无污染的新能源来代替传统的石油煤炭能源。由于可逆金属-空气电池具有高能量密度，可以满足未来电动汽车和其他节能设备的能源需求[72]。催化剂的氧还原反应（ORR）和氧析出反应（OER）是金属-空气电池的重要反应，是决定金属-空气电池的重要因素[73]。

氧还原反应（ORR）通常涉及多个电化学反应，普遍认为ORR可经由两种途径进行：一种是通过两电子反应过程，在碱性溶液中把氧气还原成H_2O_2或者HO_2^-中间产物；另一种是通过四电子反应过程，把氧气直接还原成H_2O（在酸性溶液中）或者OH^-（在碱性溶液中）[74]。具体的反应方程式见表1-1。

表1-1 酸性和碱性电解液中氧还原反应方程式

反应过程	酸性电解液	碱性电解液
两电子反应	$O_2 + 2H^+ + 2e^- \rightarrow H_2O_2$ $H_2O_2 + 2H^+ + 2e^- \rightarrow 2H_2O$	$O_2 + H_2O + 2e^- \rightarrow HO_2^- + OH^-$ $H_2O + HO_2^- + 2e^- \rightarrow 3OH^-$
四电子反应	$O_2 + 4H^+ + 4e^- \rightarrow 2H_2O$	$O_2 + H_2O + 4e^- \rightarrow 4OH^-$

在电催化氧还原过程中，电催化剂表面通常发生扩散、吸附和化学反应三个步骤，其中氧在催化剂表面的吸附最重要，可以决定氧还原的反应路径。通常有直接解离式吸附、桥式吸附和立式吸附三种吸附方式，前两种吸附方式有利于氧解离成吸附氧离子，有助于发生四电子反应。然而由于氧分子中 O—O 键的解离能远高于其质子化后生成 H_2O_2 的解离能，先通过 $2e^-$反应生成中间产物，这降低了 ORR 反应活化能。大多数氧还原反应都是按照 $2e^-$过程或 $2e^-$与 $4e^-$结合的反应路径进行，极大降低了金属-空气电池的性能。因此，开发高活性的燃料电池阴极氧还原催化剂以避免其表面的 ORR 以 $2e^-$过程进行，从而降低氧还原反应的活化能垒，提高反应速率，提高金属-空气电池及燃料电池等的性能。目前应用于电催化反应中的催化剂主要有贵金属、金属氧化物、碳材料以及在这些材料的基础上开发出的复合材料或者杂化材料[75~77]。

1.4.1.1 贵金属催化剂

目前，在贵金属催化剂中，铂（Pt）是最常用的电催化剂，可以有效的提高氧还原反应速率。但是，因 Pt 的价格高，限制了其商业化应用。因此，在不降低电催化效率的情况下，大量研究致力于减少贵金属 Pt 的用量。催化剂表面电子特性以及催化剂电子表面原子排列或协调性直接影响其电催化效率，因此，改善 Pt 催化剂的表面性质，包括表面电子结构和原子排布有利于提高 Pt 催化剂的催化活性和稳定性。改变表面电子结构可以导致其吸附性能的改变，有利于在其表面形成氧化物，有利于提高电催化活性[78]。

Pt 基催化剂在 ORR 反应中，由于质子传输很快，而 OOHads 分解的能垒比 O_2 分解的更低，因此人们普遍认为 Pt 基催化剂表面 ORR 反应经过过氧化物作为中间体，从 ORR 反应不具有 pH 效应可以判断，基催化剂表面 ORR 过程中，质子和电子的转移是一个复合过程，它们是同步进行的。在酸性中，可能的 ORR 反应机理为：

$$O_2 + H^+ + e^- \rightleftharpoons OOH_{ads} \tag{1-1}$$

$$OOH_{ads} \rightleftharpoons O_{ads} + OH_{ads} \tag{1-2}$$

$$O_{ads} + H^+ + e^- \rightleftharpoons OH_{ads} \tag{1-3}$$

$$OH_{ads} + H^+ + e^- \rightleftharpoons H_2O \tag{1-4}$$

通过上述 Pt 基催化剂可能的 ORR 催化反应机理得知，认为 ORR 催化反应的电势取决于吸附的氧和氢氧根的脱附步骤。进一步计算结果表明：开放晶面（如台阶、边缘、扭折）对氧物种的吸附比基础晶面更加强烈，所以开放晶面是因为被氧物种覆盖而具有相对更弱的 ORR 活性。所以阶梯面上 ORR 主要的活性位点是位于平台面上的（111）面[79]。

综上所述，可通过以下四种途径提高 Pt 催化剂的表面结构：（1）调控暴露在外表面的 Pt 晶面（或形状），使具有最高活性的晶面尽可能地暴露在外表面。增加比表面积，使暴露在表面的原子增多，从而增加活性位点[80,81]。（2）和其他金属相结合生成合金、核壳结构多金属纳米晶，这是最有效的提高贵金属 Pt 催化剂性能、降低成本的方法。这是因为形成的双金属体系不仅结合了不同金属自身的特性，不同金属之间产生相互协同作用从而产生出新的性质[82,83]。（3）定向制备多孔贵金属催化剂，增加催化剂的比表面积。较大的比表面积为催化反应提供活性位点，存在的孔有利于电解液的传输，一方面提高贵金属催化剂的电催化活性，另一方面可以减少贵金属的用量，降低成本。

Yi Ding 等人使用纯 Pt、Ni 和 Al 三种金属，在 N_2 保护下，在电弧炉中熔炼制备 Pt/Ni/Al 合金[84]，然后在 0.5mol/L NaOH 溶液中除去 Al，在稀释的 HNO_3 溶液中处理 30min 即可得到纳米孔 NP-Pt_6Ni_1 合金，如图 1-16 所示。制备的合金在 ORR 催化反应中，NP-Pt_6Ni_1 合金的起始位点和半坡电势均高于 Pt/C，说明 NP-Pt_6Ni_1 合金的催化活性和动力学反应速率均高于 Pt/C。除此之外，使用其他材料修饰 Pt，如金属簇、分子、离子、有机或者无机化合物。除了能提高材料的活性和稳定性，使 Pt 呈现出特殊的性质，例如提高催化剂的亲水性也是调高电催化活性的重要方法之一[85,86]。

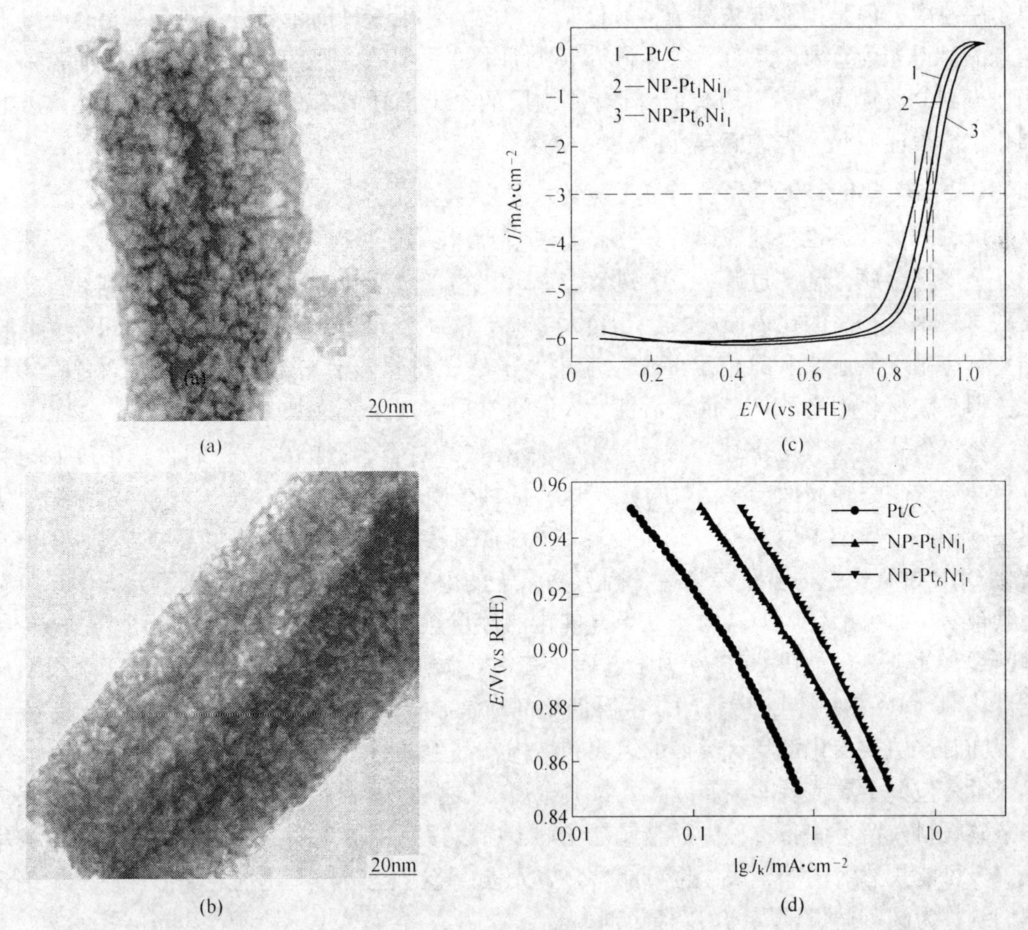

图 1-16 （a），（b）NP-Pt_1Ni_1 和 NP-Pt_6Ni_1 的透射电镜图；（c）在 O_2 饱和的 0.1mol/L $HClO_4$溶液中，NP-Pt_1Ni_1 和 NP-Pt_6Ni_1 催化剂的 ORR 反应极化曲线；（d）在不同电压下，NP-Pt_1Ni_1 和 NP-Pt_6Ni_1 材料的电流密度

对 Pt 通过分子、离子等表面改性，也是一种提高 Pt 催化剂 ORR 活性或者稳定性方法。由于表面改性并不影响 Pt 的电子特性，所以这种方法同时是通过影响中间反应途径或者氧的扩散方式改变催化剂的活性。Miyabayashi 和 Miyake 等人通过在 Pt 纳米颗粒上覆盖一定量辛胺和芘进行表面改性，明显地提高了 Pt 颗粒的质量比活性和面积比活性[87]。他们认为，有机物的加入可以改变中间产物的吸附机理，从而影响催化剂的氧还原催化活性。Erlebacher 等人则是在 PtNi 合金纳米颗粒上覆盖了一次离子液体，通过改变 O_2 的溶

解度来提高催化剂活性[88]。

除了贵金属 Pt 以外，其他的贵金属，如 Au、Pd 及其合金也被用作电催化反应的催化剂。近年来有文献报道，当 Pd 壳层厚度不超过两个原子层时，金和钯之间的应力和配位效应可显著提高催化性能[89]。所制备薄壳层的 Au@ Pd 纳米晶逐渐成为研究的热点。Chen 课题组在氩气氛围中，用油酸钠和氯金酸混合后加入水和油酸，形成金种子，然后用三相转移的方法合成不同 Pd 原子层厚度的 Au@ Pd 纳米晶[90]；Lu 课题组用原子层沉积技术制备能精确控制原子层厚度的 Au@ Pd 纳米晶[91]。这些方法虽然能精确的控制 Pd 原子层厚度，但是操作方法复杂不易控制。因此，选用一种简单的方法制备薄壳层的金钯纳米晶显得尤为重要。最近，很多研究表明纳米催化剂的催化性能因为纳米晶表面存在缺陷而得到显著提高[92~97]。例如，具有薄铂层的二十面体具有优异的氧还原反应（ORR）催化性能被证明和颗粒表面存在的缺陷有关[92]。

1.4.1.2　碳基非金属催化剂

最具潜力的，也是现在研究最多的非贵金属催化剂是碳基的非金属催化剂。与贵金属、金属、金属合金、过渡金属、过渡金属氧化物、过渡金属氮化物等催化材料相比，多孔碳材料具有较高的比表面积大、孔容大、电导率高、孔径分布可控等优点，可被用作电催化剂应用于氧还原和氧析出催化反应中。虽然碳材料具有电导率高、比表面积大等优点，但是碳材料本身不具备催化活性。人们通常采用杂原子（如 B、N、S、Se、P 以及 F 等）掺杂等来改善其电催化活性[98~101]。掺入的氮原子会影响碳原子的自选密度和电荷分布，导致碳材料表面产生活性位点，这些活性位点可以直接参与催化反应。氮掺杂是上述各种杂原子掺杂中最常用的一种掺杂原子。在氮掺杂多孔碳催化剂中，掺杂进入的氮在催化 ORR 过程中扮演着重要角色，因为氮原子的引入可以让相邻的碳原子上产生正电荷使其被活化，且活化后的碳原子充当电催化活性位点，有利于氧分子的吸附，促进 O—O 键断裂，并进一步加快 ORR 动力学过程。其中，碳基的非贵金属催化就是过渡金属氮碳类催化剂（M—N—C），碳基的非金属催化剂则是非金属掺杂的碳材料。

同时这两类催化剂具有类似的组成和结构，都是碳材料为主体，在碳材料上掺杂、负载或者是包覆金属或者非金属元素。过渡金属氮碳类催化剂本身就掺入了氮元素，而很多掺杂碳材料残留了制备过程中的金属催化剂，所以这两种催化剂的活性中心存在很大的争议，极可能是掺入的非金属，也可能是金属元素。鉴于这两种催化剂的类似性质，本书将它们统称为碳基非贵金属 ORR 催化剂。

A　非金属掺杂碳材料

掺杂碳材料是指一些非金属元素（常见的有氮、硼、磷、硫等）取代碳材料石墨晶格中的某些 sp^2 杂化的碳原子形成的碳材料。对碳材料的掺杂能够改变材料的电子特性，可以得到 ORR 催化活性和稳定性都比较理想的非贵金属催化剂。

Dai 等人通过向碳纳米管中掺入 N 原子的使邻近的 C 原子带有相对较高的正电荷密度，结合排列纳米管可以使制备的材料按照四电子途径发生氧还原反应，并且其起始位点和半坡电势以及极限电流密度均优于商品 Pt/C 催化剂[102]。Hu 等人通过向碳纳米管（CNTs）中掺入缺电子的硼（B）原子，由于 B 原子与氧原子的电负性不同，有利于氧气在掺杂的 B 原子上的吸附，为氧气的解离提供前提条件。通过调控 B 原子的掺入量发现，随着 B 原子掺入量的增加，氧还原反应（ORR）的起始位点和峰电位增大，电流密度增加[98]。Yang 等人通过向石墨烯片层中掺入 N 族元素磷原子（P），可以有效的提高石墨烯材料的电催化活性、稳定性以及抗甲醇中毒性能[103]。Seong Ihl Woo 等人通过在 900℃ 氩气保护下热解二聚氰胺、磷酸、氯化钴和氯化铁混合物制备 P、N 共掺杂的碳材料，其中掺入的 P 元素诱导碳材料表面凸凹不平从而增加碳材料的比表面积，且随着 P 元素掺入量的增加，sp^2 杂化碳材料的结晶度降低、缺陷位点增多。与 N 掺杂碳材料的氧还原催化活性相比，N、P 共掺杂碳材料的氧还原催化活性增加了 4 倍，说明了共掺杂能更有效的提高碳材料的电催化活性[104]。

除了向碳材料中掺入单一元素可以提高其电催化活性、稳定性等，利用不同元素之间的协同效应，在碳材料中掺入不同种类的杂原子可以更有效地提高碳材料的电催化活性。Gou 等人直接热分解氧化石墨烯（GO）制备氮、磷原子共掺杂的石墨烯/片层碳材料（简称 N，P-GCNS），制备的 N，P-GCNS 材料具有优异的氧还原和氧析出催化性能，在 $10mA/cm^2$ 时，氧析出的超电势为 0.71V，优于当时报道的其他非金属催化剂的催化活性，如图 1-17 所示[105]。N，P-GCNS 催化剂优异的催化性能主要来源于 N、P 两种元素的协同作用，更多的暴露在 N，P-GCNS 催化剂表面的活性位点和石墨烯复合后提高了电导率，并且 N，P-GCNS 催化剂具有的高比表面积和多级孔结构，一方面有利于反应物的快速传输，另一方面为电催化反应提供场所。

直接将硫掺入石墨的晶格比起硼、氮更加困难，因为硫的原子半径较大。黄少铭课题组利用氧化石墨表面丰富的官能团作为硫掺入的位点，将氧化石墨和苯硫醚直接高温热解制备出了掺硫石墨烯[106]。掺硫石墨烯在碱性条件也表现出了不错的 ORR 催化活性、好的稳定性和耐甲醇中毒性能。Martin Pumera 等人则是通过 CS_2、SO_2 或 H_2S 气氛下热剥离氧化石墨制备出掺氮的石墨烯[107]。根据他们的报道，热解温度是硫掺杂量的主要控制因素，850℃制备的样品硫含量最高（2%），其碱性条件下的 ORR 活性也最高。

B　过渡金属氮碳类催化剂

研究发现，除了非金属掺杂可以提高碳材料的催化活性以外，通过在碳材料中引入过渡金属也可以提高碳材料的电催化活性。材料中元素的组成以及不同组分间的相互作用决定了材料自身的催化活性。与其他过渡金属掺杂的碳材料相比，Fe 和 Co 掺杂的碳材料在氧还原反应中具有更优异的催化活性。但是这两种金属提高碳材料催化活性的方式不同，比如由乙二胺或者聚苯胺制备的 Co-N-C 催化剂，在电催化中 Co-N-C 催化剂的活性接近非金属 N-C 催化剂的活性，表明 Co 不参与电催化反应，只是协助 N 元素掺入到碳材料中。和 Co 不同，在碳材料中掺入的 Fe 元素和氮元素之间等产生协同作用，掺入的铁可直接参与电催化反应[108]。

Jia 等人通过向有序介孔碳材料中掺入 N、S 原子，可以有效的提高碳材料的电催化活性，活性的提高来源于 N、S 原子的协同效应和有序的介孔结构。在此基础上掺入铁原子（Fe），可以更有效地提高碳材料的电催化活性、动力学反应速率以及稳定性，并且掺入铁元素后，碳材料的起始电位和半坡电势均高于商品 Pt/C 催化剂[109]。

Sun 等人采用简单的升华和毛细辅助纳米浇铸方法制备出 Fe、N 共掺杂的介孔碳催化剂（简称 Fe-N-MC）。通过电催化性能测试发现，当煅烧温度为 700℃时，制备的 Fe-N-MC 催化剂的电催化性能优于商品 Pt/C 催化剂，如图 1-18 所示[110]。其优异的电催化性

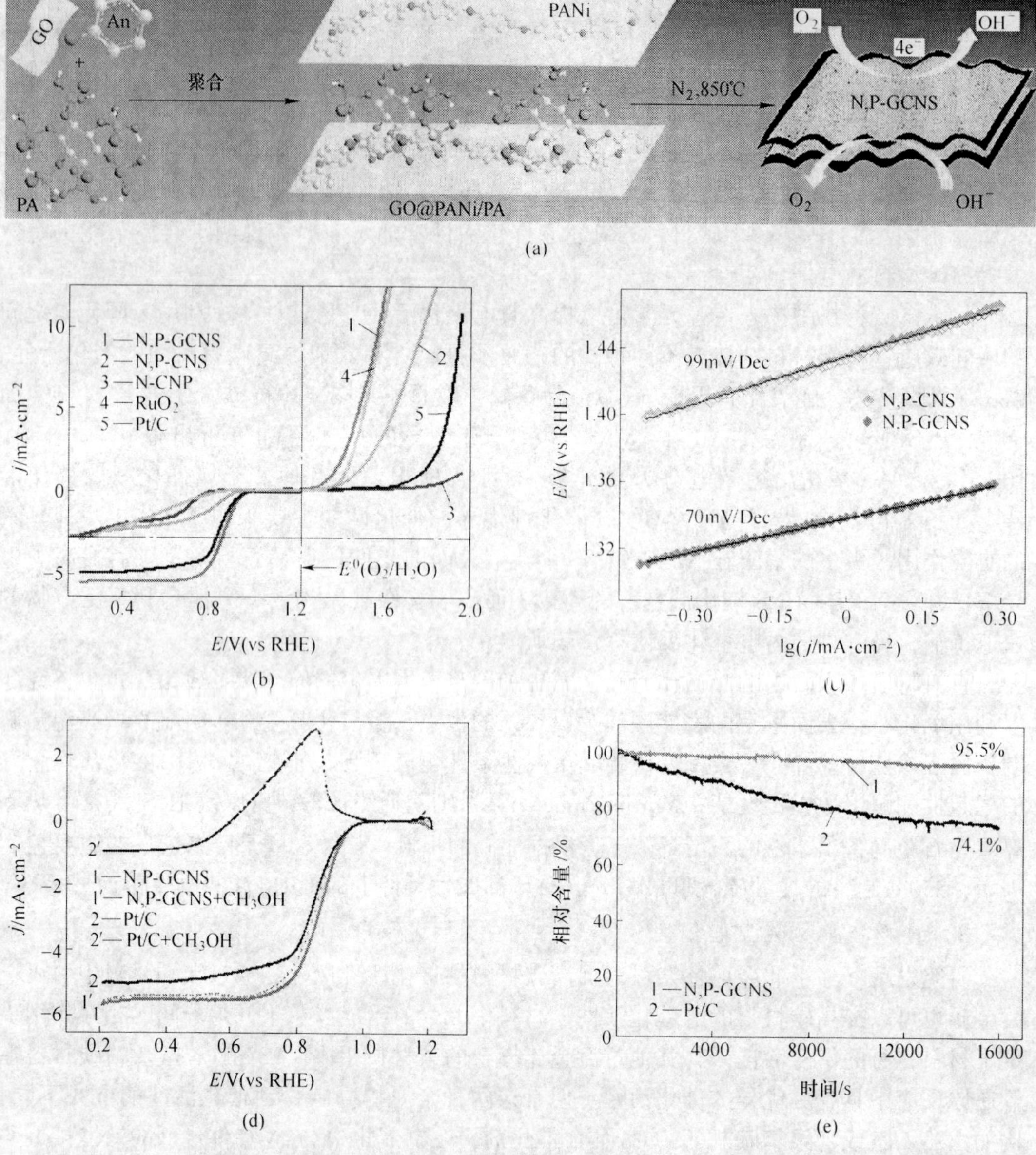

图 1-17　(a) 多功能催化剂 N，P-GCNS 的制备过程示意图；(b) 多功能催化剂的 OER 和 ORR 催化活性；(c) N，P-GCNS 和 N，P-CNS 的能斯特曲线图；(d) 加入 3mol/L 甲醇前后，N，P-GCNS 和 Pt/C 催化剂的氧还原 LSV 曲线；(e) N，P-GCNS 和 Pt/C 催化剂的稳定性

能来源于具有高活性的过渡金属和氮元素的协同效应、介孔结构、高比表面积以及高电导率。可将 Fe-N-MC 催化剂作为空气阴极应用于锌-空气原电池中，当放电电流密度高于 $100mA/cm^2$ 时，其能量密度高于商品 Pt/C 催化剂，且在持续放电过程中，Fe-N-MC 催化剂表现出优异的稳定性。

除了金属种类，金属含量对 M-N-C 的结构和性能影响也很大。M-N-C 中金属含量控制因素很多，由金属前驱体的用量、氮源的种类、碳载体的性质以及热处理的条件共同控制。金属前驱体不仅是用于形成活性中心，同时还起到催化材料石墨化的作用，所以一般情况下都是过量的。热解过后多余的金属杂质将被酸洗除去，一般情况下最终 M-N-C 内金属含量都在 10%以下。M-N-C 一般有一个最合适的金属含量，即使是同一种金属，最合适的金属含量也会随着使用的碳载体或者氮源的不同而变化[111]。

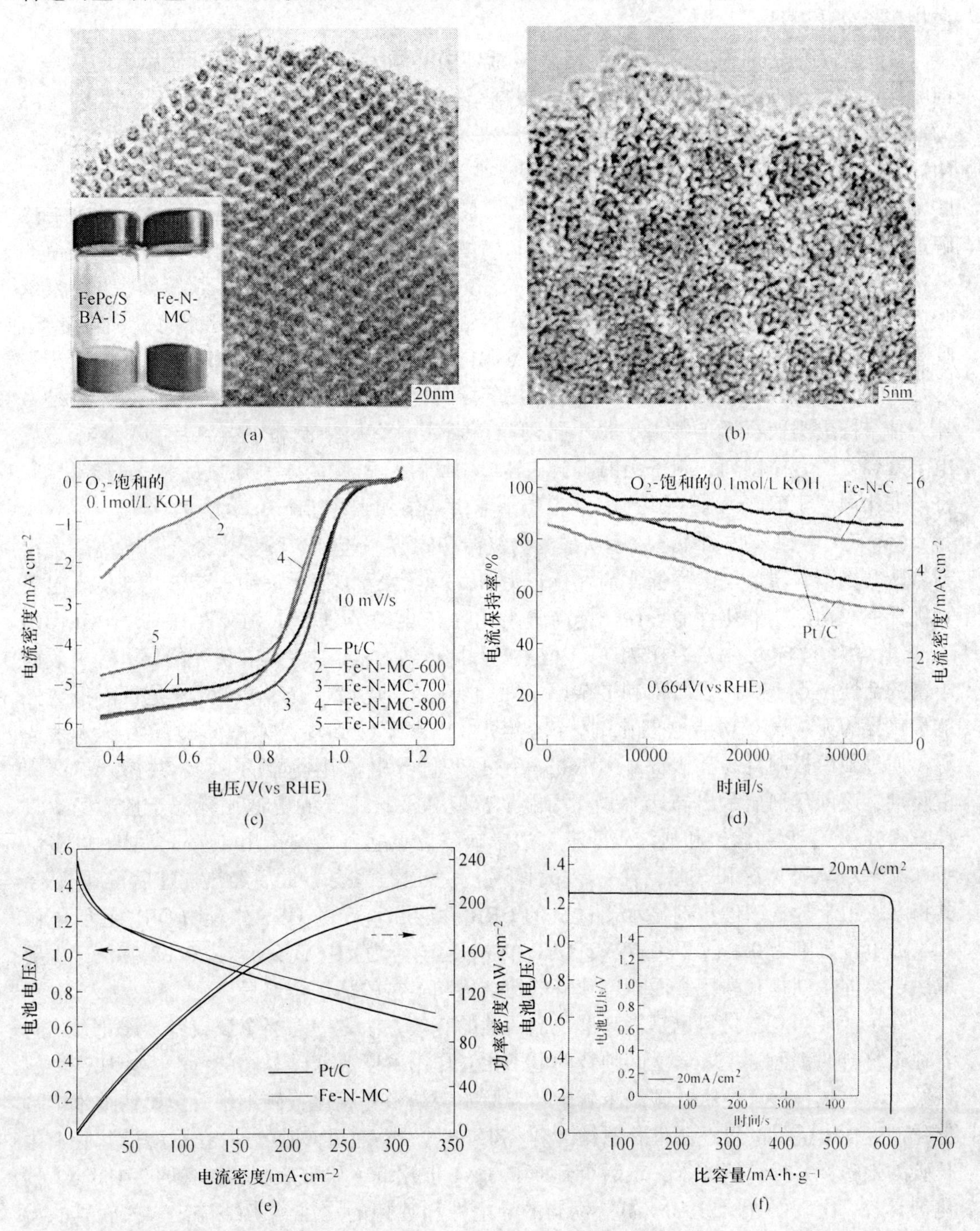

图 1-18 制备的 Fe-N-MC 催化剂的 TEM 图（a）和 HRTEM 图（b）；催化剂的 LSV 曲线（c）；Fe-N-MC 和 20%Pt/C 催化剂的稳定性测试曲线（d）；Pt/C 和 Fe-N-MC-700 催化剂的锌-空气原电池性能（e）；基于 Fe-N-MC-700 催化剂的锌-空气原电池的持续放电曲线（f）

通过以上研究表明，非金属掺杂、过渡金属掺杂以及共掺杂可以有效的提高碳材料的电催化活性，有些非金属掺杂、过渡金属掺杂或者共掺杂的碳材料的催化活性优于商品 Pt/C 催化剂。与贵金属催化剂相比，其催化活性较高，且成本低，可取代贵金属催化剂应用于电催化领域。

M-N-C 类催化剂中 N 元素是组成 M-N_x 活性中心的另一种元素，通过使用不同的含 N 前驱体也能调控 M-N-C 的结构和性能。根据结构的差异我们将氮源分为以下几类：(1) NH_3；(2) C≡N 基非芳香族化合物；(3) C—N 基化合物；(4) 芳香族化合物。比如，NH_3 在制备过程中不仅作为氮源，在高温下它还能刻蚀碳载体增加微孔数量[111]。二元胺，如乙二胺、己二胺，是 C—N 基化合物中最常用的氮源。含氮前驱体通常被认为在热解过程中存在金属催化剂石墨化的过程[112]。由于芳香族的含氮化合物具有和石墨类似的结构，所以这类氮源引起了大量研究者的关注，包括硝基苯胺[113]、三聚氰胺[114]、聚苯胺[115]等。三聚氰胺是近期研究最多的氮源，密歇根大学的 Barton 课题组将其和二吡啶、吡嗪、嘌呤进行了对比[114]。三聚氰胺为氮源的催化剂具有最高的 ORR 活性，他们认为这是由于三聚氰胺制备的催化剂具有更高的氮含量同时具有更大的比表面积。聚苯胺是另外一种结构更类似石墨的氮源，最早被阿拉莫斯实验室用于制备 Fe-N-C 和 Co-N-C[115]。由于聚合物的有序排列，制备出的 Fe-Co-N-C 中活性位密度高于其他氮源制备的催化剂，将该催化剂用于 H_2/O_2 燃料电池在高电位下输出功率几乎和 Pt/C 一致。

Gou 等[116]以苯胺和环己六醇磷酸酯为氮源和磷源，通过苯胺氧化聚合和高温煅烧得到氮磷共掺杂石墨烯纳米片催化剂（标记为 N，P-GCNS）。研究表明，该催化剂显示出极其优异的双功能电催化性能（ORR 起始电位和半波电位分别为 1.01V 和 0.89V；OER 的 η_{10} 超电势为 340mV；ΔE 为 0.71V），这主要归因于 N，P-GCNS 具有优异的导电性、表面丰富的活性位点、高比表面积和掺杂原子间的协同效应所致。N，P-GCNS 是目前报道性能最优异的无金属双功能电催化剂。Dai 等[117]以聚苯胺和环己六醇磷酸酯为 N 源和 P 源，通过硬模板制得高比表面积（1663m^2/g）和优异电催化性能的 N、P 共掺杂泡沫碳催化剂，该催化剂显示出高比容量、高能量密度和极其优异的电池循环稳定性，经 DFT 计算得知，N、P 共掺杂和泡沫碳的丰富边缘缺陷位点起着关键作用。Qiao 等[118]以多巴胺和巯基乙醇为 N 源和 S 源，在一定条件下引发多巴胺聚合，最后经热处理后得到 N、S 共掺杂碳纳米片，该催化剂显示出优良的 ORR 性能和一定的 OER 性能（ORR 起始电位和半波电位分别为 0.94V 和 0.79V；OER 的 η_{10} 超电势为 410mV；ΔE 为 0.88V），这主要取决于该催化剂具有高比表面积、独特的孔结构和丰富的活性位点等。

除了掺杂，复合材料也是提高催化剂活性的有效方法之一。当金属或者金属化合物附着在碳材料的表面，主客体之间独特的电子相互作用可以改变碳材料的特性。比如，金属铁纳米颗粒被包覆于荚状的碳纳米管中，与原始碳纳米管相比，碳纳米管包覆铁纳米颗粒催化剂表现出优异的氧还原催化活性[119]。Zhang 等[120]通过 CVD 方法在石墨烯基底上生长碳纳米管，并掺入氮元素，最后得到 N-G/CNT 催化剂。研究表明，制备的 N-G/CNT 催化剂具有高比表面（812.9m^2/g）、优异的导电性和独特的三维纳米结构，这些优异的特性使 N-G/CNT 显示出优良的 ORR 和 OER 电催化性能（ORR 起始电位和半波电位分别为 0.88V 和 0.75V；OER 的 η_{10} 超电势为 400mV；ΔE 为 0.93V）。

Li 和 Xing 等人制备出一种新型的氧还原催化剂，是由石墨烯层包覆 Fe_3C 纳米颗粒形成的空心球（简称 Fe_3C/C 催化剂）。材料中含有的 N 元素和表面的金属含量可以忽略不计。在碱性和酸性电解液中，Fe_3C/C 催化剂均表现出优异的氧还原催化活性。在 Fe_3C/C 材料中，Fe_3C 纳米颗粒和电解液不发生接触，不能直接参与 ORR 催化反应，通过碳化物和石墨烯层之间的协同作用提高石墨烯材料的 ORR 催化活性。也就是说，被包覆的 Fe_3C 纳米颗粒可以激发邻近的石墨烯层，导致碳材料具有 ORR 催化活性，如图 1-19 所示[121]。

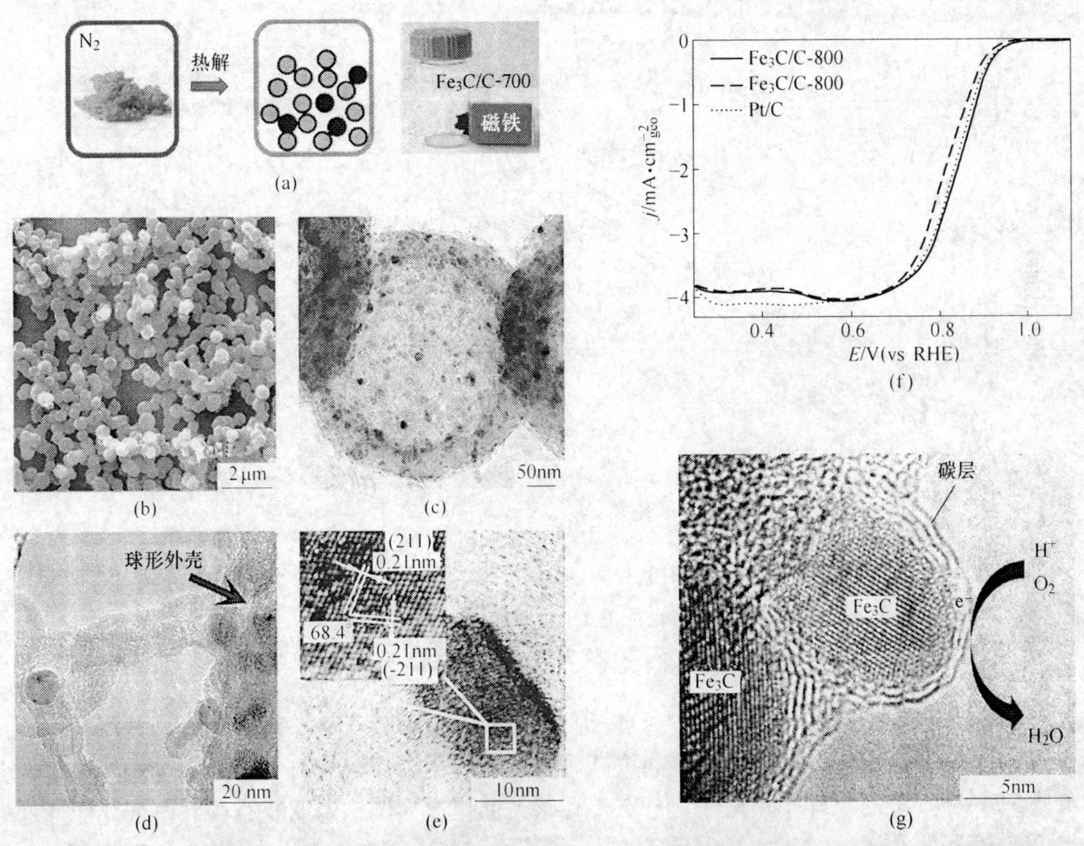

图 1-19　（a）制备 Fe_3C/C 空心球过程示意图；（b），（c）分别为 Fe_3C/C-700 催化剂的扫描电镜图和透射电镜图；（d）竹子状的碳纳米管生长的碳空心球上的 TEM 图；（e）Fe_3C/C-700 催化剂的 HRTEM 图；（f）Fe_3C/C-800 和 Pt/C 催化剂循环 4500 圈前后的 LSV 曲线；（g）Fe_3C/C 催化剂的氧还原过程示意图

Zhang 等人将杂化 $NiCo_2S_4$ 颗粒原位生长在石墨烯上，制备出具有 ORR 和 OER 催化活性的多功能催化剂，如图 1-20 所示[122]，有少量的 N 原子和 S 原子以吡咯 N、吡啶 N、噻吩-S 的形式共存在于还原石墨烯中（简称 $NiCo_2S_4$@N/S-rGO）。在 0.1mol/L KOH 电解液中，虽然 $NiCo_2S_4$@N/S-rGO 催化剂的氧还原活性稍低于商品 Pt/C 催化剂，但是其稳定性高于 Pt/C。并且在磷酸盐缓冲液和碱性电解液中，$NiCo_2S_4$@N/S-rGO 表现出优异的氧析出催化活性。在氧还原反应中，$NiCo_2S_4$@N/S-rGO 催化剂在不同电压下的电子转移数相近，在 3.6~3.8 之间，接近四电子反应，说明 $NiCo_2S_4$@N/S-rGO 催化剂在氧还原反应中具有较高的动力学反应速率。

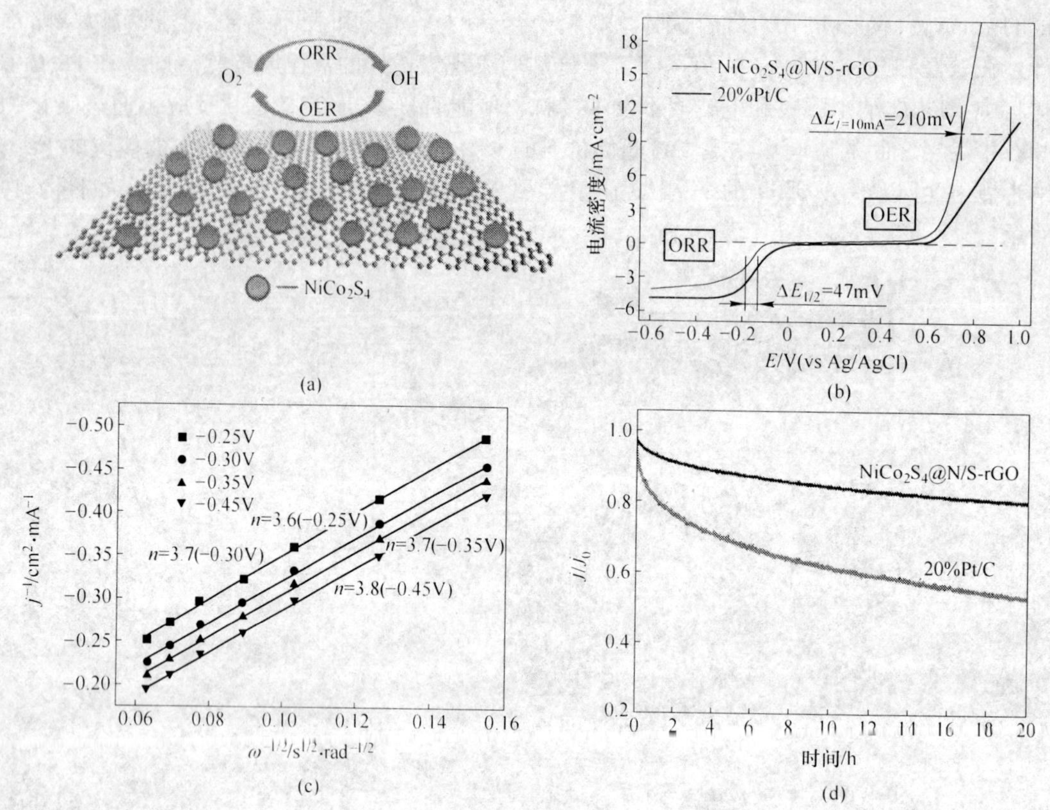

图 1-20　（a）催化剂 $NiCo_2S_4$@ N/S-rGO 的模型图；（b）$NiCo_2S_4$@ N/S-rGO 和 20% Pt/C 催化剂的 ORR 和 OER 反应的 LSV 曲线；（c）不同电压下，催化剂的 K-L 曲线；（d）$NiCo_2S_4$@ N/S-rGO 和 20% Pt/C 催化剂的计时响应曲线

掺杂可以改变碳材料的自旋方式等提高碳材料的电催化活性，材料的结构及形貌在一定程度上也会影响的电催化活性，如提高碳基材料的比表面积，可以为催化反应提供更大的反应场所。下面以有序介孔碳、分层多孔碳类催化剂为例，说明孔结构对电催化活性的影响。有序介孔碳（OMC）因具有高的比表面积、电导率和质量传输等特性已被成功应用于超级电容器和燃料电池。更重要的是，OMC 提供了一种简单而有效的方法来控制孔结构和孔径分布。杂原子掺杂 OMC，结合结构可调的优点和掺杂剂的积极作用，掺杂后的 OMC 在催化 ORR 过程中应该会表现出较好的催化性能，同时应该也是一种非常有前途的非金属氧还原催化剂。另外，分层多孔结构，尤其中孔/微孔多孔短分布是一种较为理想的结构状态，在提升材料催化 ORR 性能方面，该结构不仅能够提供较多的催化活性位点，而且有利于质量运输。

1.4.1.3　过渡金属氧化物、硫化物、氮化物以及氮氧化物

常用于氧还原和氧析出等电催化反应的过渡金属氧化物包括 MnO_x、CoO_x、TiO_2、NbO_2、Ta_2O_5 以及混合金属氧化物等[123~127]。其中，半导体 TiO_2 是一种常用的传统催化剂，由于其具有优异的氧化能力、化学稳定性、成本低和无毒等优点，被广泛应用在催化领域[128]。然而，TiO_2 材料是一种禁带宽度较宽、电导率低、自身催化活性低等缺点限制了其在实际催化中的应用。虽然目前有人将 TiO_2 催化剂应用于氧还原反应和氧析出催

化反应中，但其活性仍然很低。

为了提高 TiO_2 催化剂的电化学性能，可以通过引入结构缺陷，比如氧空穴和 Ti^{3+}，降低其禁带宽度，增大光吸收特性。除此之外，TiO_2 材料表面的氧空穴可以作为电子给体为异相催化提供活性位点，增加主体材料的催化性能。向 TiO_2 晶格中掺杂金属或者过渡金属是引入氧空穴最直接的办法。Hanqing Yu 等人通过溶剂热方法，在还原性 H_2 中高温处理制备出氧缺陷掺杂的 TiO_{2-x} 单晶，并将其用于氧还原催化反应中，如图 1-21 所示。

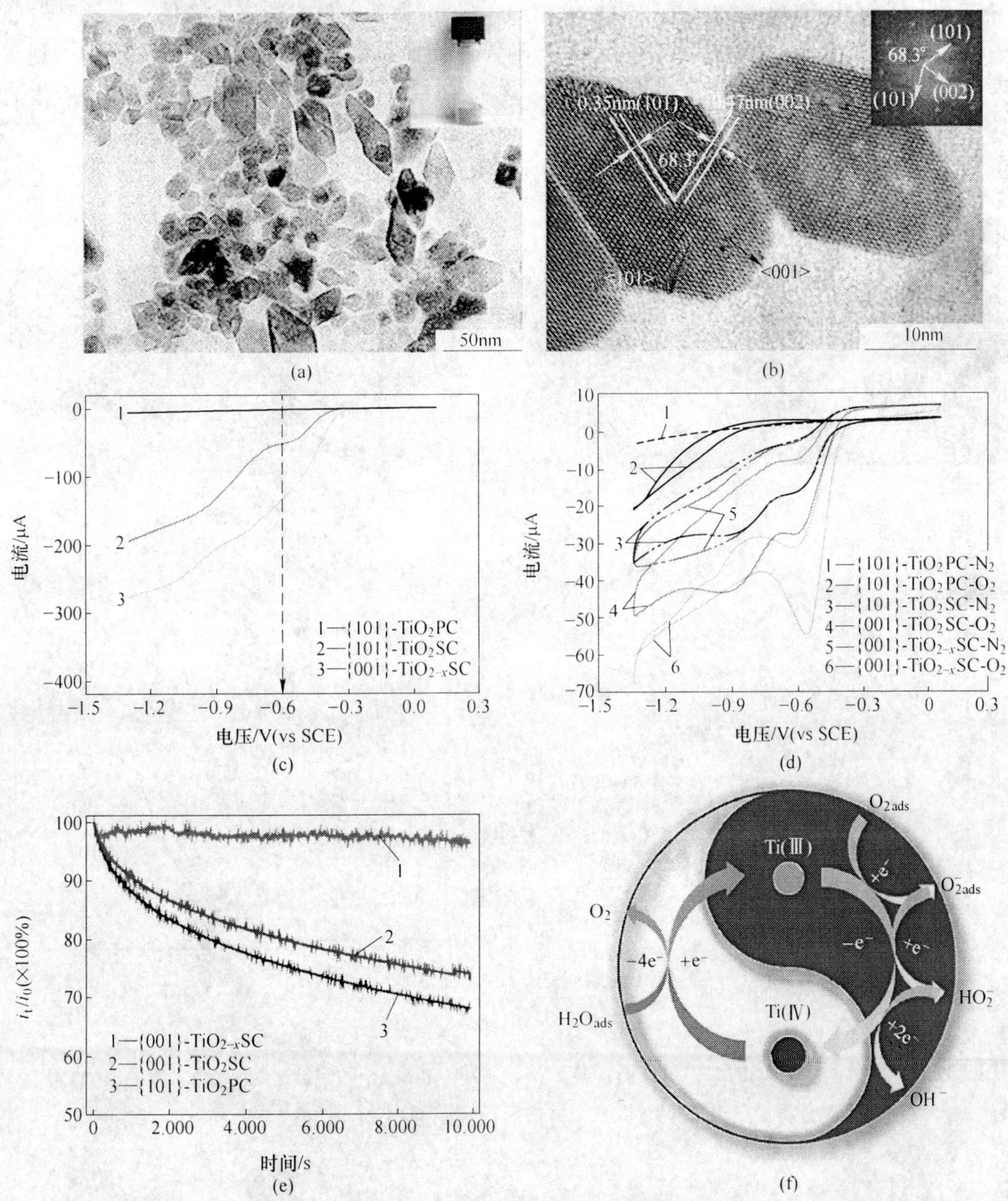

图 1-21 (a)，(b) 分别为 {001}-TiO_{2-x} 材料的形貌和结构性质；(c)，(d) 分别为催化剂的 LSV 曲线和 (f) CV 曲线；(e) 在−0.45V 电压下测得的催化剂的稳定性曲线；(f) TiO_{2-x} SCs 催化剂电催化反应机理图

制备的氧缺陷掺杂的 TiO_{2-x} 单晶催化剂具有优异的氧还原催化活性、循环稳定性以及耐甲醇性。氧缺陷掺杂的 TiO_{2-x} 单晶催化剂优异的催化性能来源于以缺陷为中心的氧还原机理[129]。

Peidong Yang 等人使用熔盐的方法制备出尺寸可控的单晶二氧化钛纳米线[129]，通过原位掺入不同过渡金属离子可以调控材料的光学、电子以及催化性能。如图 1-22 所示，通过向二氧化钛纳米线中掺入不同过渡金属离子，可以降低催化剂在氧析出反应中的超电势，其中掺入 Rh 元素后，其超电势最低。由于 TiO_2 半导体材料的电导率低，导致其电催化活性低，Yuhua Shen 等人通过在 TiO_2 纳米棒上复合石墨烯材料，掺入氮原子后得到 N 掺杂 TiO_2 纳米棒/石墨烯复合结构材料（简称 N-TiO_2/NG）。制备出的 N-TiO_2/NG 催化剂具有优异的电催化活性、循环稳定性以及抗甲醇性。N-TiO_2/NG 材料的电催化活性高于 N 掺杂 TiO_2 纳米棒和 N 掺杂碳材料的催化活性[130]。

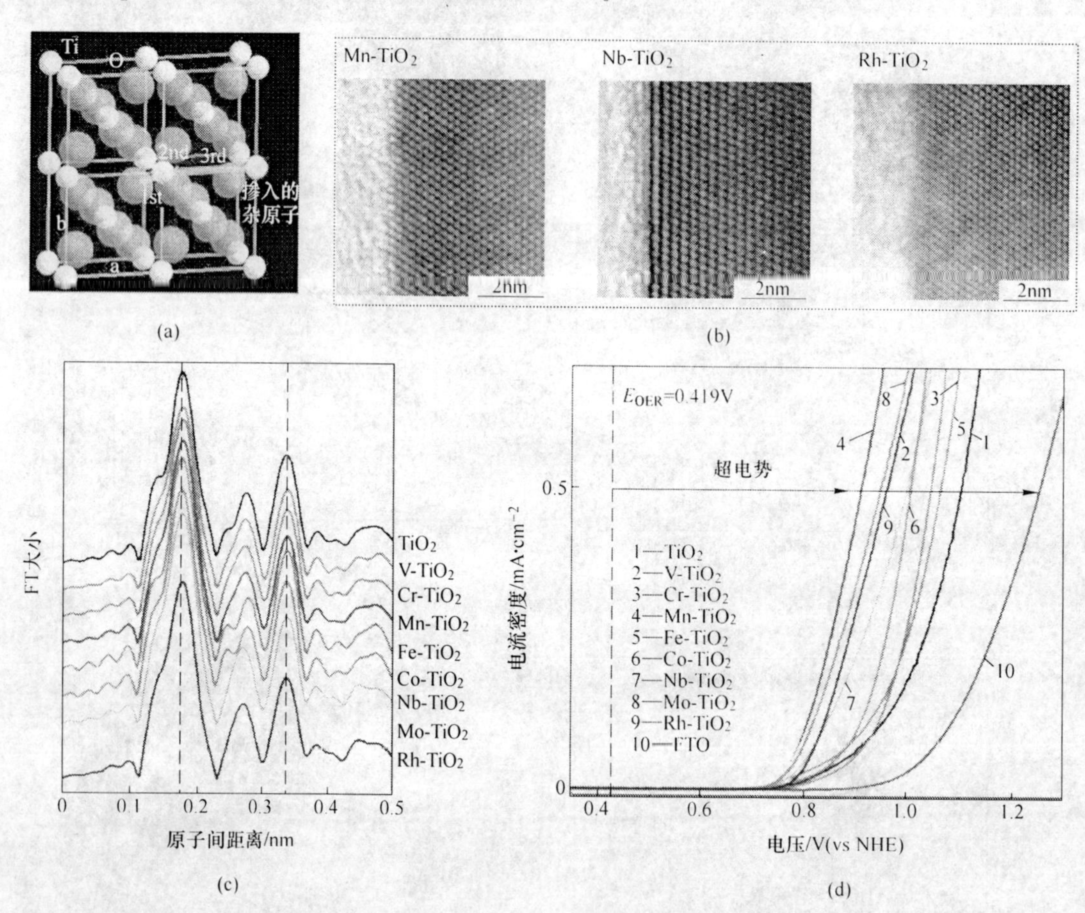

图 1-22　（a）锐钛矿 TiO_2 的结构示意图；（b）Mn、Nb 和 Rh 掺杂的锐钛矿 TiO_2 纳米线的 HRTEM 图；（c）不同过渡金属掺杂 TiO_2 的 FT EXAFS 谱图；（d）使用 FTO 和掺杂/未掺杂 TiO_2 纳米线作为电极测得的超电势

1.4.2　光催化

光催化过程是光反应和催化过程的融合，是半导体纳米材料自身将光能转化为化学能

的过程，是一种深度的氧化还原过程。通过光解水制氢，可以有效地将低密度的太阳能转换为高密度的化学能，氢能具有燃烧值高、燃烧产物无污染等特点而被公认为是最理想的替代能源；可以通过光催化分解在生活以及工业生产中产生的大量有机污染物，包括染料、苯、氯苯化合物、脂族醇、芳香族化合物以及聚合物等[131,132]。除此之外，还可以通过光催化将 CO_2 等还原成各种低碳有机化合物或者燃料[133]。

光催化反应的机理大致可以概括为：在光激发下，半导体吸收高于其禁带宽度能量的光能，电子-空穴对发生分离；在自建电场或者扩散力作用下，产生的电子-空穴对发生分离，电子迁移至材料的内部或者表面；半导体材料表面的空穴或者电子与反应釜发生氧化还原反应，从而实现光催化分解水制氢/氧气或者降级有机污染物等。由此可以看出，光生电子-空穴对的分离效率和电子的跃迁速率决定了光催化材料的光催化能力。向半导体材料中掺入金属离子/非金属，或者在半导体材料的表面复合其他材料，可以抑制光生载流子的复合，从而提高光催化剂的光催化活性。Xu Yijun 等人通过在乙醇-水混合溶液中用溶剂热法还原氧化石墨烯制备出 TiO_2-石墨烯材料（简称 TiO_2-GR）[134]。

从图 1-23 中可以看出，还原石墨烯的存在严重影响 TiO_2-GR 复合材料的光学性质，增加 TiO_2-GR 复合材料对紫外光的吸收率。并且 TiO_2-GR 复合材料的吸收带边移向长波

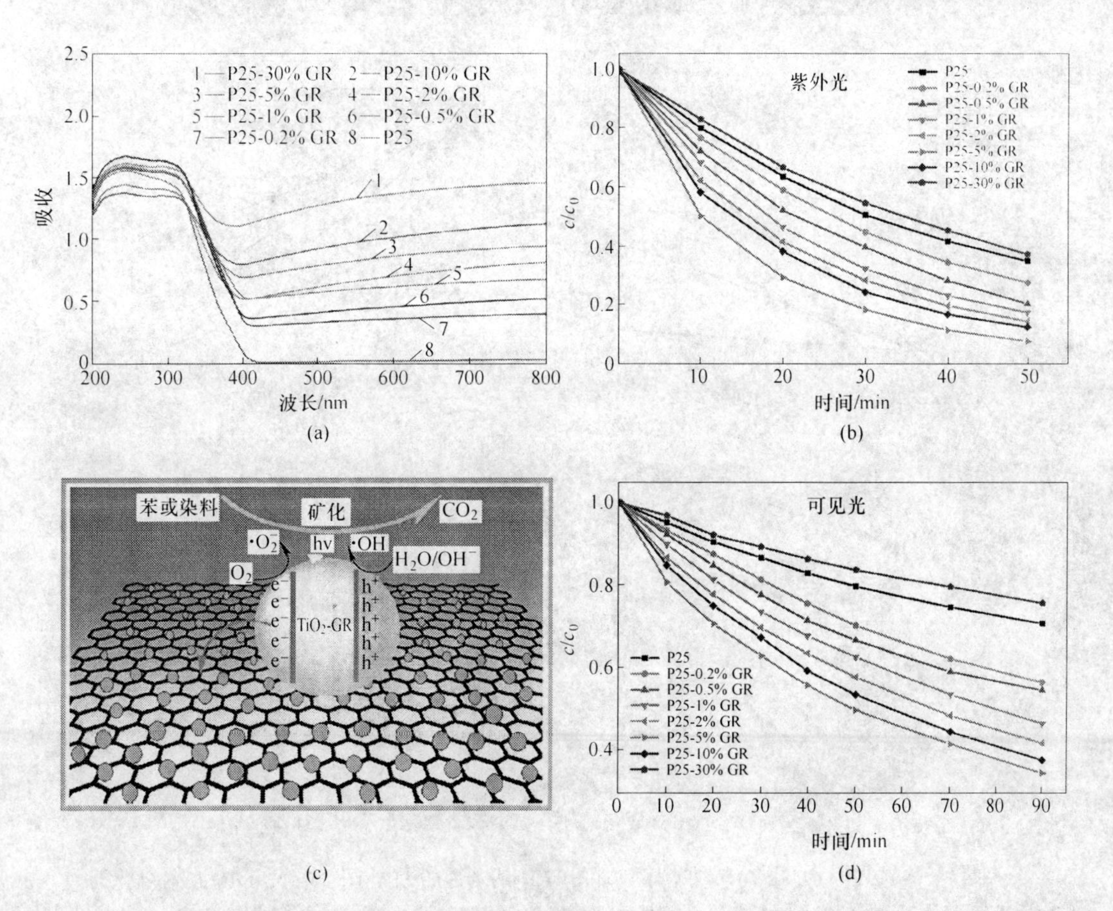

图 1-23 （a）P25-GR 复合材料的紫外可见漫反射光谱；（b）P25-GR 复合材料光降解有机污染物示意图；（c），（d）分别为 P25-GR 复合材料在紫外光和可见光激发下光降解亚甲基蓝

方向，说明还原石墨烯的复合可以降低 TiO_2 材料的带隙宽度。在紫外光激发下，与 TiO_2 相比，TiO_2-GR 复合材料降解亚甲基蓝的速率增大，且随着还原石墨烯的量的增大，光降解速率增大，当还原石墨烯和 TiO_2-GR 复合材料的质量分数为 25%时，其降解速率最大。同样在可见光激发下，还原石墨烯的复合有利于提高亚甲基蓝的降解速率。

除了使用掺杂或者复合的方法提高半导体材料的光催化性能以外，提高半导体催化剂的比表面积，为其光催化提供更多的活性位点，调控催化剂的晶相等也可以提高其光催化活性（图 1-24）。Yang Shihe 等人在合成过程中控制模板剂的量不变，通过调控合成条件，

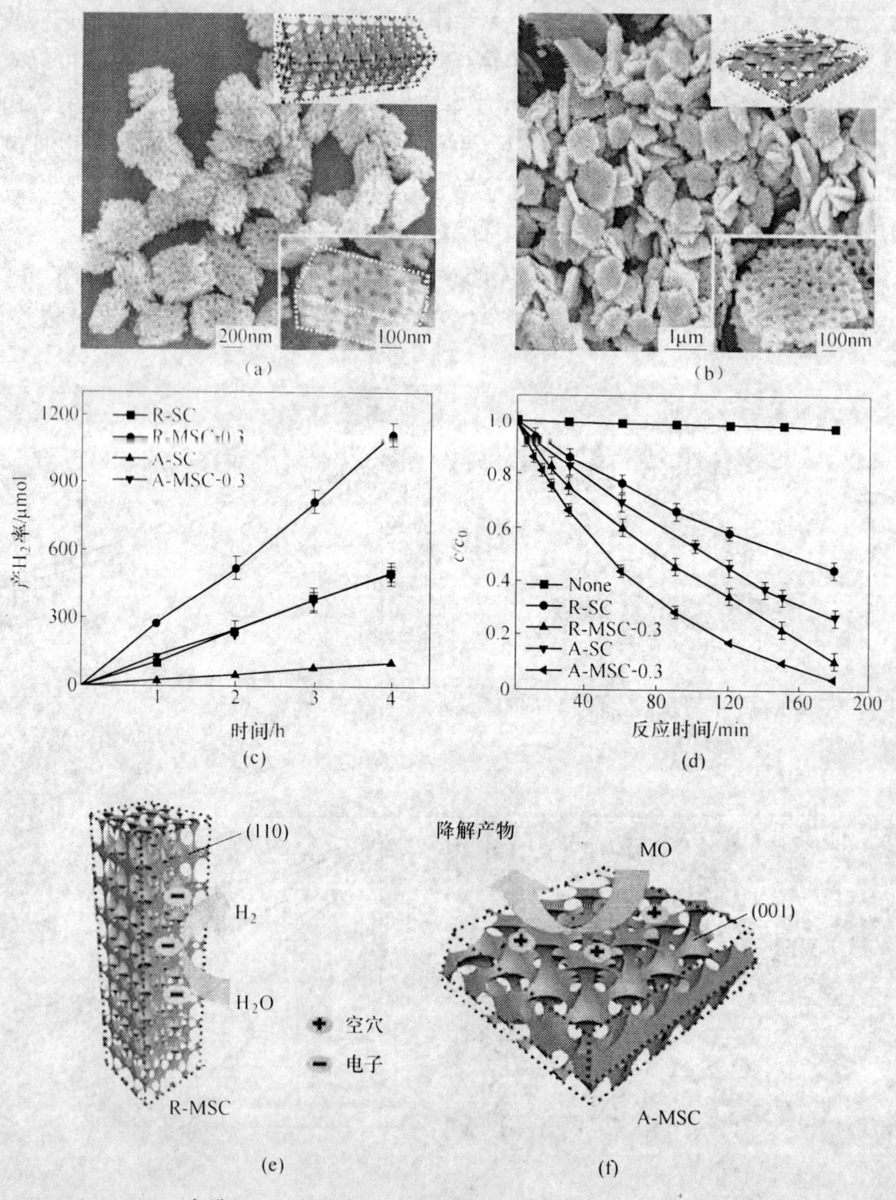

图 1-24　(a)，(b) 介孔 TiO_2 纳米棒和介孔 TiO_2 纳米片的 SEM 图；(c)，(d) 所有催化剂的光解水产氢和降解甲基橙的曲线；(e) 使用 R-MSCs 光解水制氢示意图；(f) 使用 A-MSCs 催化剂光氧化甲基橙示意图

如盐酸的浓度、种子的密度以及煅烧温度等制备不同形貌、尺寸以及晶相的介孔 TiO_2 单晶。经过光催化测试发现，由于制备的介孔 TiO_2 单晶具有较高的比表面积、单晶性质、活性晶面暴露于外表面以及相互连接的孔结构，导致其在光解水产氢和降解甲基橙的反应中活性较高。研究结果表明，金红石相二氧化钛的［001］晶面有利于光还原反应，而锐钛矿相二氧化钛的［001］晶面有利于光氧化反应的进行[135]。

1.4.3 其他催化

除了电催化和光催化以外，化学催化反应中还包含有胺化反应、烷基化反应、酯交换反应、缩合反应、加成反应、氢化反应以及双键迁移等[136]，如图 1-25 所示。分子筛等催化剂通常具有较大的比表面积为催化反应提供活性位点，含有孔结构的有利于物质的传输，并且和反应物易于分离等优点，被用作这些反应的催化剂。与电催化、光催化相同，提高催化剂的比表面积、优化孔结构有利于提高催化反应的效率。通过掺杂或者复合其他材料也是提高催化剂催化活性的有效方法之一。

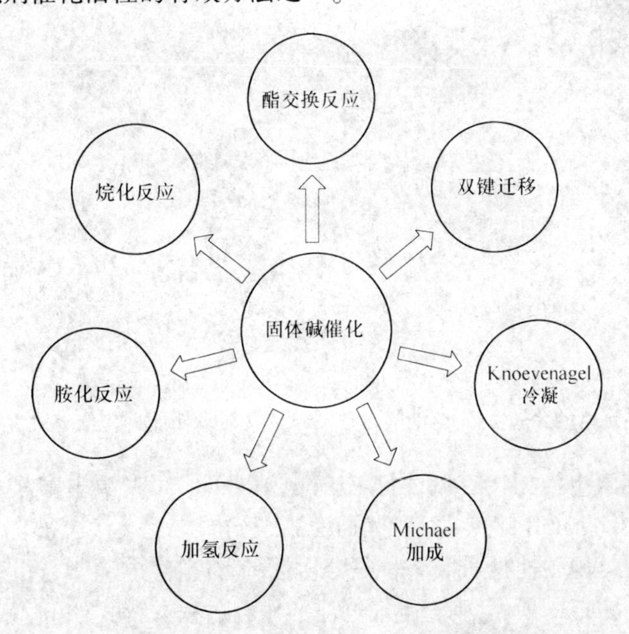

图 1-25 固体碱催化的一些典型反应

1.5 多孔材料在储能中的应用

电化学蓄能是指化学能和电能之间的转化反应，电能被储存在电池和赝电容电极材料中。电池或者超级电容器等这些储能器件的能量密度、功率密度以及安全性主要取决于电极材料的活性、电子/离子的电导率以及结构/电化学稳定性。根据功能导向材料的设计规则，适当选择材料的元素、化学键、晶体结构和形貌等可以提高其电化学性能。

实验表明，多孔材料具有的较大比表面积，为其催化活性提供更多的活性位点，被广泛应用于电化学传感器和能量储存中[137]。除此之外，金属或者非金属掺杂也是提高材料电化学活性和稳定性的有效方法，通过掺入杂原子在一定程度上可以改变材料电子特性，调控材料表面结构以及改变主体材料的元素组成等提高材料的性能[138]。

1.5.1 金属-空气电池

以空气（氧）作为阴极活性物质，金属作为阳极活性物质的电池统称为金属-空气电池。氧还原反应（ORR）和析氧反应（OER）是金属-空气电池的重要反应。在放电过程中，阳极金属发生电化学氧化反应，氧化剂在锌-空气电池阴极上发生电化学还原反应，其工作原理为电池正极上的金属与电解液发生电化学反应，释放出电子，同时，空气负极上的催化剂与电解液以及经由扩散作用进入电池的空气中的氧气接触，吸收电子，发生电化学反应，如图 1-26 所示[139]。而充电过程的反应机理和放电过程相反，针对这种反应类型的金属有 Li、Zn、Al 等[140~142]。

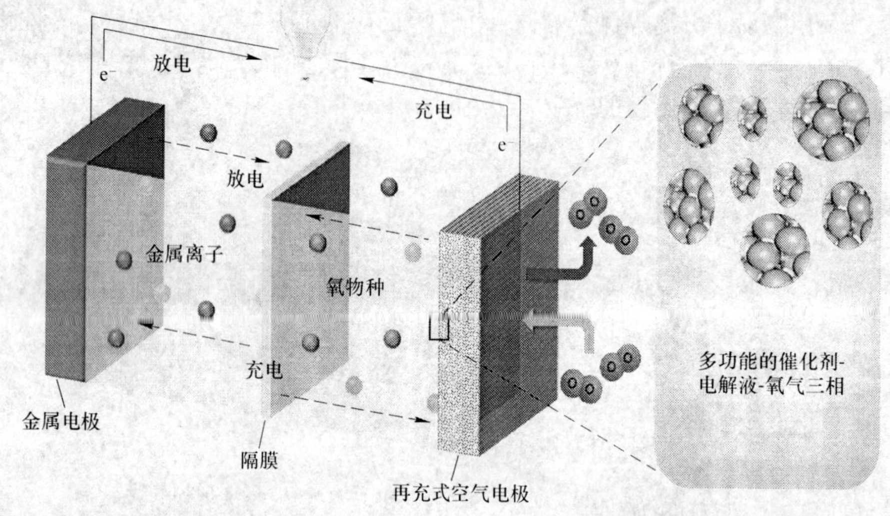

图 1-26　可再充电的金属-空气电池的示意图以及其在多功能催化剂上发生的电化学反应

与其他金属-空气电池相比，碱性锌-空气电池中的 Zn 来源丰富且稳定性较好，电池具有安全性好和价格低廉等优点[143]，因而受到人们的广泛关注，被认为是大有希望的能量储存装置。锌-空气电池有两种：一种是一次性的锌-空气电池；另一种是再充式的锌-空气电池，其结构如图 1-26 所示。锌-空气电池的放电过程方程式如下[144]。

在放电过程中，阳极的锌被氧化，发生下列反应：

$$Zn + 4OH^- \longrightarrow Zn(OH)_4^{2-} + 2e^- \tag{1-5}$$

$$Zn(OH)_4^{2-} \longrightarrow ZnO + H_2O + 2OH^- \tag{1-6}$$

在放电过程中，通过两电子过程或者四电子过程阴极的氧气被还原，发生下列反应：

四电子过程：

$$O_2 + H_2O + 4e^- \longrightarrow 4OH^- \tag{1-7}$$

或者发生两电子反应过程：

$$O_2 + H_2O + 2e^- \longrightarrow HO_2^- + OH^- \tag{1-8}$$

$$2HO_2^- \longrightarrow 2OH^- + O_2 \tag{1-9}$$

综上所述，在放电过程中发生的总反应：

$$2Zn + O_2 \longrightarrow 2ZnO \tag{1-10}$$

在充电过程中，负极的氧化锌被还原成锌，发生下列反应：

$$ZnO + H_2O + 2OH^- \longrightarrow Zn(OH)_4^{2-} \tag{1-11}$$

$$Zn(OH)_4^{2-} + 2e^- \longrightarrow Zn + 4OH^- \tag{1-12}$$

同时在正极发生下列反应：

$$4OH^- \longrightarrow O_2 + 2H_2O + 4e^- \tag{1-13}$$

综上所述，在充电过程中发生的总反应为：

$$2ZnO \longrightarrow 2Zn + O_2 \tag{1-14}$$

从锌-空气电池充放电过程反应式中可以看出，锌-空气电池的性能主要来源于阴极材料的电催化反应 ORR（放电过程）和 OER（充电过程）决定的。两种反应的速率较慢，因此锌-空气电池面临的最大挑战是怎样增加 O_2 还原和析出效率。采用高活性催化剂和最佳催化剂负载量，均匀分布电极材料，将改善阴极的结构，可以提高锌-空气电池的性能。除此之外，增加氧气的扩散速率以及电子/离子的传输速率，有利于提高 ORR 和 OER 的反应速率，从而增加锌-空气电池性能。一般来讲，采用 ORR/OER 多功能催化剂可以提高锌-空气电池的循环稳定性，且使用多孔材料制备的电池阴极材料有利于氧气的快速扩散，增加电极材料的润湿性。总之，开发多功能多孔催化剂有利于提高锌-空气电池的性能。

尽管 Pt、Ru、Ir 等贵金属已经被成功地应用于锌-空气电池中，但是由于这些贵金属的价格昂贵、稳定性低等缺点限制了其在锌-空气电池中的商业化应用[72]。最新研究表明，氮掺杂的碳材料（如碳纳米管，石墨烯等）可以作为一种高效、低成本、无金属的催化剂，在氧还原反应中替代 Pt[145,146]。在氮掺杂碳材料中掺入第二种杂原子，如 B、S、P 等可以调节材料的电子特性和表面极性，进一步增加催化剂的氧还原活性[147,148]。

戴黎明课题组通过在植酸中热解聚苯胺制备三维氮磷共掺杂的纳米介孔碳材料（NPMC）可伸缩泡沫，如图 1-27 所示[149]。这种氮磷共掺杂的纳米介孔碳材料具有较高的比表面积和电催化活性（包括 ORR 氧还原反应和 OER 析氧反应），作为多功能空气电极应用于锌-空气原电池和二次电池中。在 KOH 电解液中，原电池的开路电位约为 1.48V，能量密度约为 835Wh · kg_{Zn}^{-1}。使用两个 NPMC 空气电极（一个作为 ORR 电极，另一个为 OER 电极）组装成的三电极锌-空气电池具有比较好的循环稳定性，100h 内循环 600 圈。

有机-金属框架（MOF），也成为多孔配位网络结构，是由无机-有机微孔晶体材料杂化而成的，包含的金属离子和有机通过配位键链接形成的一种三维网络结构（3D）。金属离子和有机物相互连接可以构成不同结构的 MOFs。例如沸石咪唑酯骨架（ZIFs）是 MOFs 结构的一个重要分支，是由过渡金属（Zn^{2+} 和 Co^{2+}）和咪唑配体相互链接构成的[150]。Xu 等人最早报道 MOFs 经过碳化得到不同种类的多孔碳材料，并且不同种类的 MOF 和 ZIF 衍生物被用作氧还原和氧析出催化反应的电催化剂[151]。通过直接碳化 MOFs 得到的碳材料往往具有和前驱体相类似的结构，前驱体 MOFs 晶体结构影响碳化后产物的孔径分布等，通过调控热处理温度，有可能产生超微孔碳纳米颗粒的聚集体，同时在碳化过程中保持与前驱体相同的形貌[152]。用 MOFs 衍生出的电催化剂通常具有下列几种优点：（1）高比表面积和可调控的多级孔结构，能够容纳更多的活性位点并促进物质的传输；（2）金属活性中心和杂原子掺杂可选择性高，如 N、P、S；（3）包含的 Co/Fe-N_x 结构，能够为催化反应提供更高的活性位点；(4) 通过 Fe、Co 等催化形成的石墨化碳，增加材料的电导率，抑制碳材料被毒化。因此，MOFs 特别是富含碳、氮和过渡金属的 ZIFs 对催化和电催化及其重要。

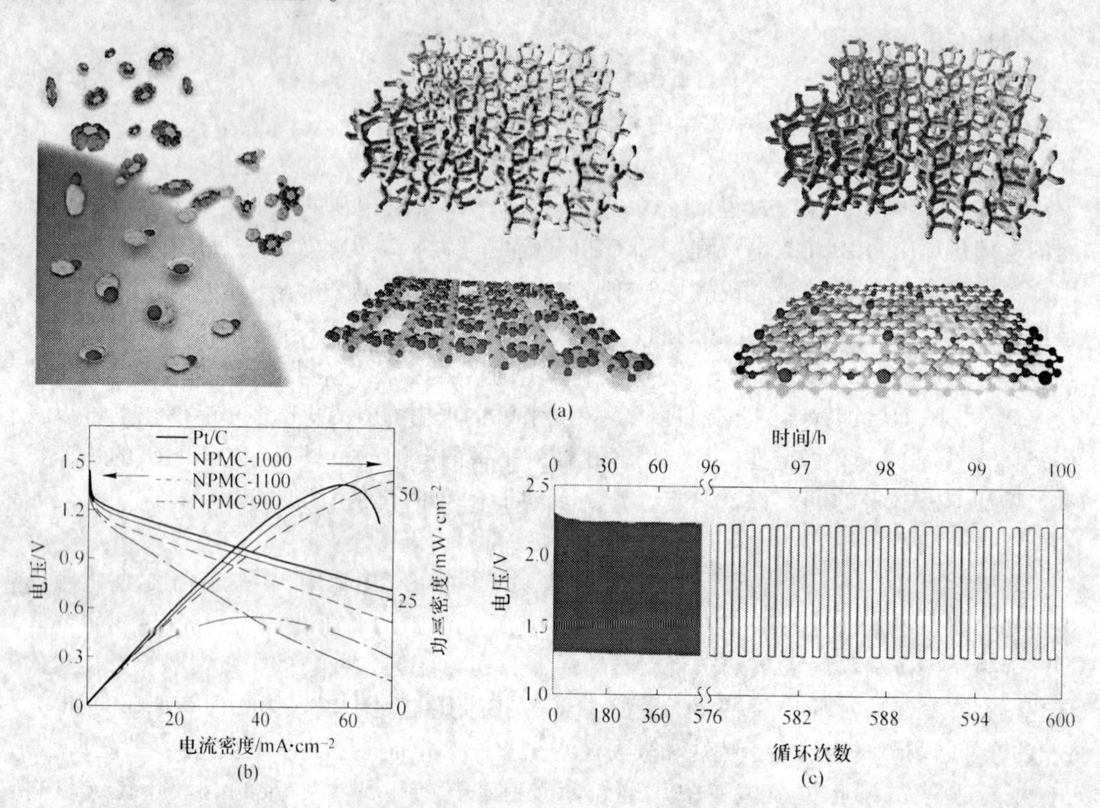

图 1-27　(a) 制备 NPMC 泡沫过程的示意图；(b) 在 6mol/L KOH 电解液中，使用 Pt/C、NPMC-900、NPMC-1000、NPMC-1100 作为 ORR 催化剂制备的 Zn-空气原电池的极化曲线和能量密度曲线；(c) 使用 NPMC-1000 材料作为空气电极组装的三电极锌-空气电池的充放电曲线

Chen 等人通过碳化具有确定的 Co 和 Zn 比例的双金属 ZIF-8 和 ZIF-67 得到 N、Co、P 掺杂的多孔碳材料 (图 1-28 (e))[153]。Tang 等人通过热处理 ZIF-8@ ZIF-67 晶体得到碳杂化材料，这种杂化材料以氮掺杂碳作为内核，高度石墨化的碳作为外壳[154]。由 ZIF-8 碳化得到的氮掺杂的多孔碳材料具有与 ZIF-8 相类似的孔径，微孔的孔径主要集中在 1.2nm 左右，接近或者稍大于 ZIF-8 中微孔的孔径 (0.34nm 和 1.16nm)。得到的碳杂化材料的总孔容积为 0.99cm^3/g，比表面积超过 932m^2/g，存在大量的微孔，微孔的孔容为 0.32cm^3/g。

Wang 等人通过热处理和碳化 ZIF-8@ ZIF-67 晶体制备 NC@ GC 核壳结构，在无定形碳层上长出一些纳米管，石墨碳包覆在金属/金属氧化物表面[154]，如图 1-28 (a) 和 (b) 所示。在充放电电流密度为 5mA/cm^2 时，基于 NC@ GC 材料的锌-空气原电池的电压是 1.29V，充放电时间超过 140h。基于 NC@ GC 材料的可充放电锌-空气电池的具有较高的循环稳定性，充电电压基本稳定在 2.2V，每次充放电时间为 1h，锌-空气电池总充放电时间可以超过 220h。之所以具有高的催化活性，一方面是由于掺入的氮元素和钴元素，另一方面是由于材料具有的孔结构。

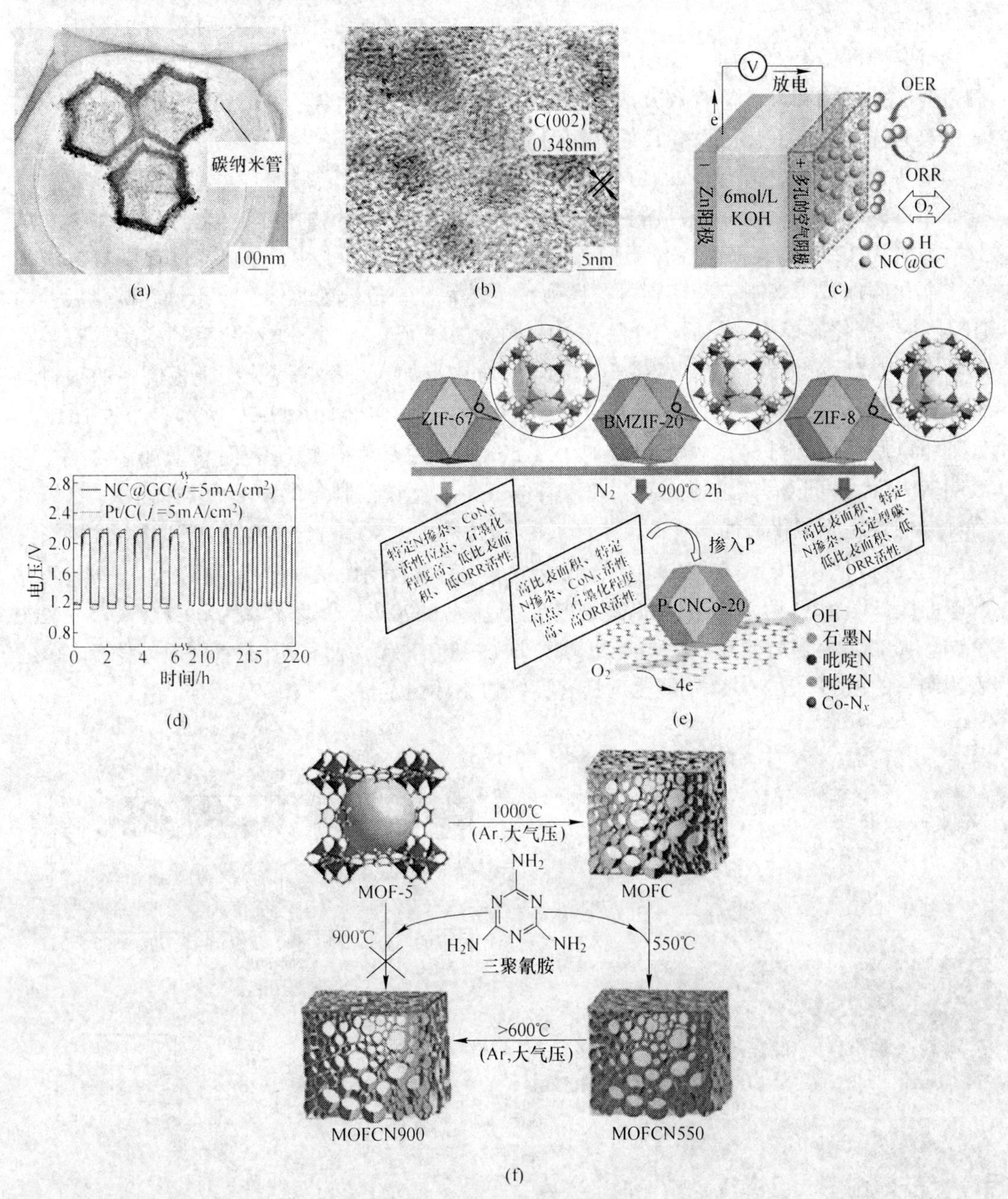

图 1-28 (a)，(b) NC@ GC 材料的透射电镜和高分辨透射电镜图片；(c) 可充放电锌-空气电池示意图；(d) 在充放电电流密度为 5mA/cm² 时，分别用 NC@ GC 和 Pt/C 制成的锌-空气电池的循环性能；(e) 用 BMZIFs 碳化得到的多孔碳材料氧还原反应机理；(f) 将三聚氰胺浸渍到碳化 MOF-5 的孔中，然后在较高温度下碳化构筑氮掺杂的多孔碳

空气电极的结构设计对锌-空气电池及其重要，和锂-空气电池不同，锌-空气电池是典型的水溶液金属-空气电池，在空气阴极三相界面处需要疏水性和亲水性达到平衡状态。

在氧气和空气，液体电解液、固体催化剂颗粒、复杂的多层空气阴极间（催化剂层、集流体和空气扩散层）中建立三相界面是必需的。空气阴极的性能受多种因素的影响：比如内部孔隙度、有效表面、表面润湿度、多孔物质的活性以及聚集颗粒的大小。模板法是制备有序孔结构和尺寸的有效方法。且大量实验证实，氮掺杂的碳材料在酸性和碱性电解液中具有优异的电催化活性和良好的稳定性[150]。

Li 等人制备的含有双孔的碳材料的比表面积是 $1462m^2/g$，N 的含量达到 6%，制备过程如图 1-29 所示[155]。甲阶酚醛树脂乙醇溶液和氨腈的混合物用作前体，Ludoxs HS40 硅胶（直径为 12nm）胶体溶液作为模板剂制备微孔/介孔碳材料，在制备过程中只有较少的二氧化硅球被用来制造介孔碳材料作为参比样品。制备的前驱体经过干燥和碳化后，用 HF 除去二氧化硅模板。最后，样品在 NH_3 气氛下进行热处理。被活化后的样品具有微孔/介孔结构被标记为微/介孔-NC-NH_3，制备过程中只加入少量二氧化硅模板制备的碳材料被标记为介孔-NC-NH_3。所制备样品的扫描电镜和透射电镜如图 1-29 所示。经过 NH_3 热处理可以使介孔材料的比表面积增加了 $325m^2/g$，但是微孔的比表面只增加了 $22m^2/g$，表明 NH_3 活化可以有效地形成介孔。与其他材料相比较，制备的微/介孔-NC-NH_3 材料具有优异的氧还原催化活性和最高的电子转移数（最接近 4）。将微/介孔-NC-NH_3 材料作为空气阴极材料应用于锌-空气电池中，在充放电电流密度 $10mA/cm^2$ 下，锌-空气电池的充放电曲线如图 1-29 所示。第一圈充放电电势差为 0.70V，往返效率为 64.5%。经过 200 个循环（800h）之后，充放电电势差略微增加到 0.81V，而往返效率略微下降到 60%，表明制备的微/介孔-NC-NH_3 催化剂具有良好的循环稳定性。

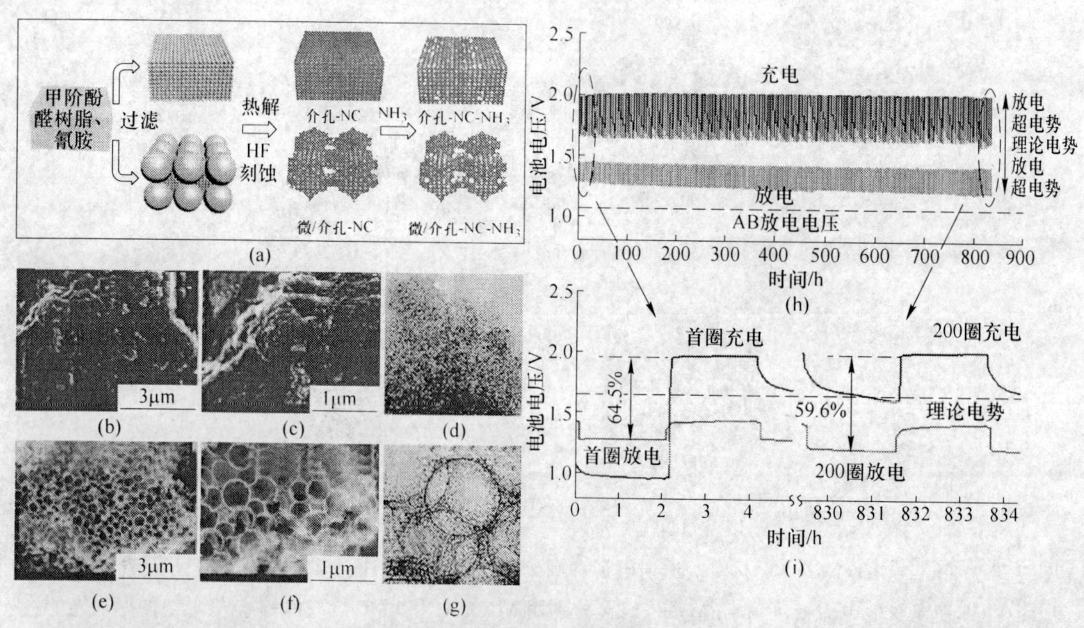

图 1-29　（a）介孔-NC-NH_3 和微/介孔-NC-NH_3 的制备过程；（b）～（d）介孔-NC-NH_3 材料的 SEM 和 TEM 图片；（e）～（g）微/介孔-NC-NH_3 材料的 SEM 和 TEM 图片；（h），（i）在充放电电流密度为 $10mA/cm^2$ 下，基于微/介孔-NC-NH_3 材料的锌-空气电池的充电曲线和放电曲线

除了碳材料之外，过渡金属氧化物、过渡金属氮化物、过渡金属合金等也可以作为锌-

空气电池阴极材料。比如含铁的化合物具有优异的电催化活性。Cai 等人通过热解 Co-Fe 普鲁士蓝类似物制备 N 掺杂的碳包覆 FeCo 合金复合物[156]。首先将含有 Fe 普鲁士蓝类似物与含有 Co 的化合物进行自组装，进过共沉淀形成纳米 Fe-CoPBA 立方体，然后在 Ar 气氛下进行热解得到 N 掺杂的碳包覆 FeCo 合金复合物（图 1-30（a））。

Yang 等人通过热解商业普鲁士蓝和葡萄糖的混合物制备 N 掺杂石墨烯包覆 $Fe_3C(Fe)$ 纳米颗粒（图 1-30（d））[157]。实验证明，经过 850℃煅烧后得到的 N 掺杂石墨烯包覆 $Fe_3C(Fe)$ 纳米颗粒具有最优异的氧还原催化活性，如图 1-30（f）所示，$Fe_3C(Fe)$ 核与石墨碳壳相互作用，可以有效地促进 O_2 的吸附和还原过程。理论计算表明，$Fe_3C(Fe)$ 将电子推向 N 掺杂的碳壳，而夹在 N 掺杂的石墨烯和 Fe_3C 层之间的 Fe 可以提供比 Fe_3C 纳米颗粒更多的电子到石墨烯。

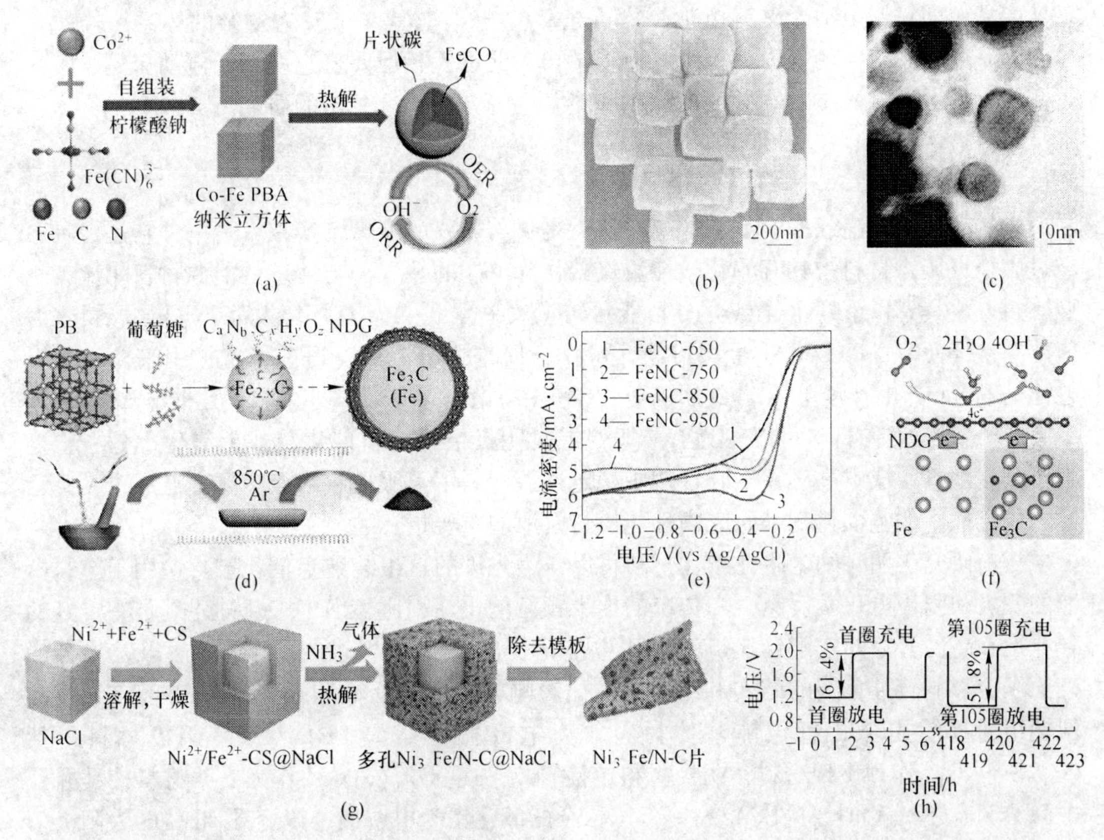

图 1-30　（a）FeCo@ NC 核-壳纳米颗粒制备过程示意图；（b），（c）FeCo@ NC 核-壳纳米颗粒的 SEM 和 TEM 图片；（d）N 掺杂石墨烯包覆 Fe_3C（Fe）纳米颗粒制备过程示意图；（e）N 掺杂石墨烯包覆 Fe_3C（Fe）纳米颗粒的 LSV 曲线；（f）N 掺杂石墨烯包覆 Fe_3C（Fe）纳米颗粒氧还原过程示意图；（g）Ni_3Fe/N-C 片制备过程示意图；（h）在充放电电流密度为 $10mA/cm^2$ 时，基于 Ni_3Fe/N-C 片锌-空气电池的充放电曲线

Fu 等人采用 Ni 盐、Fe 盐和壳聚糖作为前驱体，NaCl 晶体作为模板剂，NH_3 气作为氮源制备二维氮掺杂多孔石墨碳包覆 Ni_3Fe 纳米颗粒[158]。在退火过程中释放的 CO_2 用来造孔，制备的二维氮掺杂多孔石墨碳包覆 Ni_3Fe 纳米颗粒具有优异的电催化活性和有利于

催化反应的结构，将其作为阴极催化剂组装成的锌-空气电池，在充放电电流密度 10mA/cm^2 下，锌-空气电池的充放电时间超过 420h，充放电电势差从 0.78V 增加到 0.98V，表明制备的二维氮掺杂多孔石墨碳包覆 Ni_3Fe 纳米颗粒具有较好的电池效率和良好的循环稳定性。

除此之外，以钙钛矿、尖晶石和烧绿石形式存在的金属氧化物，对氧还原的催化活性优于贵金属[159,160]。在制备方法改进、氧吸附现象和表面性质等方面，对钙钛矿型催化剂进行了广泛研究。于碱性溶液中，用 Sr 取代 La，在 $LaCoO_3$ 晶格中可提高真实表面积和氧化物对氧的表观催化活性[161,162]。碱性锌-空气电池的实用化研究已取得了巨大的进展，适用于便携式电器的小型锌-空气电池已进入市场。鉴于当前用电器具正在向小型化、小功耗方向发展，锌-空气电池的应用范围必然会越来越广泛，有望替代目前的一次电池主导产品，即锌锰电池及碱锰电池。可再充锌-空气电池是一个较为复杂的体系，经过世界各国研究者数十年的努力，至今已取得了很大的进展，但要将它应用于电动车辆，还需要在锌电极循环寿命、空气湿度的控制和热管理等方面作进一步的研究。

1.5.2 燃料电池

燃料电池作为高效率的清洁能源被认为是目前重要的能量转换技术之一，它是一种不经过燃烧直接将材料中具有的化学能直接转化为电能的装置。与传统的能源材料相比，新型燃料电池具有以下几个优点：(1) 能量转化效率高；(2) 对环境友好；(3) 燃料来源广泛、价格便宜；(4) 容积可大可小，可作为便携式电源等。目前，常被用来作为燃料电池的材料有贵金属单质、金属合金、金属氧化物、金属氮化物以及非金属碳材料等[163~165]。虽然铂材料可以作为有效阳极或者阴极催化材料催化氢或者氧化小分子，但由于其易中毒、成本高、在实际使用中稳定性差。为了克服这些缺点，开发低成本、高活性、稳定性高的电催化剂是研究高性能燃料电池的重要指标之一。

目前研究表明，纳米多孔结构材料可以作为先进的自组装纳米催化剂直接用于燃料电池的阴极和阳极电化学反应，和传统的纳米颗粒催化剂相比，纳米多孔催化剂具有良好的导电性和高度开放的空隙结构，有利于电催化反应的进行[166,167]。合成方法以及掺杂的杂原子会影响着催化剂的结构和组分，从而影响其电催化活性和稳定性。Albert Tarancon 课题组通过使用介孔氧化铈基体材料作为电极材料（图 1-31）[168]：阳极材料包括 $Ce_{0.8}Sm_{0.2}O_{1.9}$ 作为支架材料，阴极材料包括 $Ce_{0.8}Sm_{0.2}O_{1.9}$(SDS) 作为支架材料，其介孔中渗透 $Sm_{0.5}Sr_{0.5}CoO_{3-d}$(SSC) 材料。以掺杂的氧化锆为电解质，以介孔 Ni-SDS 为阳极催化剂，介孔 SSC-SDC 微阴极催化剂制备的燃料电池，在工作温度为 750℃时（使用潮湿的氢气作为燃料），具有良好的功率密度，功率密度可以达到 565mW/cm^2，并呈现出良好的循环稳定性。

采用一种通用且简便的双相封装方法，MIL-101-NH_2（氧化铝基 MOF）作为一个典型的主体材料包封硫脲和氯化钴，然后在氩气气氛下热解得到硫化钴 NPs 固定在 N、S 共掺杂的蜂窝状多孔碳中，如图 1-32 所示[169]。将燃料电池用作测试模型以证明各种 MOF 衍生的催化剂的催化性能，这是金属-空气电池研究受益于燃料电池研究的另一个实例。Zhong 等人通过在氧化石墨烯上原位生长 ZIF，碳化后得到三明治形状的石墨烯基氮掺杂多孔碳层[170]。将制备的材料组装成燃料电池，燃料电池的功率密度可以达到 33.8mW/

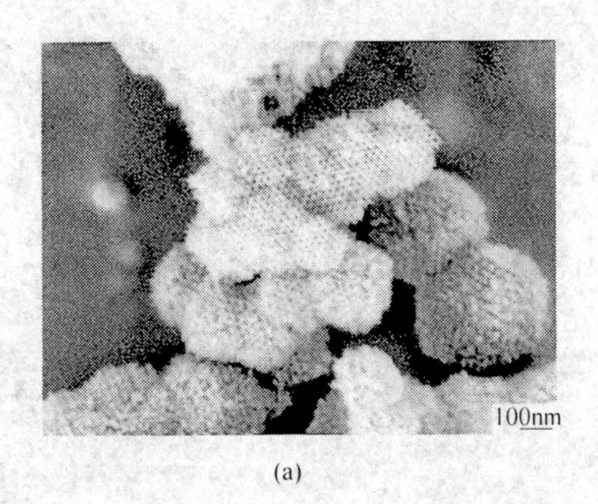

(a)

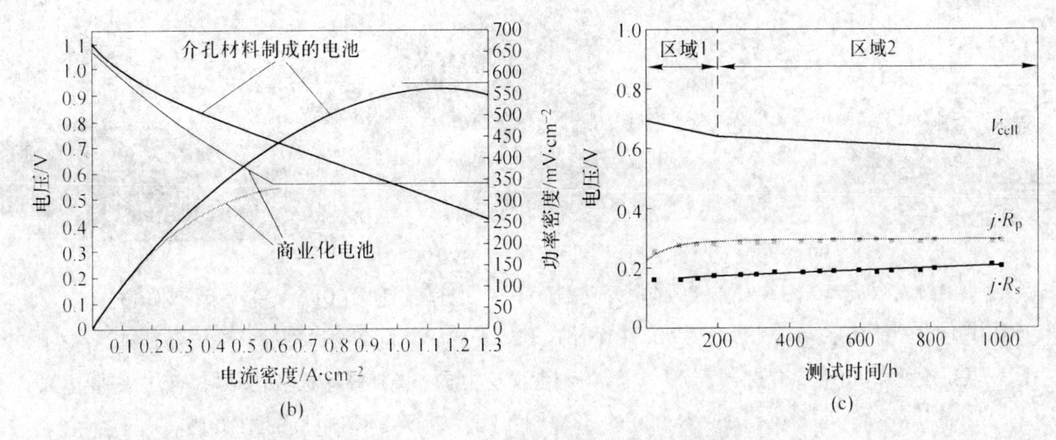

图 1-31 (a) 介孔 SDC 粉末的 SEM 图（在电流密度为 66mA/g 时）；(b) 电池电压和功率密度随电流密度变化曲线；(c) 电池电压和过电势随时间的变化曲线

cm^2，高于基于 Pt/C 催化剂燃料电池的功率密度（22.5mW/cm^2）。Zhao 等人通过碳化单分散纳米尺度的 MOF（MIL-88B-NH_3）[151]，将得到的催化剂制作成燃料电池的阴极，燃料电池的功率密度可以达到 22.7mW/cm^2。

1.5.3 超级电容器

除了可充电电池以外，超级电容器也是一种重要的储能器件。和电池的区别是储能的机理不同。超级电容器储能是通过在电极/电解液界面处积累电荷或者在电极的表面附近发生法拉第电荷转移。因此超级电容器的充放电速率快，具有更高的功率密度，但是其储存的能量低。根据储能方式不同，超级电容器可分为双电层电容器和赝电容电容器。

双电层模型是由德国物理学家 Helmholtz 于 1879 年首次提出[171]。Helmholtz 双电层模型类似于传统的平板电容器，即带相反电荷的粒子分别聚积在电极/电解液界面的两侧形成双电层。Helmholtz 双电层模型过于简单，因此 Gouy 与 Chapman 改进了双电层模型[172,173]。Gouy-Chapman 模型认为电解液中离子的分布是连续的，并将离子连续分布的区域称为扩散层。但是根据 Gouy-Chapman 双电层模型得到的电容量往往高于实际值。Stem 进一步改进了双电层模型，并将 Helmholtz 模型与 Gouy-Chapman 模型结合起来，可以将双电层划分为 Stem 层与扩散层两层[174]。Grahame 又将 Stem 层进一步细分：将靠近

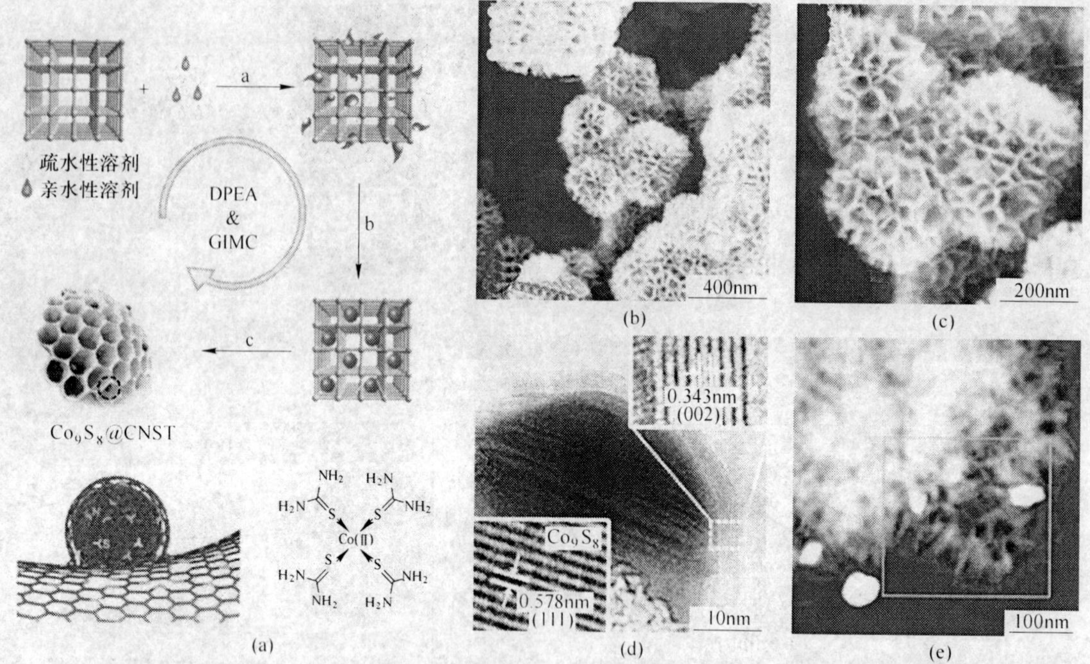

图 1-32　(a) Co_9S_8@CNS900 的制备过程：其中 a 过程是使用 DPEA 将次级前体填充在 MIL-101-NH_2 的孔中，过程 b 是在 MIL-101-NH_2 孔中形成配位化合物，过程 c 是结合 GIMC 工艺，在 Ar 气氛中热解 MOF 复合材料，随后用酸蚀刻不稳定物质，得到蜂窝状多孔 Co_9S_8@ CNS 催化剂；(b)，(c) Co_9S_8@ CNS900 的 SEM 图；(d) Co_9S_8@ CNS900 的 TEM 图；(e) Co_9S_8@ CNS900 的 HAADF 图

界面的、未溶剂化的特性吸附离子所在区域称为 Helmholtz 内层（inner Helmholtz plane，简称 IHP）；将靠近扩散层的、溶剂化的非特性吸附离子所在区域称为 Helmholtz 外层（outer Helmholtz plane，简称 OHP）[175]。

综上所述，双电层电容器是由静电离子吸附在电极表面上产生的，其工作原理如图 1-33 所示。双电层电容器的容量主要由电极的离子可接触的表面面积和导电性决定[176,177]。充电时，电子由外电路从正极流向负极，同时电容器内部电解液中的阳离子迁移到负极、阴离子移动到正极，放电过程与充电过程相反。在充放电过程中，没有电荷会穿越电极/电解液界面，并且电极材料与电解液之间不发生离子交换等化学反应，电解液浓度始终保持恒定。双电层电容器的充放电过程是一个纯物理变化过程，不发生任何化学反应，因此可达到极高的充放电速率，并且性能稳定、循环寿命长。用于双电层电容器最经典的材料是具有高比表面积和良好电导率的碳材料。由于它们只是利用静电离子吸附积累电荷，因此双电层电容器的能量密度较低。

而对于赝电容电容器，通过一系列氧化还原反应、电吸附或者嵌入过程产生的法拉第电荷传输储存能量。赝电容电容器充放电过程中，电荷会穿越电极/电解液界面，并在电极材料上发生快速、可逆的电化学反应，形成法拉第电流。由于充放电过程中会发生法拉第化学反应，因此赝电容电容器的工作电压窗口更宽、比电容量更高，基本上是双电层电容器的 10~100 倍。根据发生的电化学反应类型，赝电容电容器可以分为两种：一种是电

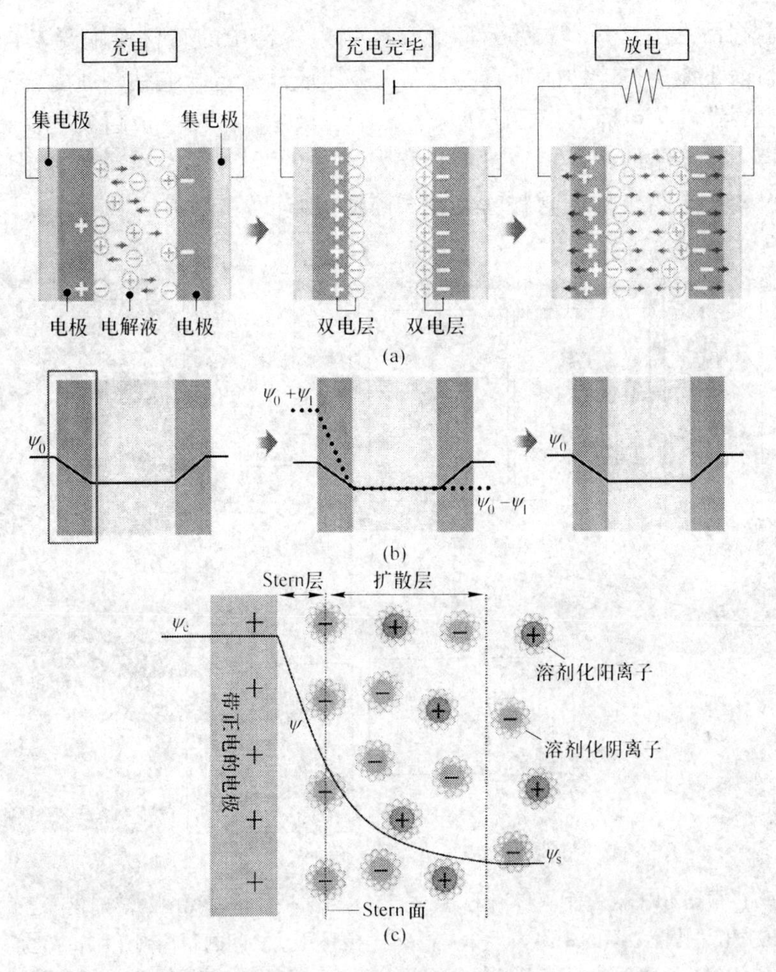

图 1-33 双电层电容器工作原理

(a) Helmhotz 双电层模型；(b) 电极和电解液中的电荷分布以及相应的电势的分布；(c) 图 (b) 中带框部分的放大示意图

极材料的单分子层（或者类单分子层）随电荷迁移，发生可逆地吸附/脱附，称为“吸附性赝电容”；另一种是在电极材料表面或接近表面的体相中发生可逆地氧化还原反应，称为“氧化还原赝电容”。

虽然双电层电容器与赝电容电容器的工作机理非常不同，但是一个超级电容器中通常同时存在两种电荷储存机制。比如，碳基双电层电容器的电容可能有 1%~5%来自于赝电容，而赝电容电容器的电容也可能有小部分的双电层电容[178~180]。电极材料、电解液及制造工艺是影响电容器性能的三大因素，而电极材料是其中最关键的因素，用于电容器的电极材料可分为三类，即碳材料、导电聚合物以及金属化合物。

1.5.3.1 活性炭材料

活性炭材料被认为是最有发展潜力的电容器电极材料之一，基于活性炭材料的电容器属于双电层电容器。众所周知，碳材料储量丰富、成本较低、易于加工、无毒、比表面积大、导电性好、化学稳定性好、使用温度范围宽等，并且活性炭作为商业碳材料被应用于超级电容器中。目前为止，主要通过物理或者化学方法激发含碳的原材料（如大自然中的生物质）获得活性炭材料。大部分商业化超级电容器中的碳材料主要来自于椰子壳或者合成碳材料前驱体。在这种情况下，活性炭被压成片或与导电黏合剂混合并将复合材料涂覆到超级电容器的集电极上作为超级电容器的电极片，在两电极超级电容器中，活性炭材料的比电容一般不超过350F/g。最近研究表明在亚纳米孔中，离子溶剂化壳会被破坏，导致含有孔尺寸小于1nm的碳材料的电容大幅度增加，如图1-34所示[181]。

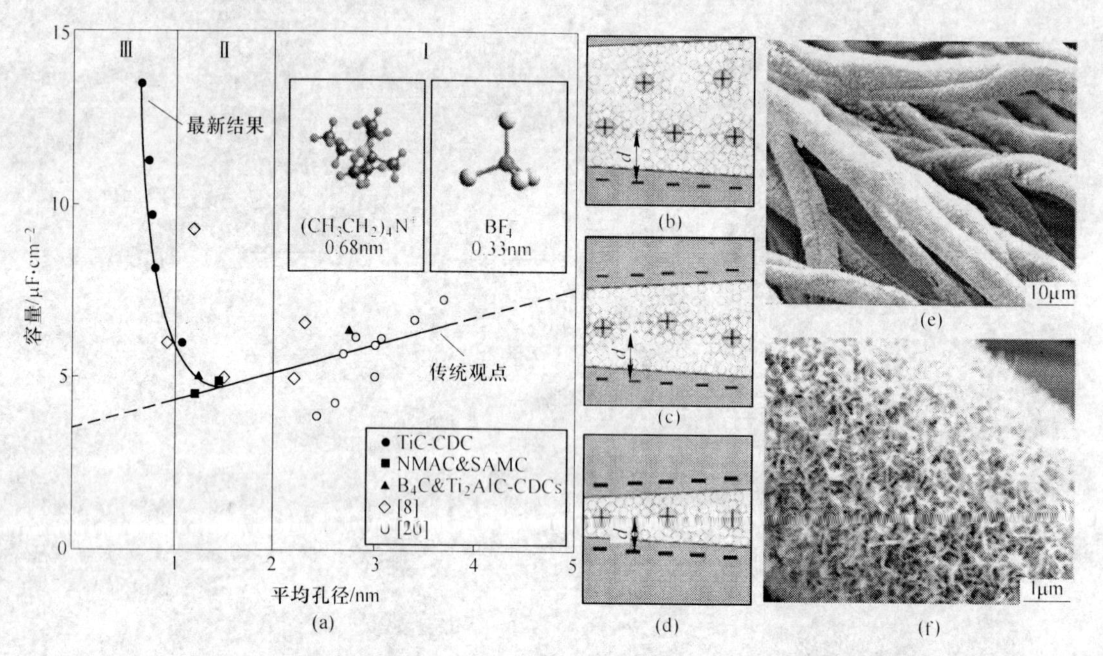

图1-34　（a）根据BET比表面积归一化的比电容（插图是驻留在孔中的溶剂化离子的示意图）；（b）相邻孔壁之间的距离大于2nm；（c）相邻孔壁之间的距离在1~2nm之间；（d）相邻孔壁之间的距离小于1nm；（e）MnO_2/活性炭杂化复合材料的SEM图；（f）涂覆有花状MnO_2纳米薄膜的活性炭纤维

影响活性炭材料电化学性能的主要因素有比表面积、孔结构、导电性及表面官能团等，而比表面积与孔结构是影响双电层电容器的两个最重要的影响因素，因此可以通过调控碳材料的比表面积、孔结构等提高双电层电容器的容量。基于碳材料的超级电容器的容量主要由比表面、孔径分布、电导率等因素决定。

在介孔碳材料中，由于介孔孔径较大，有利于电解液离子的快速扩散和物质传输，在大电流充放电密度下，介孔碳材料具有较高比容量。由于介孔材料的比表面积相对较低，在较小充放电电流密度下，其容量较低。最新研究发现，合理搭配微孔和介孔（相互连接的微孔和介孔）是一种有效的提高超级电容器性能的方法。这种材料通常具有较大的比表面积，并且介孔可以作为传输电解液的“高速公路”，使电解液快速的渗透到电极材料内部，使材料中的微孔能够迅速的和电解液接触，从而增加超级电容器的容量。

介孔碳材料具有精确的、可控的孔径，可以作为超级电容器电极的理想材料。通常采用硬模板（如介孔硅）法制备有序的介孔碳材料，为了增加介孔碳材料的比电容，通常在N_2气氛中，加热介孔碳材料和固体KOH至一定温度下进行碳材料的活化，并且需要在一定条件下除去模板剂，因此制备过程复杂、成本高、耗时[181]。

除了活性炭粉末外，其他类型的活性炭如气凝胶、纳米纤维薄膜和布料也可用作超级电容器电极材料。气凝胶通常是具有3D网络的多孔泡沫，其具有低质量密度、连续多孔结构和高比表面积，碳气凝胶的分比容量在100~125F/g范围内。活性炭气凝胶中存在多级孔结构，其中大孔有利于物质的快速传输以提高功率密度，同时微孔/介孔的存在提供较高的比表面积，有利于提高超级电容器的能量密度。碳纤维具有网络结构，导致碳材料具有更高的导电性和力学性能，并且碳纤维用于超级电容器中不需要使用集流体。

碳纳米管也是碳基超级电容器的一种理想材料，可以采用化学沉积法（CVD）、电弧放电、激光烧蚀和高压一氧化碳等方法制备碳纳米管。虽然碳纳米管具有特定的结构，可以自组装成薄膜，但是由于存在一些缺点，不能直接作为电极应用于新型超级电容器中。将碳纳米管沉积在不同基底上（如塑料薄膜、纤维素纤维（CF）纸、海绵和棉纺织品）上可以直接作为超级电容器的电极，如图1-35所示。

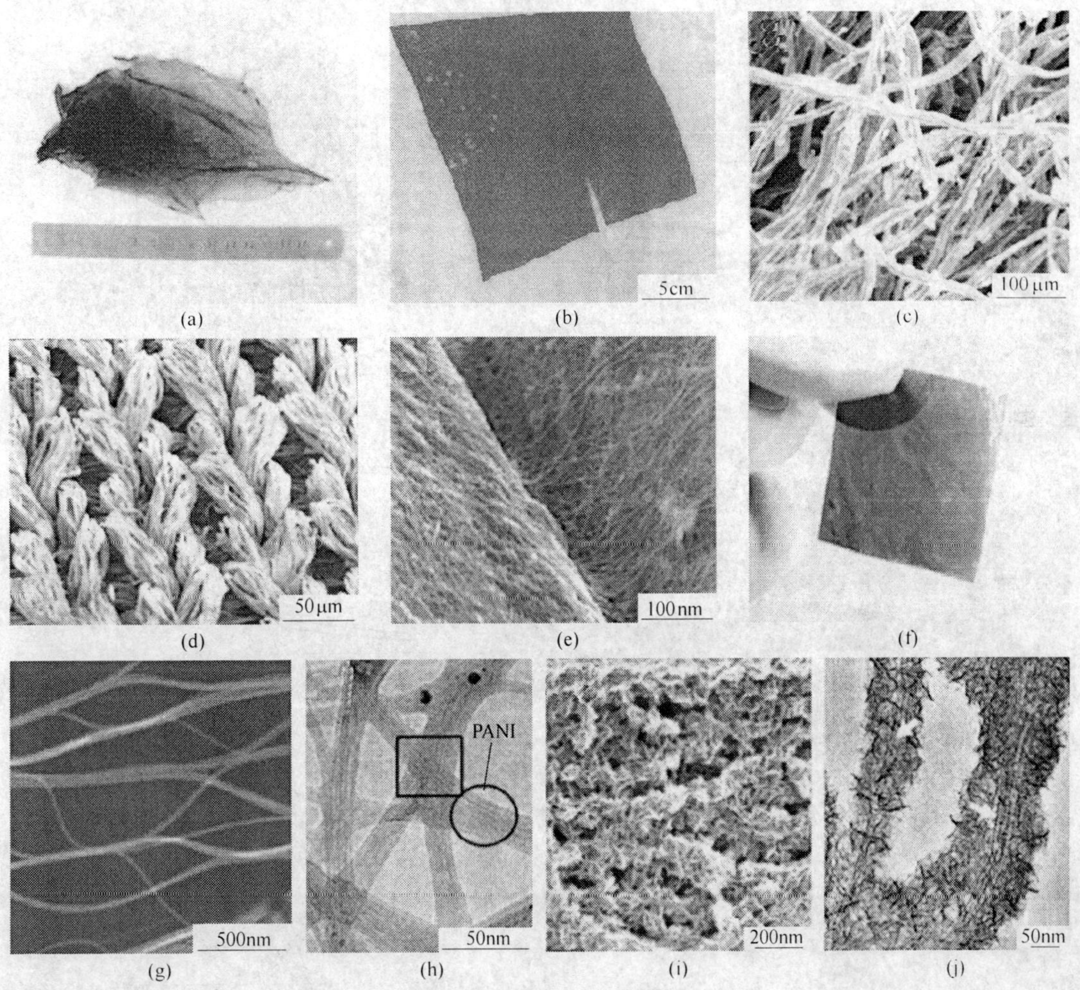

(a)　(b)　(c)　(d)　(e)　(f)　(g)　(h)　(i)　(j)

图1-35　(a) 用CVD方法制备出的SWCNT薄膜的光学图像；(b)，(c) SWCNT薄膜涂于棉织物的光学图像和SEM图；(d) SWCNT薄膜涂于布片上的SEM图；(e) SWCNT薄膜涂于布纤维上的HR-SEM图；(f) 通过在直接生长的SWCNT膜中原位聚合PANI得到的SWCNT/PANI杂化薄膜的光学图像；(g)，(h) SWCNT/PANI捆绑在SWCNT/PANI薄膜上的SEM和TEM图；(i)，(j) CNT片/MnO_x复合材料的SEM图和TEM图

Huang 等人使用介孔 SiO_2 作为模板剂，用 CVD 的方法制备出氮掺杂的介孔碳材料[182]，如图 1-36 所示。其中介孔碳材料的孔径主要分布在 4~6nm 之间，还有少量孔径在 1~2nm 之间的孔。经过硝酸处理后，增加了亲水性，将其作为电极材料应用于超级电容器中，其比容量高达 855F/g。且具有超高的能量密度和功率密度。

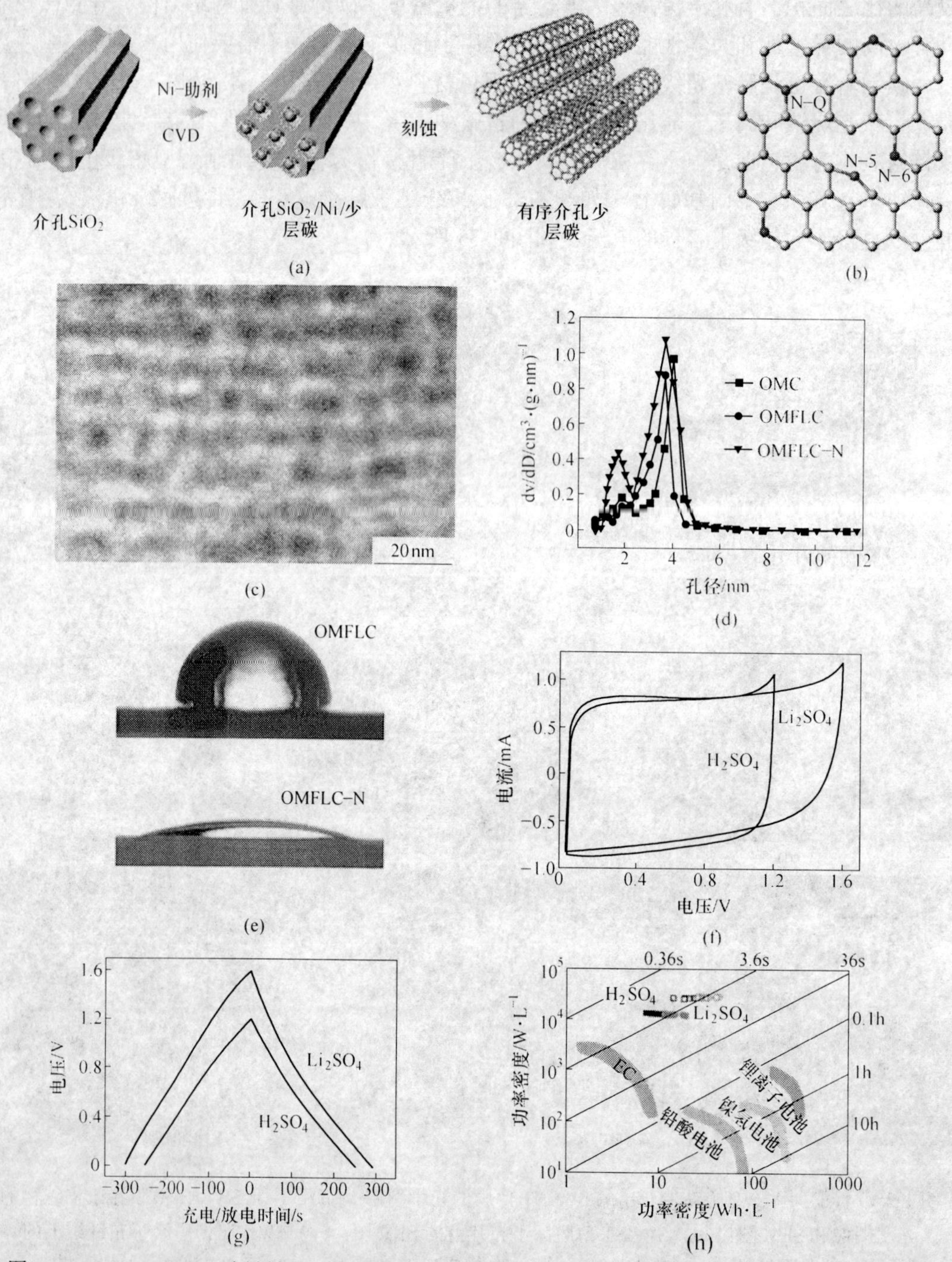

图 1-36　(a) OMFLC 碳材料形成过程示意图；(b) OMFLC 材料中掺入的 N 存在形式；(c) OMC 材料的暗场透射电镜；(d) 碳材料的孔径分布图；(e) OMFLC 和 OMFLC-N (S1) 材料的润湿角；(f)，(g) OMFLC-N SM 材料的 CV 曲线和恒电流充放电曲线；(h) 能量密度和功率密度曲线

Su 等人使用 POSS（polyhedral oligosilsesquioxanes）作为碳源，在嵌段共聚物辅助条件下自组装成多级孔碳材料[183]。由于 POSS 硅烷笼的分子级的模板效应以及嵌段共聚物和氨基苯基-官能化的 POSS 之间的良好的相容性，制备的碳材料具有较高的比表面积（$2000m^2/g$）和较大的孔容（$1.19cm^3/g$）；相对均一的微孔和高度有序的介孔，微孔尺寸大约为 1nm，介孔的孔径大约为 4nm；并且制备的碳材料中氮含量约为 4%。由于制备的碳材料具有均匀的微孔和氮掺杂，在 1mol/L H_2SO_4 电解液中，其比容量可以达到 210F/g。更重要的是，高度有序的介孔有利于离子快速传输至微孔，提高电极材料的比容量。

常用的赝电容电容器的电极材料有过渡金属氧化物以及导电聚合物等[184,185]。除此之外，表面功能化或者掺杂的碳材料也具有赝电容性能。由于在储能过程中包含氧化还原反应，与双电层电容器相比，赝电容电容器具有较高的能量密度[186]。比如在碳材料中掺入的氧原子在碳材料中一般以 C ═O、C—OH 或者 C—O—C 形式存在，在酸性电解液中，可以通过以下化学反应产生赝电容[187,188]：

$$>C-OH \Longleftrightarrow >C=O+H^++e^-$$

$$-COOH \Longleftrightarrow -COO+H^++e^-$$

$$>C=O+e^- \Longleftrightarrow >C-O^-$$

除了在碳材料中掺入氧原子产生赝电容提高材料的比电容，还可以掺入其他原子，如 N、S、P 等[189~191]。实验证明，碳材料中掺入 N 原子，可以通过提高碳材料的电导率增强材料的比容量[192]。

除了增加材料的比表面积、调控孔径以及提高电导率等来提高碳基超级电容器的比容量，碳材料表面功能化也是一种提高碳基超级电容器有效的方法。通常在碳材料骨架中掺入杂原子（如氮原子、氧原子、硼原子和硫原子等）从而实现碳材料表面的功能化。在掺入的杂原子中，含氮的碳材料被广泛应用于超级电容器电极材料。因为含氮元素的官能团可以发生氧化还原反应、增强材料接受电子的能力、增加电极材料的润湿性，并且在碳材料中引入氮原子可以有效地提高碳基超级电容器的容量。近期 Xia Yongyao 课题组通过合成氮掺杂介孔碳化钛/碳复合材料，然后进行原位碳化物的氯化过程从而得到氮掺杂分级介孔/微孔碳（NMMC），如图 1-37 所示[193]。所得到的 NMMC 材料比表面积高达 $1344m^2/g$，孔容积高达 $0.902cm^3/g$，介孔孔径主要集中在 4.6nm 左右，在介孔壁上产生的微孔孔径尺寸主要集中在 0.7nm、0.97nm 以及 1.61nm 处。作为电极材料应用于超级电容器中，在 1mol/L H_2SO_4 电解液中，NMMC 基超级电容器的比容量高达 325F/g，这是由于碳材料中含有 7.51%的碳发生法拉第氧化还原反应，同时在介孔壁上产生的微孔增加了碳材料的比表面积，为电荷的储存提供更多的位点，从而增强了碳基超级电容器的容量。

1.5.3.2　导电聚合物

除了碳材料外，聚苯胺（polyaniline，简称 PANI）、聚吡咯（polypyrrole，简称 PPy）、聚噻吩（polythiophene，简称 PTh）等导电聚合物（conducting polymers，简称 CPs）也可以用于超级电容器电极材料，并具有很多优势，如成本低、环境危害小、导电性好、电压窗口宽、比电容量高、氧化还原活性易调控等。导电聚合物贡献的电容量是基于氧化还原反应过程实现的。当发生氧化反应时，电解液中的离子进入到 CPs 的骨架中；当发生还原反应时，离子从 CPs 的骨架中脱出重新回到电解液中。氧化还原反应不仅在导电聚合

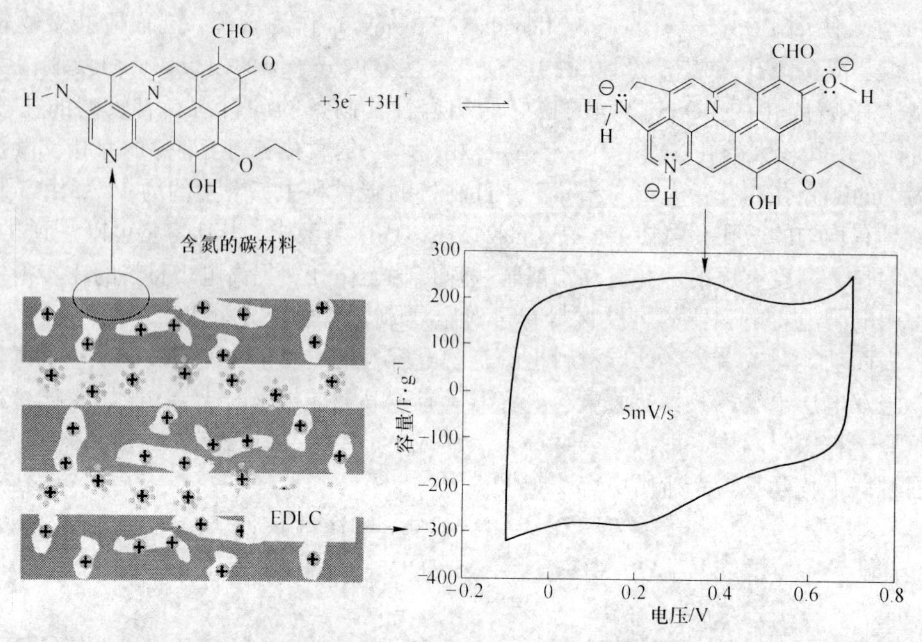

图 1-37　介孔碳材料表面含氮官能团和含氧官能团发生电化学反应过程示意图以及对电容的增强作用（CV 曲线图）

物的表面发生，而且会涉及 CPs 整个内部。充放电过程并不会引起导电聚合物的结构变化或者相变，因而高度可逆。若带正电荷的离子嵌入到聚合物中，称为 p-杂化（p-doped），反之称为 n-杂化（n-doped）。基于导电聚合物的电容器体系可划分为三种类型[194,195]。第一种是 p-p 对称型。电容器两极采用完全相同的可以被 p-杂化的聚合物。当充电时，其中一个电极完全被正离子嵌入（正极），而另一极则处于放电状态（即正离子从聚合物中脱出，回到电解液）。此类型的电容器电压窗口为 0.8～1V。第二种是 p-p' 非对称型。两电极采用的是氧化/还原电化学活性不同的可被 p-杂化的聚合物，如聚化咯/聚哇吩。第三种是 n-p 对称型，即两电极采用的是相同的聚合物，此聚合物不仅可以被 p-杂化，而且可被 n-杂化。此类型电容器体系在非水系电解液中的电压可高达 3.1V。

香港城市大学 Zhi Chunyi 课题组分别采用两步电解和化学聚合方法在不锈钢网上制备出 e-PPy 和 c-PPy 两种结构的聚吡咯化合物，分别将两种结构的聚吡咯化合物制成电极组装成两电极的固态超级电容器[196]。如图 1-38（a）所示，使用 e-PPy 电极材料制备成的超级电容器在充放电电流密度 3A/g 下具有很高的容量保持率，循环 15000 次、50000 次以及 100000 次后，容量保持率分别为 97%、91% 和 86%。并且循环 230000 次后，容量保持率为 50%。循环前后 e-PPy 的形貌没有发生明显的改变。而使用 c-PPy 电极材料制备成的超级电容器在充放电电流密度为 0.27A/g 时，循环一定次数后，容量保持率明显降低。

据分析推断出 e-PPy 的 α-α 耦合是逐层堆叠结构，层间距是 0.345nm，e-PPy 有效度的增加有效地改善了离子的可逆传输，从而提高了充电/放电速率，并且在充电/放电循环过程中 e-PPy 的有效结构促进分子链基质中的应力均匀分布，从而显着改善循环稳定性。而 c-PPy 是一种无序结构的聚吡咯，c-PPy 的无序结构在一定程度上抑制离子扩散和应力均匀分布，导致电容快速衰减。

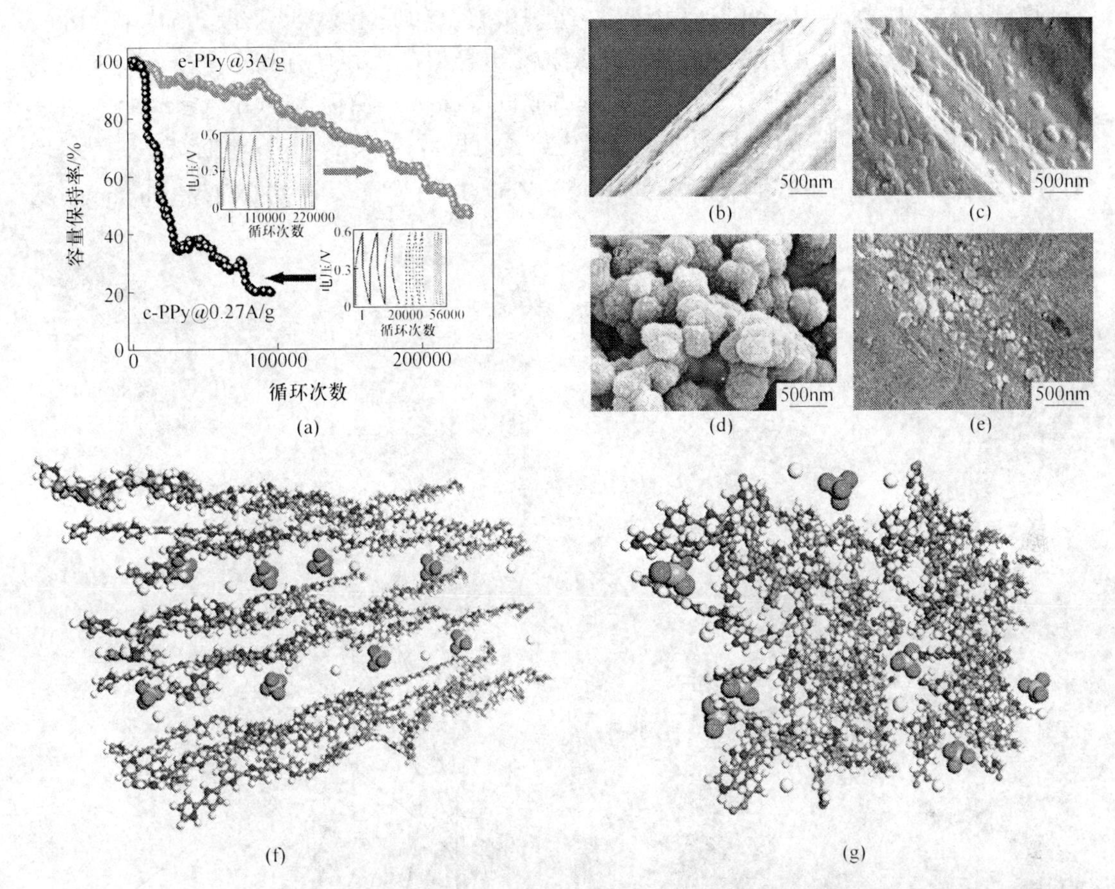

图 1-38　(a) 使用 e-PPy 和 c-PPy 电极材料制成的超级电容器的循环稳定性曲线（插图是不同循环次数的恒电流充电/放电曲线）；(b) 进行充放电循环测试前 e-PPy 材料的 SEM 图；(c) 进行充放电循环测试后 e-PPy 材料的 SEM 图；(d) 进行充放电循环测试前 c-PPy 材料的 SEM 图；(e) 进行充放电循环测试后 c-PPy 材料的 SEM 图；(f) e-PPy 具有长距离有序分层结构的 e-ppy 示意图（可确保离子有效的扩散）；(g) 不具有有序结构的 c-PPy 分子结构示意图

1.5.3.3　金属化合物

金属氧化物（metal oxides，简称 MO_x）、金属氮化物（metal nitride，简称 MN_x）或金属氢氧化物（metal hydroxides，简称 $M(OH)_x$）能提供比碳材料更高的能量密度，比导电聚合物材料更好的电化学稳定性，是一种十分优良的超级电容器电极材料。基于 MO_x/$M(OH)_x$的电容器不仅能像碳材料那样通过双电层储能，而且最主要的是能通过电极材料与电解液离子之间的法拉第反应储能。

用于超级电容器电极材料的金属氧化物必须满足如下要求：一是要有良好的导电性；二是金属存在两种或者两种上的价态；三是质子可自由地嵌入氧晶格中，允许发生 $O_2 \rightleftharpoons OH^-$反应。目前常用于电容器的金属氧化物主要有氧化钌、锰系氧化物、氧化钴、氧化镍、氧化矾等。

在上述几种常用的金属氧化物中，二氧化锰（MnO_2）具有超高理论比电容、价格便宜、无污染等优点。清华大学 Xu Chengjun 课题组采用电解法、浸渍干燥法以及原位化学反应方法制备出 ACFC/PANI/CNTs/MnO_2 纺织电极，如图 1-39 所示[197]，其中 ACFC/CNT 杂化骨架结构具有孔结构和三维网络结构，电导率高，并且有利于电子和电解质离子的快速传输。活性炭纤维布（activated carbon fiber cloth，简称 ACFC）、聚苯胺（polyaniline，简称 PANI）和 MnO_2 是高性能超级电容器电极材料。在 H_2SO_4 电解液中，制备的对称超级电容器单电极的实际容量达到 4615mF/cm^2，能量密度达到 157μW · h/cm^2，功

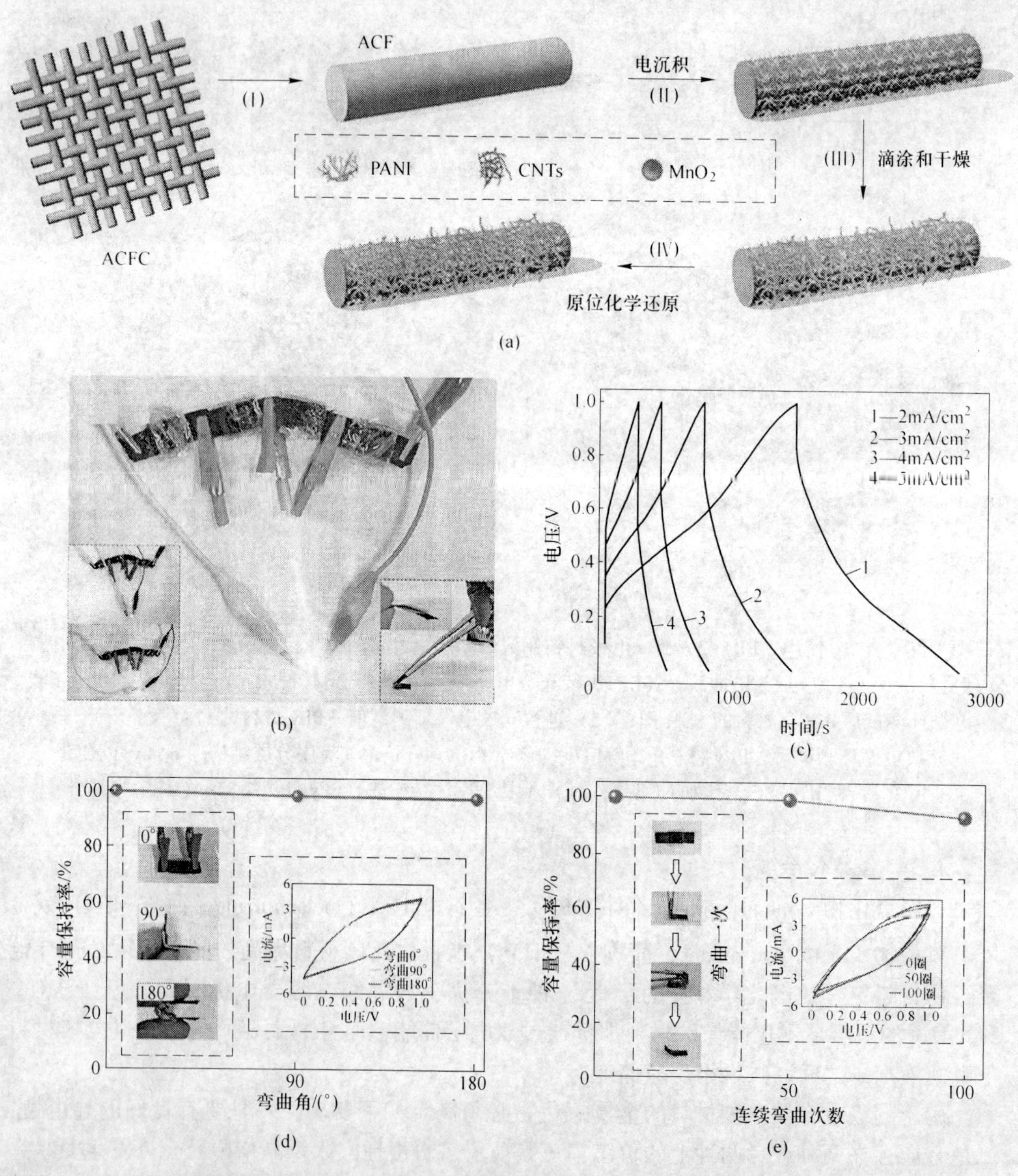

图 1-39　(a) 电极材料的制作过程：(Ⅰ) 活性炭纤维布，(Ⅱ) 电解沉积聚苯胺，(Ⅲ) 采用浸渍和烘干过程沉积碳纳米管，(Ⅳ) 原位化学反应沉积 MnO_2；(b) 组装的柔性固态对称纺织超级电容器的照片；(c) 固态对称超级电容器的恒电流充放电曲线；(d) 不同的弯曲角度下，固态对称超级电容器的循环-伏安曲线和照片；(e) 弯曲不同次数后，电容器的 CV 曲线和照片

率密度达到 10372μW/cm^2，而采用制备 ACFC/PANI/CNTs/MnO_2 材料作为正极，ACFA 作为负极材料组装成超级电容器，能量密度和功率密度可以分别提高到 413μW · h/cm^2 和 16120μW/cm^2。基于制备的 ACFC/PANI/CNTs/MnO_2 材料，作者使用 PVA/H_2SO_4 固体电解液组装成固态对称性超级电容器，如图 1-39（b）~（e）所示。构造的固态对称超级电容器具有高度的柔韧性，可以弯曲和折叠而不会破坏器件的结构完整性，并且它可以使发光二极管（LED）发光超过 10min 而不会变暗（用眼睛观察），这意味着构造的固态对称超级电容器具有良好的储能能力。弯曲不同的角度，超级电容器的容量几乎不发生变化，说明具有良好的延展性。把超级电容器从 0°反复弯曲到 180°，折叠弯曲 50 次后，容量几乎不发生变化，折叠弯曲 100 次后，容量仍然保持在 94%。

1.5.4 锂离子电池

随着人类社会的持续快速发展，人类对能源的需求在不断地增加。传统的石化能源由于储量的限制和其所带来的环境污染，已经不能满足人类社会绿色、健康和可持续发展的理念。寻找和开发可替代的高效、环保的绿色能源已成为当今社会的共识和迫切任务。各种新能源的研究不断引起社会的关注，而如何方便、高效地利用这些新能源，成为问题的关键。作为重要的能量储存器件，锂离子电池的发展得到了广泛的关注和研究。锂离子电池由于具有工作电压高、比容量大、循环寿命长、自放电低、无记忆效应、环境友好等优点，在笔记本电脑、手机等便携式电子设备和航空航天等领域获得了广泛的应用，在电动汽车和大规模能量存储等方面也展现了广阔的应用前景。当前，锂离子电池在正极材料、负极材料和电解质材料等方面的研究和开发应用已获得了巨大的突破和进展。

为了满足不同应用领域的需求，锂离子电池被设计成不同的外观和构造，如图 1-40 所示。目前市场上常见的锂离子电池结构有圆柱状结构、通过卷绕方式封装成的棱柱状结构以及冲压平板状结构。虽然这些锂离子电池的外观和构造不同，但是其内部核心结构基本一致，内部核心结构主要由正极（也被称为阴极）、负极（也被称为阳极）、电解液和隔膜组成。其中、正极和负极中的活性材料是直接决定电池性能的主要材料，含锂盐的电解液则是提供锂离子电池正负极间充放电过程的载体。

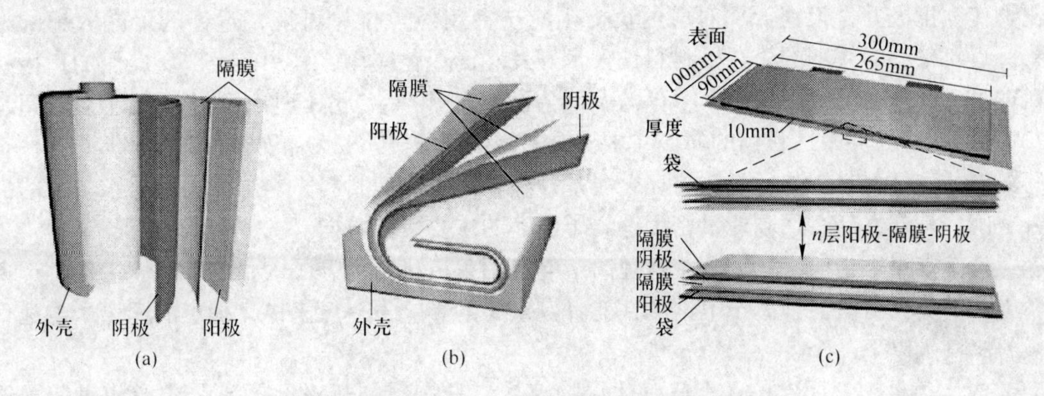

图 1-40 市场上常见的三种典型的锂离子电池结构
（a）圆柱状结构；（b）菱柱状结构；（c）冲压平板状结构

虽然锂离子电池的外观及构造有很大的差别，但是其充放电过程实质上相同，具体充放电原理如图 1-41 所示。充放电过程的实质是锂离子在电池内部正负极之间的来回迁移。当电池充电时，锂离子从正极材料脱出，经过电解液传递穿过隔膜嵌入到负极材料中，同时电子从正极通过外电路向负极迁移达到电荷平衡，从而电能转变为化学能。放电过程和充电过程相反，在放电过程中，锂离子从负极材料脱出，经过电解液、穿过隔膜嵌入到正极材料中，同时电子从负极经过外电路向正极迁移达到电荷平衡。

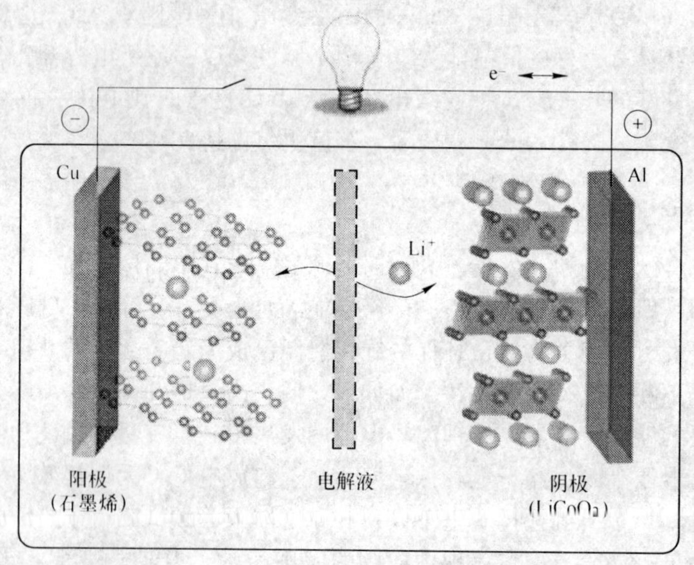

图 1-41　以石墨烯为负极材料、$LiCoO_2$ 为正极材料制备的锂离子电池工作原理示意图

以 $LiCoO_2$ 为正极材料、石墨烯为负极材料制备的锂离子电池工作原理示意图如图 1-41所示，其充放电反应式可以表示为：

正极反应：　$LiCoO_2 == Li_{1-x}CoO_2 + xLi^+ + xe^-$

负极反应：　$6C + xLi^+ + xe^- == Li_xC_6$

总反应：　$6C + LiCoO_2 == Li_{1-x}CoO_2 + Li_xC_6$

从锂离子电池的工作原理可知，锂离子电池一般选择在空气中稳定的嵌锂过渡金属氧化物作为正极并作为锂源，对应的负极则应选择反应点位尽可能接近锂的可嵌入锂的材料。近年来，一系列的正负极材料被大量开发和商业化应用，其中已经广泛应用的正极材料如 $LiCoO_2$、$LiNiO_2$、$LiMn_2O_4$ 等，大部分已经使用到接近其理论容量，而且难以超过 200mAh/g 这一界限。目前的研究主要集中在探索高电压 NMC 正极材料或富锂正极材料等方向。负极材料，如各类碳类、金属基、金属氧化物等材料，在容量上还存在较大的提升空间，是开发新一代高能量密度锂离子电池的重要研究方向。

近二十年来，研究者们围绕着锂离子电池的负极材料展开了大量的探索性工作。锂离子电池的负极材料对锂离子电池的性能具有重要的影响。一般来讲，理想的锂离子电池负极材料满足以下几个特点[198]：

（1）负极材料所含的元素或者化合物应尽量具有低的相对原子质量或者相对分子质量，低的密度，每化学计量单位应能够容纳尽可能多的锂，且可以循环，形成大的、稳定的、可逆的体积容量或者质量容量。

（2）理想的负极电势应尽可能地接近于锂的电势，且电势随着锂含量的变化不能有大的变化。

(3) 负极材料在电解质的溶剂中不能具有可溶性，且不能与电解质中的盐或者溶剂发生反应。

(4) 理想的负极应具有良好的电子和锂离子电导率，以减小极化的影响，获得快速的充放电能力。

(5) 原材料价格低廉，制备方法简单、可控，最好可以大规模制备，对环境友好，不造成环境污染。

截至目前，获得较多关注的负极材料主要包括碳负极材料、金属及其合金、过渡金属化合物等。

(1) 碳负极材料。碳材料作为锂离子电池的负极，在商业化应用方面已经取得了重大的进展。碳材料具有较高的荷质比和较低的氧化还原电势，由于其尺寸稳定，具有更加稳定的循环性能。碳材料主要分为三种类型：石墨化的碳、软碳和硬碳，后两者属于非石墨化的碳。碳材料在锂离子电池中的反应机理为插入-脱出反应机理。

石墨作为锂离子电池的负极，其原料包括：天然石墨、沥青、煤焦油、碳氢化合物气体、苯和各种树脂等。石墨具有导电性好、结晶度高等优点，其结构为ABAB…堆垛方式的层状结构，每层碳原子以共轭的 sp^2 杂化方式结合在一起，石墨的层间距为0.335nm，层与层之间靠范得瓦尔斯力结合在一起。被用作锂离子电池的负极材料，其理论容量约为372mAh/g，不满足对电池的需要[199]。和石墨相比较，从石墨中剥离形成的石墨烯的比表面积大、层间距扩大，将其作为锂离子电池的阳极材料的可行性进行了大量研究。由于石墨烯的两面都能吸附锂离子，当用作锂离子电池的负极材料时，与石墨相比，其容量预计会翻倍。但是通过密度泛函理论计算（DFT），石墨烯对锂离子的吸附非常弱[200,201]，主要是因为不能实现锂原子的有效吸附，这将导致锂聚集和枝晶生长。预计在石墨烯中引入边缘或空位的是增强锂结合强度的有效策略[202]。除此之外，另外一种解决方法是通过杂原子掺杂，石墨化B-掺杂以及吡啶氮掺杂有利于提高石墨烯储锂性能。Zhou等人研究了B和N成对掺杂的石墨烯发现，与原石墨烯相比，成对掺入B对锂的吸附能增加(1.84eV)[203]。

为了探索石墨烯边缘、缺陷以及掺杂对储锂性能的影响，Li等人制备了含有不同尺寸、边缘位点、缺陷以及层数的石墨烯纳米片[204]。结果证明具有少数层数、尺寸较小、更多边缘位点和缺陷的石墨烯片有利于锂离子的嵌入。Reddy等人采用CVD方法在集流体上制备氮掺杂的石墨烯并得出结论，与原始石墨烯相比，氮掺杂石墨烯的容量增加了一倍，与上述理论计算结果一致[205]。随后，Wang等人结合原位透射电子显微镜和DFT理论计算探索了氮掺杂石墨烯快速储锂以及高容量的原因，如图1-42所示。得到的结论是，{0002}边缘间距扩大和表面缺陷是改善表面电容效应和提高电池性能的原因[206]。

石墨烯的形貌在一定程度上影响锂离子电池的性能，为了追求更高性能的锂离子电池，人们制备了不同形貌的石墨烯。例如，Shu等人首先将石墨烯压缩冷冻成凝胶，然后置于220℃温度下进行热还原制备出多孔的石墨烯纸[207]。将其作为锂离子电池的阳极，在充放电电流密度为2000mA/g时，多孔石墨烯纸的放电容量高达400mAh/g。Ji等人通过在高电导率的石墨泡沫上原位活化制备氮掺杂石墨烯得到氮掺杂多孔石墨烯/石墨泡沫复合材料[208]，直接作为电极材料用于锂离子电池中，其容量可以达到643mAh/g。

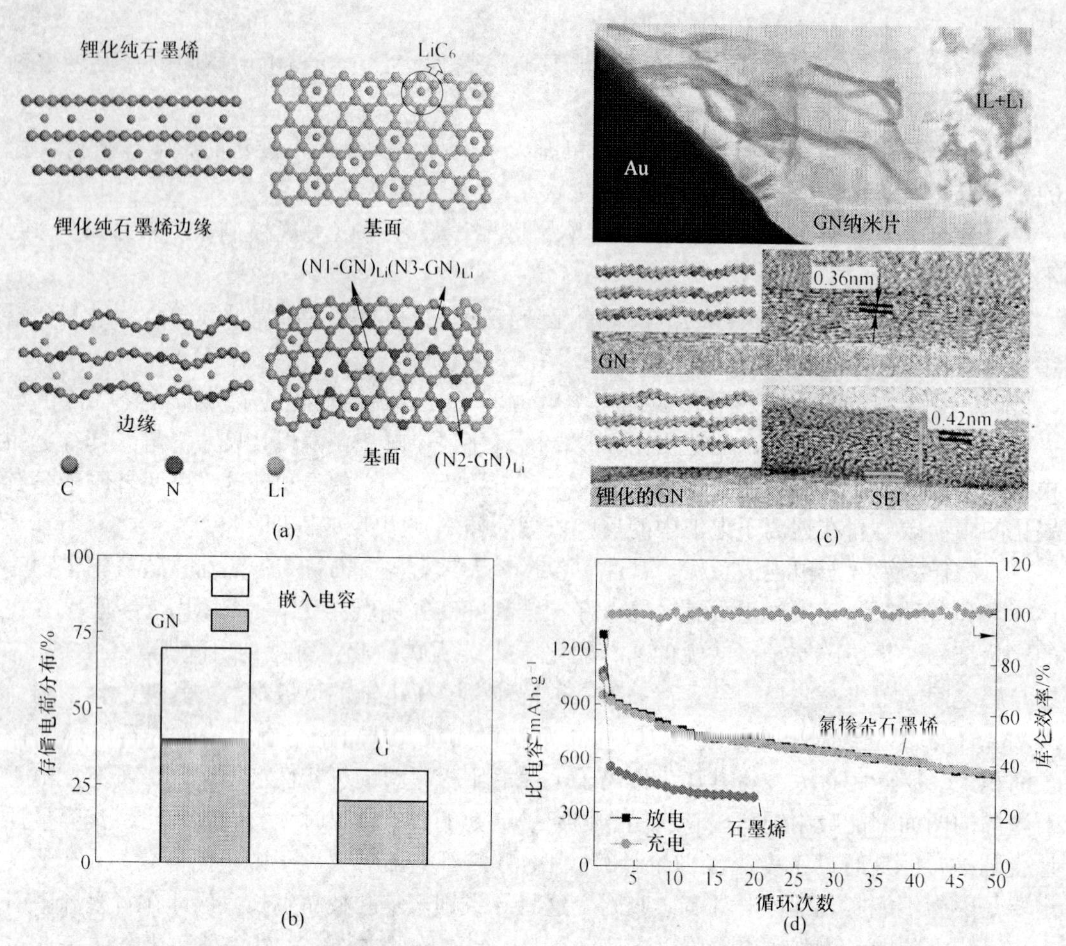

图 1-42　（a）石墨烯（G）和氮掺杂石墨烯（NG）纳米片嵌入锂示意图的顶视图和侧视图；（b）比较 GN 和 G 的总存储电荷分布；（c）锂化前后，纳米-LIB 和 NG 的 TEM 图片；（d）在电压 0.05~3.0V（Li^+/Li）范围内、倍率为 C/5 时，纳米-LIB 和 NG 的充放电循环性能和库仑效率

（2）过渡金属化合物。金属氧化物作为锂离子电池的负极涉及金属的二元、三元以及复杂的氧化物等多种形式，分别归属于锂的嵌入-脱出机理、合金化-去合金化机理和转换（氧化还原）机理。具有层状结构的过渡金属氧化物也是一种优良的锂离子电池电极材料，它们具有潜在的容量高、化学稳定性良好和成本效益高等优点。例如，具有单斜 C2/*m* 结构的多晶型二氧化钛（TiO_2-B）由棱边和顶角共享的 TiO_6 八面体单元组成，具有平行于 *b* 轴的开放通道，并且作为锂离子电池材料具有适当的电压范围，是目前被广泛研究的 TMOs 材料之一[209]。与其他晶型 TiO_2 的相比较，TiO_2-B 具有的多层结构（提供的开放通道）以及赝电容特性，可以使 TiO_2-B 具有最高的理论容量。通过剥离或直接合成具有少量原子层的 TiO_2-B，可以使其具有更大的比容量和更快的充放电速率。例如，Arrouvel 等人[210] 和 Dalton 等人[211] 利用 DFT 理论计算和 Monte Carlo 模拟方法相结合研究 TiO_2-B 材料中锂离子嵌入位点和扩散途径，计算结果表明在锂嵌入过程中，热力学能量越高越有利于 Li/Ti 比达到 1.25。

Dylla 等人通过制备颗粒状和纳米片状的 TiO_2-B 材料来研究锂离子的嵌入行为[212]，研究结果表明，在 1.0V 锂化、充电缓慢的条件下，二维和三维结构的 TiO_2-B 材料具有相同的容量，只是固有的锂化机制不同。

过渡金属二硫化物也是锂离子电池材料之一。近年来，人们广泛地研究具有优异电性能的过渡金属二硫化物并将其作为电极材料应用于锂离子电池中。在众多过渡金属二硫化物中，半导体 MoS_2 引起了人们极大的关注。在 2010 年，Xiao 等人[212]采用 PEO 作为无序结构的稳定剂制备 MoS_2/PEO 复合材料（PEO 和 MoS_2 的比例是 0.05），被应用于锂离子电池中，MoS_2/PEO 复合材料的容量高达 1000mAh/g。随后，Hwang 等人[213]制备出由无序石墨烯层组成的纳米片，层间距是 0.69nm，具有优异的充放电速率（在 50C 倍率下，容量为 700mAh/g）。为了提高 MoS_2 电导率、机械强度、抑制 MoS_2 纳米片重新堆垛，从此人们致力于研究 MoS_2-C 复合材料的制备。Zhang 等人[214]在石墨烯/酸作用下，用一锅方法制备出形貌可控的 MoS_2 纳米片。当石墨烯的含量为 3%（质量分数）时，制备的 MoS_2 纳米片自组装成鸡冠花状 MoS_2，在充放电电流密度为 9420mA/g 时，容量达到 709mAh/g。Liu 等人[215]通过水解锂化的 MoS_2 制备石墨烯状的 MoS_2/石墨烯复合材料，在充放电电流密度为 100mA/g 时，循环 200 次后，容量达到 1351mAh/g。Jiang 等人[216]设计和制备出逐层重叠的新型二维杂化纳米片的单层 MoS_2 和介孔碳超结构，如图 1-43 所示。用这种杂化材料制备成的锂离子电池具有优异的电化学性能。通过 DFT 计算说明，MoS_2 和石墨烯的界面处具有更高的结合能，锂离子优先嵌入到 MoS_2 和石墨烯的界面处。

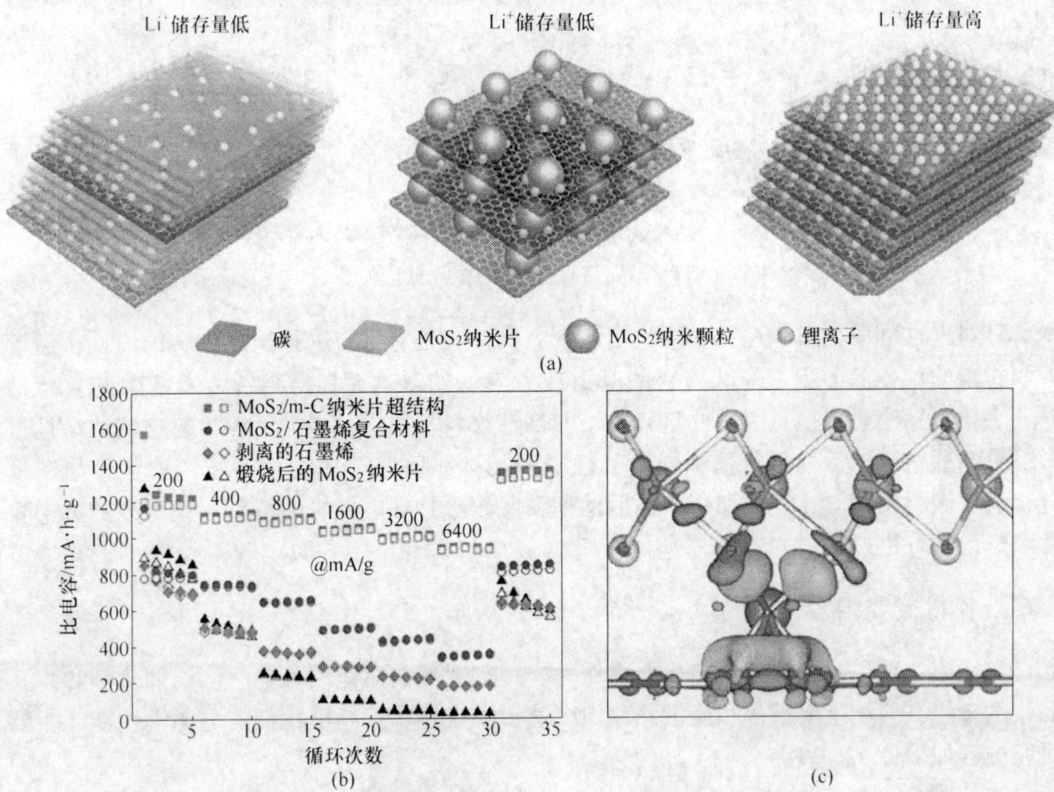

图 1-43 （a）MoS_2/碳原子界面锂离子存储行为示意图；（b）在充放电电流密度 200~6400mA/g 范围内，超结构 MoS_2/m-C 纳米片、MoS_2/石墨烯复合材料、剥离石墨烯、煅烧后的 MoS_2 纳米片的倍率性能曲线；（c）根据公式：$\Delta\rho=\rho(MoS_2)+\rho(G)+\rho(Li)-\rho(MoS_2/Li/G)$ 计算，给出了 MoS_2/G 界面吸附的 Li 电荷密度差三维等值线图

（3）金属及其合金负极。金属及其合金作为锂离子电池的负极，具有比商业化的石墨高得多的充放电容量。因此，金属及其合金在锂离子电池中具有良好的应用前景。金属及其合金作为锂离子电池的负极，其突出的特点是可以实现可逆的合金化反应，反应相位较低，且能够提供较高的充放电容量，如 Si 的最高理论容量可达 4200mAh/g（$Li_{4.4}Si$）、Ge 为 1600mAh/g（$Li_{4.4}Ge$）、Sn 为 960mAh/g（$Li_{4.4}Sn$）。然而，其反应动力学较差，且在锂离子的嵌入/脱出过程中存在着较大的体积膨胀，容易导致材料的粉化和破坏结构的完整度，进而使电极的循环性能降低，如图 1-44 所示。

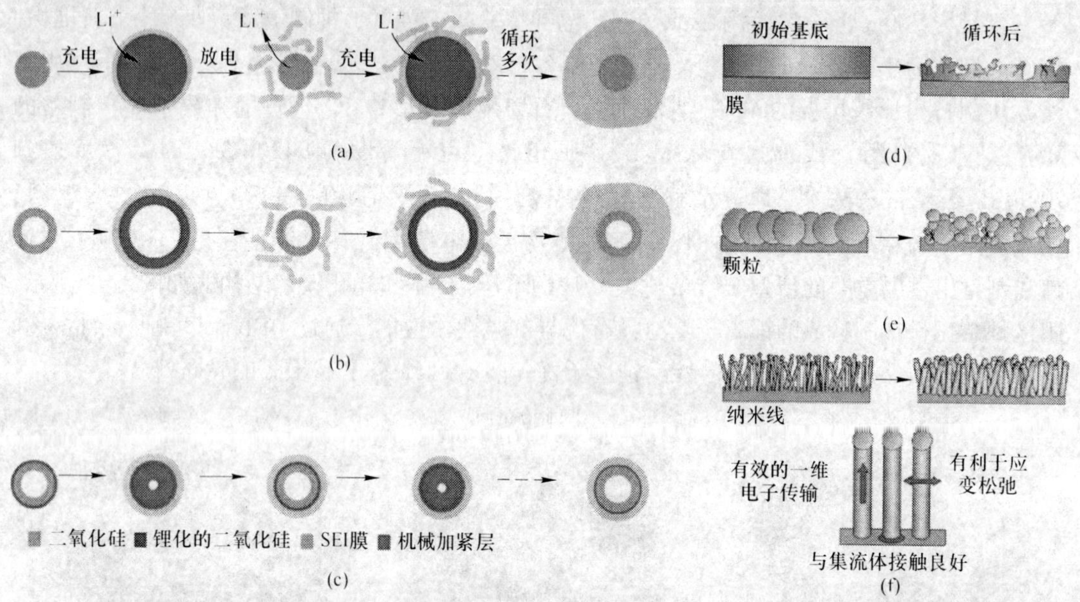

图 1-44　（a）~（c）SEI 层形成示意图和双壁 SiO_2@Si 纳米管的稳定循环机理示意图；（d）Si 薄膜；（e）Si 纳米颗粒；（f）Si 纳米线充放电循环后形貌变化示意图

针对上述问题，解决途径主要包括两个方面：一是对材料进行纳米化结构设计，通过控制材料的尺寸和形貌来降低材料的应力或者应变的影响。二是制备纳米结构的复合材料，主要包括三种类型：活性材料分散于非活性材料基质中；强的活性材料与弱的活性材料复合，通过弱的活性材料稀释强的活性材料的体积膨胀造成的结构破坏程度；与碳复合，利用碳材料相对比较柔和、嵌锂后体积膨胀较小且导电性好的特点，获得高的可逆容量和好的循环性能。

1.6　本书主要内容

本研究主要以超分子自组装化合物作为模板剂或者前驱体制备空心结构催化剂和多孔催化剂，将其应用于电催化和能量储存中，通过掺杂过程提高催化剂的电化学性能。主要研究内容如下：

（1）通常在制备氮掺杂的碳材料中含有吡啶氮、吡咯氮、石墨氮等，吡啶氮和吡咯氮影响电子的传输。为了制备石墨氮掺杂的碳材料，我们使用 P123 自组装化合物作为碳源，异丙酸四乙酯（TTIP）水解生成的二氧化钛作为模板剂，二聚氰胺（DCDA）作为 N 源制备 N 掺杂的微孔/介孔碳材料（N-MM-Cnet）。研究在形成石墨氮掺杂微孔/介孔碳材料（简称为 g-N-MM-Cnet）过程中 P123、TTIP、DCDA 以及煅烧温度各组分/因素之间的相互作用。研究碳材料的形貌、比表面积、含 N 种类对电催化性能的影响，并将其作为阴极材料应用于两电极可逆锌-空气电池中。

（2）碳材料中含有的多级孔结构不仅有利于电解的通过，还可以为能量储存提供足够高的比表面积。N 元素的掺入可以提高超级电容器的容量。我们在前期工作的基础上，通过继续调控 TTIP 和 DCDA 的量制备出含氮丰富、具有多级孔结构以及比表面积高的碳材料（简称 N-MM-Cnet）。将其作为电极材料应用于超级电容器中，研究比表面积、孔结构以及杂原子含量对比电容的影响。

（3）为了减少使用模板法制备空心结构材料的合成步骤，使用三聚氰酸和三聚氰胺单体制备表面带有丰富—NH_2 和/或—OH 官能团的三聚氰酸-三聚氰胺化合物（简称 CM 化合物），将 CM 化合物作为模板剂来制备不同尺寸、厚度以及过多金属离子掺杂的 TiO_2 空心结构材料，并研究 TiO_2 空心材料的壁厚以及过渡金属掺杂对电催化性能的影响。

（4）TiO_2 作为一种常用的催化剂，为了解决钛源易水解生成尺寸大的 TiO_2 材料、在电催化应用中存在活性差的问题，采用聚环氧乙烷-聚环氧丙烷-聚环氧乙烷三嵌段共聚物 P123 作为表面活性剂制备 Co 离子掺杂的 TiO_2 纳米颗粒材料，考察表面活性剂 P123 和掺杂的 Co 离子对 TiO_2 纳米颗粒的尺寸、晶型的影响。研究 TiO_2 纳米颗粒的尺寸、晶型、组分对电催化（包括氧还原反应和氧析出反应）性能的影响，并将其作为阴极材料应用于两电极锌-空气电池中。

（5）在前期合成方法的基础上，通过调控原料 DCDA 和 TTIP 的量，制备出不同碳含量、具有高比表面积的 TiN@NC 复合材料。DCDA 的加入量对复合材料中碳的含量、TiN@NC 复合材料的形貌、比表面积及孔容积的影响很大。通过对制备的 TiN@NC 复合材料进行电化学性能测试，结果表明碳含量在一定程度上影响 TiN@NC 复合材料基锂离子电池的比容量，在制备过程中随着 DCDA 加入量的增加，形成复合材料的充放电的能量密度逐渐增加。并且在充放电循环过程中，随着循环次数的增加，TiN@NC 复合材料基锂离子电池的比容量均有不同程度的增加。

参考文献

[1] Draenert A, Marquardt K, Inci I, et al. Ischaemia-reperfusion injury in orthotopic mouse lung transplants-a scanning electron microscopy study [J]. *International Journal of Experimental Pathology*, 2011, 92 (1): 18~25.

[2] Yang H, Jiang P. Large-scale colloidal self-assembly by doctor blade coating [J]. *Langmuir*, 2010, 26 (16): 13173~13182.

[3] Petkovich N D, Stein A. Controlling macro- and mesostructures with hierarchical porosity through combined hard and soft templating [J]. *Chemical Society Reviews*, 2013, 42 (9): 3721~3739.

[4] Nguyen T, Boudard M, Carmezim M J, et al. Hydrogen bubbling-induced micro/nano porous MnO_2 films prepared by electrodeposition for pseudocapacitor electrodes [J]. *Electrochimica Acta*, 2016, 202: 166~174.

[5] Zhang M, Zhang Y, Sheng X, et al. Self-assembly structural transition of protic ionic liquids and P123 for

inducing hierarchical porous materials [J]. *RSC Advances*, 2016, 6 (41): 35076~35085.

[6] Claesson M, Frost R, Svedhem S, et al. Pore spanning lipid bilayers on mesoporous silica having varying pore size [J]. *Langmuir*, 2011, 27 (14): 8974~8982.

[7] Zheng R, Liao S, Hou S, et al. A hollow spherical doped carbon catalyst derived from zeolitic imidazolate framework nanocrystals impregnated/covered with iron phthalocyanines [J]. *Journal of Materials Chemistry A*, 2016, 4: 7859~7868.

[8] Fuertes A B, Sevilla M. Hierarchical Microporous/Mesoporous Carbon Nanosheets for High-Performance Supercapacitors [J]. *ACS Applied Materials & Interfaces*, 2015, 7 (7): 4344~4353.

[9] Li X, Zeng C, Jiang J, et al. Magnetic cobalt nanoparticles embedded in hierarchically porous nitrogen-doped carbon frameworks for highly efficient and well-recyclable catalysis [J]. *Journal of Materials Chemistry A*, 2016, 4: 7476~7482.

[10] Schlienger S, Alauzun J, Michaux F, et al. Micro-, Mesoporous Boron Nitride-Based Materials Templated from Zeolites [J]. *Chemistry of Materials*, 2012, 24 (1): 88~96.

[11] Fu X, Sheng X, Zhou Y, et al. One-step synthesis of hierarchical aluminosilicates using alkoxy-functionalized ionic liquid as a novel template [J]. *New Journal of Chemistry*, 2016, DOI: 10.1039/C5NJ02927A.

[12] Antonelli D M. Synthesis of phosphorus-free mesoporous titania via templating with amine surfactants [J]. *Microporous and Mesoporous Materials*, 1999, 30 (2~3): 315~319.

[13] Yang P, Zhao D, Margolese D I, et al. Generalized syntheses of large-pore mesoporous metal oxides with semicrystalline frameworks [J]. *Nature*, 1998, 396 (6707): 152~155.

[14] Zhou W, Li W, Wang J Q, et al. Ordered mesoporous black TiO_2 as highly efficient hydrogen evolution photocatalyst [J]. *Journal of the American Chemical Society*, 2014, 136 (26): 9280~9283.

[15] Bastakoti B P, Torad N L, Yamauchi Y. Polymeric micelle assembly for the direct synthesis of platinum-decorated mesoporous TiO_2 toward highly selective sensing of acetaldehyde [J]. *ACS Applied Materials & Interfaces*, 2014, 6 (2): 854~860.

[16] Beck J S, Vartuli J C, Roth W J, et al. A new family of mesoporous molecular sieves prepared with liquid crystal templates [J]. *Journal of the American Chemical Society*, 1992, 114 (27): 10834~10843.

[17] Taylor P N, Anderson H L. Cooperative self-assembly of double-strand conjugated porphyrin ladders [J]. *Journal of the American Chemical Society*, 1999, 121 (49): 11538~11545.

[18] Haskouri, J E, Roca M, Cabrera S, et al. Interface charge density matching as driving force for new mesostructured oxovanadium phosphates with hexagonal structure, $[CTA]_x VOPO_4 \cdot zH_2O$ [J]. *Chemistry of Materials*, 1999, 11 (6): 1446~1454.

[19] Huo Q, Margolese D I, Ciesla U, et al. Generalized synthesis of periodic surfactant/inorganic composite materials [J]. *Nature*, 1994, 368 (6469): 317~321.

[20] Antonelli D M, Nakahira A, Ying J Y, Ligand-assisted liquid crystal templating in mesoporous niobium oxide molecular sieves [J]. *Inorganic Chemistry*, 1996, 35 (11): 3126~3136.

[21] Braun P V, Osenar P, Tohver V, et al. Nanostructure templating in inorganic solids with organic lyotropic liquid crystals [J]. *Journal of the American Chemical Society*, 1999, 121 (32): 7302~7309.

[22] 方寅. 纳米尺寸介孔碳材料的合成、性质与应用 [D]. 上海：复旦大学，2013.

[23] Coelho J P, Tardajos G, Stepanenko V, et al. Cooperative self-assembly transfer from hierarchical supramolecular polymers to gold nanoparticles [J]. *ACS Nano*, 2015, 9 (11): 11241~11248.

[24] Bhaway S M, Kisslinger K, Zhang L, et al. Mesoporous carbon-vanadium oxide films by resol-assisted, triblock copolymer-templated cooperative self-assembly [J]. *ACS Applied Materials & Interfaces*, 2014, 6

(21): 19288~19298.

[25] Skorupska E, Jeziorna A, Paluch P, et al. Ibuprofen in mesopores of mobil crystalline material 41 (MCM-41): a deeper understanding [J]. *Molecular Pharmaceutics*, 2014, 11 (5): 1512~1519.

[26] Smith M D, Blau S. M, Chang K B, et al. Beyond charge density matching: the role of C-H···O interactions in the formation of templated vanadium tellurites [J]. *Crystal Growth & Design*, 2011, 11 (9): 4213~4219.

[27] Volden S, Eilertsen J L, Singh G, et al. Effect of charge density matching on the temperature response of PNIPAAM block copolymer-gold nanoparticles [J]. *The Journal of Physical Chemistry C*, 2012, 116 (23): 12844~12853.

[28] Huo Q, Margolese D I, Stucky G D. Surfactant control of phases in the synthesis of mesoporous silica-based materials [J]. *Chemistry of Materials*, 1996, 8 (5): 1147~1160.

[29] Johnson S E, Deiters J A, Day R O, et al. Pentacoordinated molecules. 76. Novel hydrolysis pathways of dimesityldifluorosilane via an anionic five-coordinated silicate and a hydrogen-bonded bisilonate. Model intermediates in the sol-gel process [J]. *Journal of the American Chemical Society*, 1989, 111 (9): 3250~3258.

[30] Wang W, Qi R, Shan W, et al. Synthesis of KIT-6 type mesoporous silicas with tunable pore sizes, wall thickness and particle sizes via the partitioned cooperative self-assembly process [J]. *Microporous and Mesoporous Materials*, 2014, 194: 167~173.

[31] Wang W, Ye K, Long H, et al. Facile preparation of hierarchically meso-mesoporous silicas with ultra-large pores and pore volumes via partitioned cooperative self-assembly process [J]. *Materials Letters*, 2016, 167: 54~57.

[32] Liu Y, Goebl J, Yin Y, Templated synthesis of nanostructured materials [J]. *Chemical Society Reviews*, 2013, 42 (7): 2610~2653.

[33] Crowley J D, Goldup S M, Lee A L, et al. Active metal template synthesis of rotaxanes, catenanes and molecular shuttles [J]. *Chemical Society Reviews*, 2009, 38 (6): 1530~1541.

[34] Maruyama J, Hasegawa T, Amano T, et al. Pore development in carbonized hemoglobin by concurrently generated MgO template for activity enhancement as fuel cell cathode catalyst [J]. *ACS Applied Materials & Interfaces*, 2011, 3 (12): 4837~4843.

[35] Yin J, Lu C. Hierarchical surface wrinkles directed by wrinkled templates [J]. *Soft Matter*, 2012, 8 (24): 6528~6534.

[36] Wang H, Jeong H Y, Imura M, et al. Shape- and size-controlled synthesis in hard templates: sophisticated chemical reduction for mesoporous monocrystalline platinum nanoparticles [J]. *Journal of the American Chemical Society*, 2011, 133 (37): 14526~14529.

[37] Busseron E, Ruff Y, Moulin E, et al. Supramolecular self-assemblies as functional nanomaterials [J]. *Nanoscale*, 2013, 5 (16): 7098~7140.

[38] Nandan B, Kuila B K, Stamm M. Supramolecular assemblies of block copolymers as templates for fabrication of nanomaterials [J]. *European Polymer Journal*, 2011, 47 (4): 584~599.

[39] Sun Z, Lu C, Fan J, et al. Porous silica ceramics with closed-cell structure prepared by inactive hollow spheres for heat insulation [J]. *Journal of Alloys and Compounds*, 2016, 662, 157~164.

[40] Liu R, Shi Y, Wan Y, et al. Triconstituent Co-assembly to ordered mesostructured polymer-silica and carbon-silica nanocomposites and large-pore mesoporous carbons with high surface areas [J]. *Journal of the American Chemical Society*, 2006, 128 (35): 11652~11662.

[41] Bolton J, Bailey T S, Rzayev J, Large pore size nanoporous materials from the self-assembly of asymmetric

bottlebrush block copolymers [J]. *Nano Letters*, 2011, 11 (3): 998~1001.

[42] Shi J, Zhang W, Wang X, et al. Exploring the segregating and mineralization-inducing capacities of cationic hydrophilic polymers for preparation of robust, multifunctional mesoporous hybrid microcapsules [J]. *ACS Applied Materials & Interfaces*, 2013, 5 (11): 5174~5185.

[43] Sun X, Zhang Y, Song P, et al. Fluorine-doped carbon blacks: highly efficient metal-free electrocatalysts for oxygen reduction reaction [J]. *ACS Catalysis*, 2013, 3 (8): 1726~1729.

[44] Mukherjee B, Karthik C, Ravishankar N. Hybrid sol-gel combustion synthesis of nanoporous anatase [J]. *The Journal of Physical Chemistry C*, 2009, 113 (42): 18204~18211.

[45] Liu Y, Wang N, Yang C, et al. Sol-gel synthesis of nanoporous $NiCo_2O_4$ thin films on ITO glass as high-performance supercapacitor electrodes [J]. *Ceramics International*, 2016, 42 (9): 11411~11416.

[46] Abdolahi Sadatlu M A, Mozaffari N. Synthesis of mesoporous TiO_2 structures through P123 copolymer as the structural directing agent and assessment of their performance in dye-sensitized solar cells [J]. *Solar Energy*, 2016, 133: 24~34.

[47] Ren J, Doerenkamp C, Eckert H. High surface area mesoporous $GaPO_4$-SiO_2 Sol-Gel glasses: structural investigation by advanced solid-state NMR [J]. *The Journal of Physical Chemistry C*, 2016, 120 (3): 1758~1769.

[48] Rajesh K, Mukundan P, Pillai P K, et al. High-surface-area nanocrystalline cerium phosphate through aqueous sol-gel route [J]. *Chemistry of Materials*, 2004, 16 (14): 2700~2705.

[49] Yuan Q, Liu Q, Song W G, et al. Ordered mesoporous $Ce_{1-x}Zr_xO_2$ solid solutions with crystalline walls [J]. *Journal of the American Chemical Society*, 2007, 129 (21): 6698~6699.

[50] Sarkar A, Jeon N J, Noh J H, et al. Well-organized mesoporous TiO_2 photoelectrodes by block copolymer-induced sol-gel assembly for inorganic-organic hybrid perovskite solar cells [J]. *The Journal of Physical Chemistry C*, 2014, 118 (30): 16688~16693.

[51] Zhuang L, Ma B, Chen S, et al. Fast synthesis of mesoporous silica materials via simple organic compounds templated sol-gel route in the absence of hydrogen bond [J]. *Microporous and Mesoporous Materials*, 2015, 213: 22~29.

[52] Al-Harbi T, Al-Hazmi F, Mahmoud W E. Synthesis and characterization of nanoporous silica film via non-surfactant template sol-gel technique [J]. *Superlattices and Microstructures*, 2012, 52 (4): 643~647.

[53] Pramanik M, Salunkhe R R, Imura M, et al. Phosphonate-derived nanoporous metal phosphates and their superior energy storage application [J]. *ACS Applied Materials & Interfaces*, 2016, 8 (15): 9790~9797.

[54] Feng D, Lv Y, Wu Z, et al. Free-standing mesoporous carbon thin films with highly ordered pore architectures for nanodevices [J]. *Journal of the American Chemical Society*, 2011, 133 (38): 15148~15156.

[55] Cheng F, Wang H, Zhu Z, et al. Porous $LiMn_2O_4$ nanorods with durable high-rate capability for rechargeable Li-ion batteries [J]. *Energy & Environmental Science*, 2011, 4 (9): 3668~3675.

[56] Guo L, Hagiwara H, Ida S, et al. One-pot soft-templating method to synthesize crystalline mesoporous tantalum oxide and its photocatalytic activity for overall water splitting [J]. *ACS Applied Materials & Interfaces*, 2013, 5 (21): 11080~11086.

[57] Liu Q, Wang A, Wang X, et al. Nanocasting synthesis of ordered mesoporous alumina with crystalline walls: influence of aluminium precursors and filling times. *Studies in Surface Science and Catalysis*, 2007, 170: 1819~1826.

[58] Liu B, Baker R T. Factors affecting the preparation of ordered mesoporous ZrO_2 using the replica method

[J]. *Journal of Materials Chemistry*, 2008, 18 (43): 5200~5207.

[59] Liang C, Dai S. Synthesis of mesoporous carbon materials via enhanced hydrogen-bonding interaction [J]. *Journal of the American Chemical Society*, 2006, 128 (16): 5316~5317.

[60] Zhang F, Meng Y, Gu D, et al. A facile aqueous route to synthesize highly ordered mesoporous polymers and Carbon frameworks with Ia3¯d bicontinuous cubic structure [J]. *Journal of the American Chemical Society*, 2005, 127 (39): 13508~13509.

[61] Rodriguez A T, Chen M, Chen Z, et al. Nanoporous carbon nanotubes synthesized through confined hydrogen-bonding self-assembly [J]. *Journal of the American Chemical Society*, 2006, 128 (29): 9276~9277.

[62] Yang D, Li Y, Wang Y, et al. Bioinspired synthesis of mesoporous ZrO_2 nanomaterials with elevated defluoridation performance in agarose gels [J]. *RSC Advances*, 2014, 4 (91): 49811~49818.

[63] Wright P A, Morris R E, Wheatley P S. Synthesis of microporous materials using macrocycles as structure directing agents [J]. *Dalton Transactions*, 2007, (46): 5359~5368.

[64] Li R, Cao A, Zhang Y, et al. Formation of nitrogen-doped mesoporous graphitic carbon with the help of melamine [J]. *ACS Applied Materials & Interfaces*, 2014, 6 (23): 20574~20578.

[65] Wen A M, Steinmetz N F. Design of virus-based nanomaterials for medicine, biotechnology, and energy [J]. *Chemical Society Reviews*, 2016, 45: 4074~4126.

[66] Chen J, Ito A, Goto T. High-speed epitaxial growth of $SrTiO_3$ films on MgO substrates by laser chemical vapor deposition [J]. *Ceramics International*, 2016, 42 (8): 9981~9987.

[67] Wang Z, Li C, Xu J, et al. Bioadhesive microporous architectures by self-assembling polydopamine microcapsules for biomedical applications [J]. *Chemistry of Materials*, 2015, 27 (3): 848~856.

[68] Hu Y, Ge J, Yin Y. PDMS rubber as a single-source precursor for templated growth of silica nanotubes [J]. *Chemical Communications*, 2009 (8): 914~916.

[69] Li X, Yu J, Jaroniec M. Hierarchical photocatalysts [J]. *Chemical Society Reviews*, 2016, 45 (9): 2603~2636.

[70] Tang W, Lin D, Yu Y, et al. Bioinspired trimodal macro/micro/nano-porous scaffolds loading rhBMP-2 for complete regeneration of critical size bone defect [J]. *Acta Biomaterialia*, 2016, 32: 309~323.

[71] Zhang Y, Xu G, Wei X, et al. Hydrothermal synthesis, characterization and formation mechanism of self-assembled mesoporous $SrTiO_3$ spheres assisted with $Na_2SiO_3 \cdot 9H_2O$ [J]. *CrystEngComm*, 2012, 14 (10): 3702~3707.

[72] Abraham K M. Prospects and limits of energy storage in batteries [J]. *The Journal of Physical Chemistry Letters*, 2015, 6 (5): 830~844.

[73] Ma C, Xu N, Qiao J, et al. Facile synthesis of $NiCo_2O_4$ nanosphere-carbon nanotubes hybrid as an efficient bifunctional electrocatalyst for rechargeable Zn-air batteries [J]. *International Journal of Hydrogen Energy*, 2016, 41 (21): 9211~9218.

[74] Wang Z L, Xu D, Xu J J., et al. Oxygen electrocatalysts in metal-air batteries: from aqueous to nonaqueous electrolytes [J]. *Chemical Society Reviews*, 2014, 43 (22): 7746~7786.

[75] Liu J, Jiang L, Tang Q, et al. Amide-functionalized carbon supports for cobalt oxide toward oxygen reduction reaction in Zn-air battery [J]. *Applied Catalysis B: Environmental*, 2014, 148, 149: 212~220.

[76] Park G S, Lee J S., Kim S T, et al. Porous nitrogen doped carbon fiber with churros morphology derived from electrospun bicomponent polymer as highly efficient electrocatalyst for Zn-air batteries [J]. *Journal of Power Sources*, 2013, 243: 267~273.

[77] Guo Z, Li C, Li W, et al. Ruthenium oxide coated ordered mesoporous carbon nanofiber arrays: a highly

bifunctional oxygen electrocatalyst for rechargeable Zn-air batteries [J]. *Journal of Materials Chemistry A*, 2016, 4 (17): 6282~6289.

[78] Nie Y, Li L, Wei Z. Recent advancements in Pt and Pt-free catalysts for oxygen reduction reaction [J]. *Chemical Society Reviews*, 2015, 44 (8): 2168~2201.

[79] 郑勇力. Pt基催化剂上氧还原与过氧化氢电化学反应的机理与动力学研究 [D]. 北京: 中国科学技术大学, 2017.

[80] Gamboa-Aldeco M E, Herrero E, Zelenay P S, et al. Adsorption of bisulfate anion on a Pt (100) electrode: A comparison with Pt (111) and Pt (poly) [J]. *Journal of Electroanalytical Chemistry*, 1993, 348 (1, 2): 451~457.

[81] Zelenay P, Gamboa-Aldeco M, Horányi G, et al. Adsorption of anions on ultrathin metal deposits on single-crystal electrodes: Part 3. Voltammetric and radiochemical study of bisulfate adsorption on Pt (111) and Pt (poly) electrodes containing silver adatoms [J]. *Journal of Electroanalytical Chemistry*, 1993, 357 (1, 2): 307~326.

[82] Zhang J, Fang J. A general strategy for preparation of Pt 3d-transition metal (Co, Fe, Ni) nanocubes [J]. *Journal of the American Chemical Society*, 2009, 131 (51): 18543~18547.

[83] Wu J, Zhang J, Peng Z, et al. Truncated octahedral Pt_3Ni oxygen reduction reaction electrocatalysts [J]. *Journal of the American Chemical Society*, 2010, 132 (14): 4984~4985.

[84] Wang R, Xu C, Bi X, et al. Nanoporous surface alloys as highly active and durable oxygen reduction reaction electrocatalysts [J]. *Energy & Environmental Science*, 2012, 5 (1): 5281~5286.

[85] Nie Y, Chen S, Ding W, et al. Pt/C trapped in activated graphitic carbon layers as a highly durable electrocatalyst for the oxygen reduction reaction [J]. *Chemical Communications*, 2014, 50 (97): 15431~15434.

[86] Ferrandez A C, Baranton S, Bigarré J, et al. Chemical functionalization of carbon supported metal nanoparticles by Ionic conductive polymer via the "grafting from" method [J]. *Chemistry of Materials*, 2013, 25 (19): 3797~3807.

[87] Miyabayashi K, Nishihara H, Miyake M. Platinum nanoparticles modified with alkylamine derivatives as an active and stable catalyst for oxygen reduction reaction [J]. *Langmuir*, 2014, 30 (10): 2936~2942.

[88] Snyder J, Livi K, Erlebacher J. Oxygen reduction reaction performance of [MTBD] [beti]-encapsulated nanoporous NiPt alloy nanoparticles [J]. *Advanced Functional Materials*, 2013, 23 (44): 5494~5501.

[89] Yook Sunwoo, Kwon H C, Kim Y G, et al. Significant roles of carbon pore and surface structure in AuPd/C catalyst for achieving high chemoselectivity in direct hydrogen peroxide synthesis [J]. *ACS Sustainable Chemistry & Engineering*, 2017, 5 (1): 1208~1216.

[90] Tan Q, Du, C Y, Yin, G P, et al. Highly efficient and stable nonplatium anode catalyst with Au@ Pd core-shell nanostructures for methanol electrooxidation [J]. *Journal of Catalysis*, 2012, 295: 217~222.

[91] Wang H W, Wang C L, Yan H, et al. Precisely-controlled synthesis of Au@ Pd core-shell bimetallic catalyst via atomic layer deposition for selective oxidation benzyl alcohol [J]. *Journal of Catalysis*, 2015, 324: 59~68.

[92] Wang X, Figueroa-Cosme L, Yang V, et al. Pt-based icosahedral nanocages: using a combination of {111} facets, twin defects, and ultrathin walls to greatly enhance their activity toward oxygen reduction [J]. *Nano Letters*, 2016, 16: 1467~1471.

[93] Wang X, Choi S I, Roling L T, et al. Palladium-platinum core-shell icosahedral with substantially enhanced activity and durability towards oxygen reduction [J]. *Nature Communications*, 2015, 6:

7594~7601.

[94] Li H H, Ma S Y, et al. Scalable bromide-triggered synthesis of Pd@ Pt core-shell Ultrathin Nanowires with Enhanced Electrocatalytic Performance toward Oxygen Reduction Resction [J]. *Journal of the American Chemical Society*, 2015, 137: 7862~7868.

[95] He D S, He D P, et al. Ultrathin icosahedral Pt-enriched nanocage with excellent oxygen reduction reaction acitivity. [J]. *Journal of the American Chemical Society*, 2016, 138: 1494~1497.

[96] Zhou W, Wu J, Yang H. Highly uniform olatium icosahedra made by hot injection-assisted GRAILS Method [J]. *Nano Letters*, 2013, 13: 2870~2874.

[97] Sun X H, Jiang K Z, et al. Crystalline control of {111} bounded Pt_3Cu nanocrystals: multiply-twinned Pt_3Cu icosahedral with enhanced electrocatalytic propertiec. *ACS Nano*, 2015, 9: 7634~7640.

[98] Yang L, Jiang S, Zhao Y, et al. Boron-doped carbon nanotubes as metal-free electrocatalysts for the oxygen reduction reaction [J]. *Angewandte Chemie International Edition*, 2011, 50 (31): 7132~7135.

[99] Qu L, Liu Y, Baek J B, et al. Nitrogen-doped graphene as efficient metal-free electrocatalyst for oxygen reduction in fuel cells [J]. *ACS Nano*, 2010, 4 (3): 1321~1326.

[100] Yang Z, Yao Z, Li G, et al. Sulfur-doped graphene as an efficient metal-free cathode catalyst for oxygen reduction [J]. *ACS Nano*, 2012, 6 (1): 205~211.

[101] Yang D S, Bhattacharjya D, Inamdar S, et al. Phosphorus-doped ordered mesoporous carbons with different lengths as efficient metal-free electrocatalysts for oxygen reduction reaction in alkaline media [J]. *Journal of the American Chemical Society*, 2012, 134 (39): 16127~16130.

[102] Gong K, Du F, Xia Z, et al. Nitrogen-doped carbon nanotube arrays with high electrocatalytic activity for oxygen reduction [J]. *Science*, 2009, 323 (5915): 760~764.

[103] Liu Z W, Peng F, Wang H J, et al. Phosphorus-doped graphite layers with high electrocatalytic activity for the O_2 reduction in an alkaline medium [J]. *Angewandte Chemie International Edition*, 2011, 50 (14): 3257~3261.

[104] Choi C H, Park S H, Woo S I, Phosphorus-nitrogen dual doped carbon as an effective catalyst for oxygen reduction reaction in acidic media: effects of the amount of P-doping on the physical and electrochemical properties of carbon [J]. *Journal of Materials Chemistry*, 2012, 22 (24): 12107~12115.

[105] Li R, Wei Z, Gou X., Nitrogen and Phosphorus Dual-doped graphene/carbon nanosheets as bifunctional electrocatalysts for oxygen reduction and evolution [J]. *ACS Catalysis*, 2015, 5 (7): 4133~4142.

[106] Yang Z, Yao Z, Li G, et al. Sulfur-doped graphene as an efficient metal-free cathode catalyst for oxygen reduction [J]. ACS Nano, 2011, 6 (1): 205~211.

[107] Poh H L, Šlmek P, Sofer Z K, et al. Sulfur-doped graphene via thermal exfoliation of graphite oxide in H_2S, SO_2, or CS_2 gas [J]. *ACS Nano*, 2013, 7 (6): 5262~5272.

[108] Wu G, Johnston C M, Mack N H, et al. Synthesis-structure-performance correlation for polyaniline-Me-C non-precious metal cathode catalysts for oxygen reduction in fuel cells [J]. *Journal of Materials Chemistry*, 2011, 21 (30): 11392~11405.

[109] Yang W, Yue X, Liu X, et al. IL-derived N, S co-doped ordered mesoporous carbon for high-performance oxygen reduction [J]. *Nanoscale*, 2015, 7 (28): 11956~11961.

[110] Tang H, Zeng Y, Liu D, et al. Dual-doped mesoporous carbon synthesized by a novel nanocasting method with superior catalytic activity for oxygen reduction [J]. *Nano Energy*, 2016, 26, 131~138.

[111] 钟国玉. 碳基非贵金属氧还原催化剂的制备-性能及机理研究 [D]. 广州: 华南理工大学, 2016.

[112] Matter P, Zhang L, Ozkan U. The role of nanostructure in nitrogen-containing carbon catalysts for the oxygen reduction reaction [J]. *Journal of Catalysis*, 2006, 239 (1): 83~96.

[113] Wood T E, Tan Z, Schmoeckel A K, et al. Non-precious metal oxygen reduction catalyst for PEM fuel cells based on nitroaniline precursor [J]. *Journal of Power Sources*, 2008, 178 (2): 510~516.

[114] Nallathambi V, Leonard N, Kothandaraman R, et al. Nitrogen precursor effects in iron-nitrogen-carbon oxygen reduction catalysts [J]. *Electrochemical and Solid-State Letters*, 2011, 14 (6): B55~B58.

[115] Wu G, Chen Z, Artyushkova K, et al. Polyaniline-derived non-precious catalyst for the polymer electrolyte fuel cell cathode [J]. *ECS Transactions*, 2008, 16 (2): 159~170.

[116] Li R, Wei Z D, Gou X L. Nitrogen and phosphorus dual-doped graphene/carbon nanosheets as bifunctional electrocatalysts for oxygen reduction and evolution [J]. *ACS Catalysis*, 2015, 5 (7), 4133~4142.

[117] Shui J L, Wang M, Du F, et al. N-doped carbon nanomaterials are durable catalysts for oxygen reduction reaction in acidic fuel cells [J]. *Science Advances*, 2015, 1 (1): e1400129.

[118] Qu K, Zheng Y, Dai S, et al. Graphene oxidepolydopamine derived N, S-Codoped carbon nanosheets as superior bifunctional Electrocatalysts for oxygen reduction and Evolution [J]. *Nano Energy*, 2016, 19: 373~381.

[119] Deng D, Yu L, Chen X, et al. Iron encapsulated within pod-like carbon nanotubes for oxygen reduction reaction [J]. *Angewandte Chemie International Edition*, 2013, 52 (1): 371~375.

[120] Hu Y, Jensen J O, Zhang W, et al. Hollow spheres of iron carbide nanoparticles encased in graphitic layers as oxygen reduction catalysts [J]. *Angewandte Chemie International Edition*, 2014, 53 (14): 3675~3679.

[121] Liu Q, Jin J, Zhang J. $NiCo_2S_4$@graphene as a bifunctional electrocatalyst for oxygen reduction and evolution reactions [J]. *ACS Applied Materials & Interfaces*, 2013, 5 (11): 5002~5008.

[122] Bag S, Roy K, Gopinath C S, et al. Facile Single-step synthesis of nitrogen-doped reduced graphene oxide-Mn_3O_4 hybrid functional material for the electrocatalytic reduction of oxygen [J]. *ACS Applied Materials & Interfaces*, 2014, 6 (4): 2692~2699.

[123] Wang Y, Cui X, Chen L, et al. One-step replication and enhanced catalytic activity for cathodic oxygen reduction of the mesostructured Co_3O_4/carbon composites [J]. *Dalton Transactions*, 2014, 43 (10): 4163~4168.

[124] Lin C, Song Y, Cao L, et al. Oxygen reduction catalyzed by Au-TiO_2 nanocomposites in alkaline media [J]. *ACS Applied Materials & Interfaces*, 2013, 5 (24): 13305~13311.

[125] Zhang L, Wang L, Holt C M B, et al. Highly corrosion resistant platinum-niobium oxide-carbon nanotube electrodes for the oxygen reduction in PEM fuel cells [J]. *Energy & Environmental Science*, 2012, 5 (3): 6156~6172.

[126] Xiao W, Huang X, Song W, et al. High catalytic activity of oxygen-induced (200) surface of Ta_2O_5 nanolayer towards durable oxygen evolution reaction [J]. *Nano Energy*, 2016, 25: 60~67.

[127] Hayashi T, Ishihara A, Nagai T, et al. Temperature dependence of oxygen reduction mechanism on a titanium oxide-based catalyst made from oxy-titanium tetra-pyrazino-porphyrazine using carbon nano-tubes as support in acidic solution [J]. *Electrochimica Acta*, 2016, 209, 1~6.

[128] Pei D N, Gong L, Zhang A Y, et al. Defective titanium dioxide single crystals exposed by high-energy {001} facets for efficient oxygen reduction [J]. *Nature Communications*, 2015, 6: 8696.

[129] Liu B, Chen H M, Liu C, et al. Large-scale synthesis of transition-metal-doped TiO_2 nanowires with controllable overpotential [J]. *Journal of the American Chemical Society*, 2013, 135 (27): 9995~9998.

[130] Yuan W, Li J, Wang L, et al. Nanocomposite of N-doped TiO_2 nanorods and graphene as an effective

electrocatalyst for the oxygen reduction reaction [J]. *ACS Applied Materials & Interfaces*, 2014, 6 (24): 21978~21985.

[131] Meng Y, Wang Y, Han Q, et al. Trihalomethane (THM) formation from synergic disinfection of biologically treated municipal wastewater: Effect of ultraviolet (UV) irradiation and titanium dioxide photocatalysis on dissolve organic matter fractions [J]. *Chemical Engineering Journal*, 2016, 303: 252~260.

[132] Hernandez-Alonso, M D, Fresno F, Suarez S, et al. Development of alternative photocatalysts to TiO_2: Challenges and opportunities [J]. *Energy & Environmental Science*, 2009, 2 (12): 1231~1257.

[133] Wang J L, Wang C, Lin W. Metal-Organic frameworks for light harvesting and photocatalysis [J]. *ACS Catalysis*, 2012, 2 (12): 2630~2640.

[134] Zhang Y, Tang Z R, Fu X, et al. TiO_2-Graphene nanocomposites for gas-phase photocatalytic degradation of volatile aromatic pollutant: Is TiO_2-Graphene Truly Different from Other TiO_2-Carbon Composite Materials [J]. *ACS Nano*, 2010, 4 (12): 7303~7314.

[135] Zheng X, Kuang Q, Yan K, et al. Mesoporous TiO_2 single crystals: facile shape-, size-, and phase-controlled growth and efficient photocatalytic performance [J]. *ACS Applied Materials & Interfaces*, 2013, 5 (21): 11249~11257.

[136] Sun L B, Liu X Q, Zhou H C. Design and fabrication of mesoporous heterogeneous basic catalysts [J]. *Chemical Society Reviews*, 2015, 44 (15): 5092~5147.

[137] Zhu C, Du D, Eychmüller A, et al. Engineering ordered and nonordered porous noble metal nanostructures: synthesis, assembly, and their applications in electrochemistry [J]. *Chemical Reviews*, 2015, 115 (16): 8896~8943.

[138] Dai L, Xue Y, Qu L, et al. Metal-Free catalysts for oxygen reduction reaction [J]. *Chemical Reviews*, 2015, 115 (11): 4823~4892.

[139] Lee J, Hwang B, Park M S, et al. Improved reversibility of Zn anodes for rechargeable Zn-air batteries by using alkoxide and acetate ions [J]. *Electrochimica Acta*, 2016, 199: 164~171.

[130] Ma Z, Yuan X, Li L, et al. A review of cathode materials and structures for rechargeable lithium-air batteries [J]. *Energy & Environmental Science*, 2015, 8 (8): 2144~2198.

[141] Cao R, Lee J S, Liu M, et al. Recent Progress in Non-Precious Catalysts for Metal-Air Batteries [J]. *Advanced Energy Materials*, 2012, 2 (7): 816~829.

[142] Tamez M, Yu J H. Aluminum-Air Battery [J]. *Journal of Chemical Education*, 2007, 84 (12): 1936A.

[143] Lee J S, Tai Kim S, Cao R, et al. Metal-air batteries with high energy density: Li-air versus Zn-air [J]. *Advanced Energy Materials*, 2011, 1 (1): 34~50.

[144] Li Y, Dai H. Recent advances in zinc-air batteries [J]. *Chemical Society Reviews*, 2014, 43 (15): 5257~5275.

[145] Lee J S, Lee T, Song H K, et al. Ionic liquid modified graphene nanosheets anchoring manganese oxide nanoparticles as efficient electrocatalysts for Zn-air batteries [J]. *Energy & Environmental Science*, 2011, 4 (10): 4148~4154.

[146] Liu Q, Wang Y, Dai L, et al. Scalable fabrication of nanoporous carbon fiber films as bifunctional catalytic electrodes for flexible Zn-Air batteries [J]. *Advanced Materials*, 2016, 28 (15): 3000~3006.

[147] Huang Y B, Pachfule P, Sun J K, et al. From covalent-organic frameworks to hierarchically porous B-doped carbons: a molten-salt approach [J]. *Journal of Materials Chemistry A*, 2016, 4 (11): 4273~4279.

[148] Zhang Y, Mori T, Ye J, et al. Phosphorus-doped carbon nitride solid: enhanced electrical conductivity

and photocurrent generation [J]. *Journal of the American Chemical Society*, 2010, 132 (18): 6294~6295.

[149] Zhang J, Zhao Z, Xia Z, et al. A metal-free bifunctional electrocatalyst for oxygen reduction and oxygen evolution reactions [J]. *Nature Nanotechnology*, 2015, 10 (5): 444~452.

[150] Cai X Y, Lai L F, Shen Z X, et al. Recent advances in air electrodes for Zn-air batteries: electrocatalysis and structural design [J]. *Materials Horizons*, 2017, 4: 945~976.

[151] Zhao S, Yin H, Du L, et al. Carbonized nanoscale Metal-organic frameworks as high performance electrocatalyst for oxygen reduction reaction [J]. *ACS Nano*, 2014, 8: 12660~12668.

[152] Wang X, Zhang H, Lin H, et al. Directly converting Fe-doped metal-organic frameworks into highly active and stable Fe-N-C catalysts for oxygen reduction in acid [J]. *Nano Energy*, 2016, 25: 110~119.

[153] Chen Y Z, Wang C, Wu Z Y, et al. From bimetallic metal-organic framework to porous carbon: high surface area and multicomponent active dopants for excellent electrocatalysis [J]. *Advanced Materials*, 2015, 27: 5010~5016.

[154] Wang Z J, Lu Y Z, Yan Y, et al. Core-shell carbon materials derived from metal-organic frameworks as an efficient oxygen bifunctional electrocatalyst [J]. *Nano Energy*, 2016, 30: 368~378.

[155] Li L, Liu C, He G, et al. Hierarchical pore-in-pore and wire-in-wire catalysts for rechargeable Zn- and Li-air batteries with ultra-long cycle life and high cell efficiency [J]. *Energy & Environmental Science*, 2015, 8: 3274~3282.

[156] Cai P, Ci S, Zhang E, et al. FeCo Alloy nanoparticles confined in carbon layers as high-activity and robust cathode catalyst for Zn-Air battery [J]. *Electrochimica Acta*, 2016, 220: 354~362.

[157] Yang J, Hu J, Weng M, et al. Fe-cluster pushing electrons to N-Doped graphitic layers with $Fe_3C(Fe)$ hybrid nanostructure to enhance O_2 reduction catalysis of Zn-Air batteries [J]. *ACS Applied Materials & Interfaces*, 2017, 9: 4587~4596.

[158] Fu G, Cui Z, Chen Y. Goodenough, J. B., et al. Ni_3Fe-N doped carbon sheets as a bifunctional electrocatalyst for air cathodes [J]. *Advanced Energy Materials*, 2017, 7 (1): 1601172 (1~8).

[159] Ponce J, J Rehspringer L, et al. Electrochemical study of nickel-aluminium-manganese spinel $Ni_xAl_{1-x}\cdot Mn_2O_4$ electrocatalytical properties for the oxygen evolution reaction and oxygen reduction reactionin alkaline media [J]. *Electrochim Acta*. 2001, 46: 3373~3380.

[160] Singh R N, Lal B. High Surface area lanthanum cobaltate and its A and B sites substituted derivatives for electrocatalysis of O_2 evolution in alkaline solution [J]. *J. Hydrogen Energy*. 2002, 27: 45~55.

[161] Flores J C, Torres V, Popa M, et al. Preparation of core-shell nanospheres of silica-silver: SiO_2@ Ag [J]. *Journal of Non-Crystalline Solids*. 2008, 354 (52-54): 5435~5439.

[162] Wu N L, Liu W R, Su S J. Effect of oxygenation on electrocatalysis of $La_{0.6}Ca_{0.4}CoO_{3-x}$ in bifunctional air electrode [J]. *Electrochimica Acta*. 2003, 48 (11): 1567~1571.

[163] Wagner N, Friedrich K A. Application of electrochemical impedance spectroscopy for fuel cell characterization: PEFC and oxygen reduction reaction in alkaline solution [J]. *Fuel Cells*, 2009, 9 (3): 237~246.

[164] Kang K, Yoo H, Han D, et al. Modeling and simulations of fuel cell systems for combined heat and power generation [J]. *International Journal of Hydrogen Energy*, 2016, 41 (19): 8286~8295.

[165] Xu Z, Luo J L, Chuang K T, et al. $LaCrO_3$-VO_x-YSZ anode catalyst for solid oxide fuel cell using impure hydrogen [J]. *The Journal of Physical Chemistry C*, 2007, 111 (44): 16679~16685.

[166] Guo D J, Ding Y. Porous nanostructured metals for electrocatalysis [J]. *Electroanalysis*, 2012, 24 (11): 2035~2043.

[167] Peng P, Wang Y, Rood M J, et al. Effects of dissolution alkalinity and self-assembly on ZSM-5-based micro-/mesoporous composites: a study of the relationship between porosity, acidity, and catalytic performance [J]. *CrystEngComm*, 2015, 17 (20): 3820~3828.

[168] Almar L, Morata A, Torrell M, et al. Synthesis and characterization of robust, mesoporous electrodes for solid oxide fuel cells [J]. *Journal of Materials Chemistry A*, 2016, 4: 7650~7657.

[169] Zhu Q L, Xia W, Akita T, et al. Metal-organic framework-derived honeycomb-like open porous nanostructures as precious-metal-free catalysts for highly efficient oxygen electroreduction [J]. *Advanced Materials*, 2016, 28: 6391~6392.

[170] Zhong H X, Wang J, Zhang Y W., et al. ZIF-8 derived graphene-based nitrogen-doped porous carbon sheets as highly efficient and durable oxygen reduction electrocatalysts [J]. *Angewandte Chemie International Edition*, 2014, 53: 14235~14239.

[171] Helmholtz H V. Ueber einige gesetze der vertheilung elektrischer ströme in korperlichen leitern, mit anwendung auf die thierisch-elektrischen versuche [J]. *Annual Review of Physical Chemistry*, 2010, 165 (6): 211~233.

[172] Gouy M. Sur la constitution de la charge electrique a la surface dun edectrolyte [J]. *Journal of Physics D: Applied Physics*, 1910, 91: 457~468.

[173] Chapman D L. A contribution to the theory of electrocapillarity [J]. *Philosophical Magazine*, 1913, 6: 475~481.

[174] Stern O. Zur theorie elektrolytischen doppelschicht [J]. *Z Elektrochem.*, 1924, 30: 508~516.

[175] Zhang L L, Zhao X S. Carbon-based materials as supercapacitor electrodes [J]. *Chemical Society Reviews*, 2009, 38: 2520~2531.

[176] Imaizumi S, Kato Y, Kokubo H, et al. Driving mechanisms of ionic polymer actuators having electric double layer capacitor structures [J]. *The Journal of Physical Chemistry B*, 2012, 116 (16): 5080~5089.

[177] Li C, Yang X, Zhang G. Mesopore-dominant activated carbon aerogels with high surface area for electric double-layer capacitor application [J]. *Materials Letters*, 2015, 161: 538~541.

[178] Chen T, Dai L M. Flexible supercapacitors based on carbon nanomaterials [J]. *Journal of Materials Chemistry A*, 2014, 2: 10756~10775.

[179] Pérez-Madrigal M M, Edoa M G, Alemán C. Powering the future: application of cellulose-based materials for supercapacitors [J]. *Green Chemistry*, 2016, 18: 5930~5956.

[180] Choi K M, Jeong H M, Park J H, et al. Supercapacitors of Nanocrystalline Metal Organic Frameworks [J]. *ACS Nano*, 2014, 8: 7451~7457.

[181] Liu L L, Niu Z Q, Chen J. Unconventional supercapacitors from nanocarbon-based electrode materials to device configurations [J]. *Chemical Society Reviews*, 2016, 45: 4340~4363.

[182] Lin T, Chen I W, Liu F, et al. Nitrogen-doped mesoporous carbon of extraordinary capacitance for electrochemical energy storage [J]. *Science*, 2015, 350 (6267): 1508~1513.

[183] Liu D, Cheng G, Zhao H, et al. Self-assembly of polyhedral oligosilsesquioxane (POSS) into hierarchically ordered mesoporous carbons with uniform microporosity and nitrogen-doping for high performance supercapacitors [J]. *Nano Energy*, 2016, 22: 255~268.

[184] Augustyn V, Simon P, Dunn B. Pseudocapacitive oxide materials for high-rate electrochemical energy storage [J] . *Energy & Environmental Science*, 2014, 7 (5): 1597~1614.

[185] Chen W, Rakhi R B, Alshareef H N. Morphology-dependent enhancement of the pseudocapacitance of template-guided tunable polyaniline nanostructures [J]. *The Journal of Physical Chemistry C*, 2013, 117

(29): 15009~15019.

[186] Zhong C, Deng Y, Hu W, et al. A review of electrolyte materials and compositions for electrochemical supercapacitors [J]. *Chemical Society Reviews*, 2015, 44 (21): 7484~7539.

[187] Feng W, He P, Ding S, et al. Oxygen-doped activated carbons derived from three kinds of biomass: preparation, characterization and performance as electrode materials for supercapacitors [J]. *RSC Advances*, 2016, 6 (7): 5949~5956.

[188] Yuan C, Liu X, Jia M, et al. Facile preparation of N- and O-doped hollow carbon spheres derived from poly (o-phenylenediamine) for supercapacitors [J]. *Journal of Materials Chemistry A*, 2015, 3 (7): 3409~3415.

[189] Paraknowitsch J P, Thomas A. Doping carbons beyond nitrogen: an overview of advanced heteroatom doped carbons with boron, sulphur and phosphorus for energy applications [J]. *Energy & Environmental Science*, 2013, 6 (10): 2839~2855.

[190] Wang X, Sun G, Routh P, et al. Heteroatom-doped graphene materials: syntheses, properties and applications [J]. *Chemical Society Reviews*, 2014, 43 (20): 7067~7098.

[191] Wen Y, Wang B, Huang C, et al. Synthesis of phosphorus-doped graphene and its wide potential window in aqueous supercapacitors [J]. *Chemistry-A European Journal*, 2015, 21 (1): 80~85.

[192] Chen J, Xu J, Zhou S, et al. Nitrogen-doped hierarchically porous carbon foam: A free-standing electrode and mechanical support for high-performance supercapacitors [J]. *Nano Energy*, 2016, 25: 193~202.

[193] Song Y F, Hu S, Dong X L, et al. A Nitrogen-doped hierarchical mesoporous/microporous carbon for supercapacitors [J]. *Electrochimica Acta*, 2014, 146: 485~494.

[194] Rudge A, Davey J, Raistrick I, et al. Conducting polymers as active materials in electrochemical capacitors [J]. *Journal of Power Sources*, 1994, 47: 89~107.

[195] Villers D, Jobin, D, Soucy C, et al. The influence of the range of electroactivity and capacitance of conducting fpolymers on the performance of carbon conducting polymer hybrid supercapacitor [J]. *Journal of the Electrochemical Society*, 2003, 150: A747~A752.

[196] Huang Y, Zhu M S, Pei Z X, et al. Extremely stable polypyrrole achieved via molecular ordering for highly flexible supercapacitors [J]. ACS Applied Materials & Interfaces, 2016, 8: 2435~2440.

[197] Wang J J, Dong L B, Xu C J, et al. Polymorphous supercapacitors constructed from flexible three-dimensional carbon network/polyaniline/MnO_2 composite textiles. ACS Applied Materials & Interfaces, 2018, 10: 10851~10859.

[198] Reddy M V, Subba Rao G V, Chowdari B V R. Metal oxides and oxysalts as anode materials for Li ion batteries [J]. Chem. Rev., 2013, 113: 5364~5457.

[199] Chabot V, Higgins D, Yu A, et al. A review of graphene and graphene oxide sponge: material synthesis and applications to energy and the environment [J]. *Energy & Environmental Science*, 2014, 7: 1564~1596.

[200] Fan X, Zheng W, Kuo J L. Adsorption and diffusion of Li on pristine and defective graphene [J]. *ACS Applied Materials & Interfaces*, 2012, 4: 2432~2438.

[201] Malyi O, Sopiha I K, Kulish V V, et al. A computational study of Na behavior on graphene [J]. *Applied Surface Science*, 2015, 333: 235~243.

[202] Uthaisar C, Barone V. Edge Effects on the characteristics of Li diffusion in graphene [J]. *Nano Letters*, 2010, 10: 2838~2842.

[203] Zhou L, Hou Z, Gao B, et al. Doped graphenes as anodes with large capacity for lithium-ion batteries [J]. *Journal of Materials Chemistry A*, 2016, 4: 13407~13413.

[204] Li X, Hu Y, Liu J, et al. Structurally tailored graphene nanosheets as lithium ion battery anodes: an insight to yield exceptionally high lithium storage performance [J]. *Nanoscale*, 2013, 5: 12607~12615.

[205] Reddy A L M, Srivastava A, Gowda S R, et al. Synthesis of nitrogen-doped graphene films for Lithium battery application [J]. *ACS Nano*, 2010, 4: 6337~6342.

[206] Wang X, Weng Q, Liu X, et al. Atomistic origins of high rate capability and capacity of N-doped graphene for lithium storage [J]. *Nano Letters*, 2014, 14: 1164~1171.

[207] Shu K, Wang C, Wang M, et al. Graphene cryogel papers with enhanced mechanical strength for high performance lithium battery anodes [J] . *Journal of Materials Chemistry A*, 2014, 2: 1325~1331.

[208] Ji J, Liu J, Lai L, et al. *In Situ* activation of nitrogen-doped graphene anchored on graphite foam for a high-capacity anode [J]. *ACS Nano*, 2015, 9: 8609~8616.

[209] Dylla A G, Henkelman G, Stevenson K J. Lithium insertion in nanostructured TiO_2 (B) architectures [J]. *Accounts of Chemical Research*, 2013, 46: 1104~1112.

[210] Arrouvel C, Parker S C, Islam M S. Lithium insertion and transport in the TiO_2-B anode material: a computational study [J]. *Chemistry of Materials*, 2009, 21: 4778~4783.

[211] Dalton A S, Belak A A, Van der Ven A. Thermodynamics of lithium in TiO_2 (B) from first principles [J]. *Chemistry of Materials*, 2012, 24: 1568~1574.

[212] Xiao J, Choi D, Cosimbescu L, et al. Exfoliated MoS_2 nanocomposite as an anode material for lithium ion batteries [J]. *Chemistry of Materials*, 2010, 22: 4522~4524.

[213] Hwang H, Kim H, Cho J. MoS_2 Nanoplates consisting of disordered graphene-like layers for high rate lithium battery anode materials [J] . *Nano Letters*, 2011, 11: 4826~4830.

[214] Zhang K, Kim H J, Shi X, et al. Graphene/acid coassisted synthesis of ultrathin MoS_2 nanosheets with outstanding rate capability for a lithium battery anode [J]. *Inorganic Chemistry*, 2013, 52: 9807~9812.

[215] Liu Y C, Zhao Y P, Jiao L F, et al. A graphene-like MoS_2/graphene nanocomposite as a highperformance anode for lithium ion batteries [J]. *Journal of Materials Chemistry A*, 2014, 2: 13109~13115.

[216] Jiang H, Ren D, Wang H, et al. 2D Monolayer MoS_2-carbon interoverlapped superstructure: engineering ideal atomic interface for lithium ion storage [J]. *Advanced Materials*, 2015, 27: 3687~3695.

2 实验部分

2.1 实验材料与设备

本实验中所用到的原材料见表 2-1。其他材料详见各章节实验部分。所有固体试剂在使用前均放置于干燥器中保存。无特殊说明情况下，所有试剂使用前均进行过预处理。

表 2-1 实验所用原材料及其规格

名 称	化学式/缩写	生 产 厂 家	规格
三聚氰胺	$C_3H_6N_6$	上海阿拉丁生化科技股份有限公司	A. R.
三聚氰酸	$C_3H_3N_3O_3$	上海阿拉丁生化科技股份有限公司	A. R.
全氟磺酸溶液	Nafion	上海格式新能源技术有限公司	5%
钛酸四丁酯	$(C_4H_9O)_4Ti$	上海阿拉丁生化科技股份有限公司	A. R.
丙酮	CH_3COCH_3	国药集团化学试剂有限公司	A. R.
聚乙烯吡咯烷酮	$(C_6H_9NO)_n$	国药集团化学试剂有限公司	A. R.
原硅酸四乙酯	$(C_2H_5O)_4Si$	国药集团化学试剂有限公司	A. R.
氨水	$NH_3 \cdot H_2O$	国药集团化学试剂有限公司	A. R.
间苯二酚	$C_6H_6O_2$	国药集团化学试剂有限公司	A. R.
甲醛	HCHO	国药集团化学试剂有限公司	A. R.
甲醇	CH_3OH	国药集团化学试剂有限公司	A. R.
乙醇	CH_3CH_2OH	国药集团化学试剂有限公司	A. R.
氢氧化钾	KOH	国药集团化学试剂有限公司	A. R.
钛酸异丙酯	$(C_3H_7O)_4Ti$	上海阿拉丁生化科技股份有限公司	A. R.
盐酸	HCl	国药集团化学试剂有限公司	A. R.
硫酸钴	$CoSO_4 \cdot 7H_2O$	上海阿拉丁生化科技股份有限公司	A. R.
矾酸铵	NH_4VO_3	上海阿拉丁生化科技股份有限公司	A. R.
聚环氧乙烷-聚环氧丙烷-聚环氧乙烷三嵌段共聚物	PEO-PPO-PEO（P123）	Sigma Aldrich 试剂	A. R.
硫酸锰	$MnSO_4 \cdot H_2O$	上海阿拉丁生化科技股份有限公司	A. R.
钼酸铵	$(NH_4)_6Mo_7O_{24} \cdot 4H_2O$	上海阿拉丁生化科技股份有限公司	A. R.
硝酸镍	$Ni(NO_3)_2 \cdot 6H_2O$	上海阿拉丁生化科技股份有限公司	A. R.
一氧化钴	CoO	上海阿拉丁生化科技股份有限公司	A. R.

续表 2-1

名称	化学式/缩写	生产厂家	规格
四氧化三钴	CO_3O_4	上海阿拉丁生化科技股份有限公司	A. R.
碳纸	HCP135	上海河森电气有限公司	—
金属锌片/锌箔	Zn	深圳市科天化玻仪器有限公司	—
盐酸	HCl	国药集团化学试剂有限公司	A. R.
二聚氰胺	DCDA	上海阿拉丁生化科技股份有限公司	A. R.
氟化氢	HF	国药集团化学试剂有限公司	A. R.
醋酸铱	$C_{12}H_{18}Ir_3O_{15}$	上海阿拉丁生化科技股份有限公司	A. R.
醋酸锌	$Zn(CH_3COO)_2$	上海阿拉丁生化科技股份有限公司	A. R.
氢氧化钾	KOH	上海阿拉丁生化科技股份有限公司	A. R.
浓硫酸	H_2SO_4	上海阿拉丁生化科技股份有限公司	A. R.
碳纸	—	河森电气有限公司	—
碳布	—	香港理化公司	—
N 甲基吡咯烷酮	NMP	上海阿拉丁生化科技股份有限公司	A. R
聚偏氟乙烯	$-(CH_2\text{-}CF_2)_n-$	比克电池公司	A. R
锂离子常规电解液	$LiFP_6$/EC+DMC+DEC	深圳新宙邦科技股份有限公司	—
锂箔	Li	深圳新宙邦科技股份有限公司	—
隔膜	—	比克电池公司	—
导电炭黑	C	中航锂电	—

实验中所用到的设备见表 2-2。

表 2-2 试验所用设备

设备	型号	生产厂家
恒温加热磁力搅拌器	IKA RCT	德国 IKA
鼓风干燥箱	DGH-9140A	上海精宏实验设备有限公司
超声机	DL-180D	上海之信仪器有限公司
离心机	Centrifuge 5810	eppendorf
冷冻干燥器	FD-1C-50	北京博医康实验仪器有限公司
X 射线衍射仪	D/max-2200/PC	日本 Rigaku 公司
扫描电子显微镜	FEI Nova NanoSEM 2300	美国 FEI 公司
透射电子显微镜	JEM-2100F	日本 JEOL 公司
比表面积分析仪	ASAP2010	美国 Micromeritics 公司
Zeta 电位分析仪	ZS90	英国 Malvern Instruments 公司
X 射线光电子能谱仪	Versa Probe PHI-5000	岛津 Kratos 公司
铜网	T11012	新兴百瑞
精密电子天平	AL 104	Mettler Toledo 有限公司
电化学工作站	CHI 660C	上海辰华仪器有限公司

续表 2-2

设　备	型　号	生 产 厂 家
电池测试系统	LANDCT2007A	武汉市金诺电子有限公司
旋转圆盘圆环电极装置	MSR	美国 Pine 公司
色散型显微拉曼光谱仪	inVia-reflex	德国 Bruker 公司
N_2 马弗炉	N_7/H	德国纳博热 Nabertherm
紫外可见吸收光谱仪	UV-3600	日本岛津
Autolab 电化学工作站		瑞士
蓝电电池测试系统	LAND CT2001A	武汉金诺有限公司
手套箱	Super（1220/750）	米凯罗那（中国）

2.2　材料形貌与结构表征

材料形貌与结构表征主要内容概括如下：

（1）X 射线衍射分析。X 射线衍射分析（X-ray diffraction，XRD）测试的样品均为干燥后的粉末状；CuK_α 辐射，Ni 滤波，光栅系统为 DS = SS = 1°；RS = 0. 15mm；管流 30mA；管压 40kV；扫描区间为 $20° \leqslant 2\theta \leqslant 70°$，扫描速度为 $6°(2\theta)$/min。

（2）扫描电子显微镜测试。扫描电子显微镜（scanning electron microscopy，SEM）。制样为将粉末样品直接黏附在样品台上的导电胶上面；或者将制备的样品的溶液滴在硅片上，干燥后粘在样品台上的导电胶上面进行测试。电子束的激发电压为 5kV。

（3）透射电子显微镜测试。透射电子显微镜（transmission electron microscope，TEM）。样品的制备方法是将样品分散于乙醇后滴在铜网微栅或超薄碳膜上，晾干后进行测试。电子束的激发电压为 200kV。

（4）紫外-可见吸收光谱。紫外可见吸收光谱（UV-visible absorption spectrum）样品的制备方法：取少量样品压在事先压好的硫酸钡上进行测试。

（5）氮气吸附-脱附测试。对于多孔材料来讲，可以通过对恒温吸脱附曲线的分析来计算其比表面积、孔体积和孔径分布等孔结构参数。所采用的主要原理为：当多孔材料表面吸附气体时，表面气体分子随着相对压为的增大，由于受力不均衡会产生一剩余力场，进而对气体分子产生吸附作用。反之，气体分子也会随着相对压力的减小而克服固体表面的引力，从而产生脱附作用。若以相对压力为横坐标、以恒温条件下多孔材料上的气体吸附量为纵坐标作图，可以得到多孔材料相应的吸-脱附平衡等温线。通过该吸-脱附平衡等温线，可以对多孔材料的孔结构参数进行表征。采用美国 MicroActive 公司的 ASAPF2460 型气体吸附仪对多孔材料的比表面、孔体积和孔径分布进行分析。

样品的制备方法：取样品在 200℃ 下预处理 12h 后，在 77. 7K 下 Micromeritics ASAP2010 系列全自动物理化学吸附仪上进行吸附-解吸过程测试，比表面积仪用多点法（brunauer-emmett-teller，BET）计算获得，孔体积和孔径分布由 Barrett-Joyner-Halenda（BJH）法计算得到。

（6）表面光电压测试。表面光电压能谱（SPV）：表面光电压是由自组装的表面光伏技术测量系统测得。表面光伏技术测量系统由光源、锁相放大器、斩波器、计算机和样品池组成。光源是由 500 W 氙灯（CHF-XQ500W，made in China）和石英棱镜双单色仪（HILGER&WATTSD-300，made in England）提供单色光，入口和出口狭缝各为 3 mm，使用 Stanford 斩波器（Model SR540，made in USA）调制光束，调制频率为23Hz；使用 Stanford 锁相放大器将光伏信号放大（Model SR830-DSP Lock-in amplifier，made in USA），由计算机记录和显示实验数据。

表面光电流的测试装置是由光源、锁相放大器、电化学工作站、计算机和样品池组成。其中，光源是由 500W 氙灯（CHF-XQ500W global xenon lamp power，made in China）和石英棱镜双单色仪（HILGER & WATTS D-300，made in England）提供不同波长的单色光，入口和出口狭缝各为 3mm。用电化学工作站在梳状电极两侧施加 10V 电压，并记录表面光电流信号，输入到计算机。梳状电极是 FTO 经过激光刻蚀而成的，刻蚀缝隙宽度是 15m，面积大约为 $2\times3mm^2$，如图 2-1 所示。

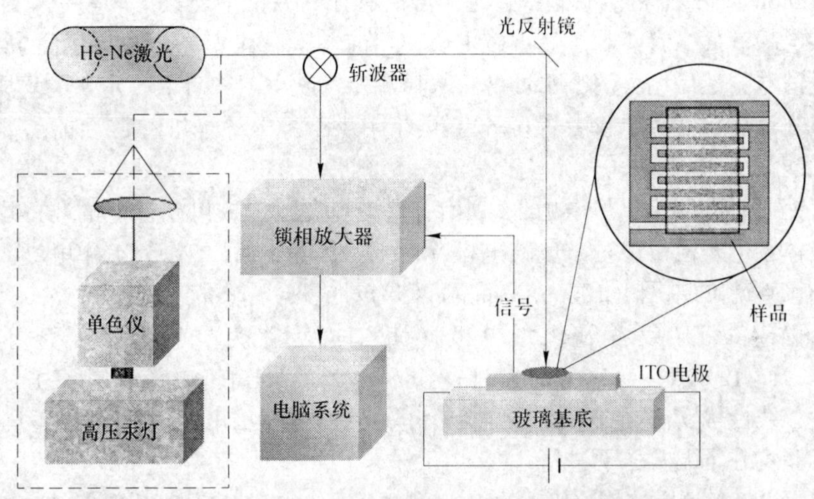

图 2-1 表面光电压和表面光电流检测装置

（7）Zeta 电位分析。Zeta 电势又称电动电势，由于分散离子表面带有电荷而吸引周围电性相反的离子，这些离子在两相界面呈扩散状态分布而形成扩散双电层。稳定层与扩散层内分散介质发生相对移动时的界面是滑动面，该处对远离界面的流体中某点电位称为 Zeta 电势。

（8）拉曼光谱。拉曼光谱（Raman spectra）的测试方法：取少量样品放在载玻片上，在 532 nm 光激发下对样品进行拉曼光谱分析。

（9）X 射线光电子能谱分析。X 射线光电子能谱（X-ray photoelectron spectroscopy，XPS）。使用粉末样品进行测试，测试深度为 5nm，测试范围为 300~700mm。

（10）X 射线吸收精细结构。X 射线吸收精细结构（XAFS）测试：在 SSRF 中的 BL14W1 线站中进行 TiO_2 纳米颗粒、不同 Co 掺杂量的 TiO_2 纳米颗粒、参比样 P25、参比样 CoO 和 Co_3O_4 中的 Co、Ti 的化学环境探讨。首先将样品涂在 Kapton 膜上。测试时，做好以下几个步骤：

1）先通过快速扫描，确定样品中元素 Co 和 Ti 的“吸收边”。

2）通过反复折叠沾有样品的 Kapton 膜来调整样品厚度，使吸收边的跃升（即边前边后吸收系数的变化量约为 1.0。

3）在计算机上设定每一点的采集时间，本实验中的采集积分时间都为 1s。

4）以边为能量零点 E_o，在控制光路参数的计算机上设定 ΔE_o边前 20eV 至边后 50eV 的能量范围，ΔE = 0.5eV；50~200eV 范围内，ΔE = 1eV；200~400 eV 范围内，ΔE = 2eV；400~600eV 范围内，ΔE= 3eV；600~800eV 范围内，ΔE = 4eV；800~1000eV 范围内，ΔE = 5eV。共采集大约 340 个数据点。

5）在每次测定样品前都需要重新核实边的能量位置。

2.3 电化学性能表征方法

电化学性能表征方法步骤如下：

（1）氧还原/氧析出的工作电极制备。称取 5mg 催化剂放入含有 0.8mL H_2O 和 0.05mL Nafion 的 2mL 塑料样品瓶中，超声至所有样品完全呈乳状。取一定量的均质催化剂滴在玻碳电极表面，自然晾干。玻碳电极使用前在覆盖有纳米氧化铝粉末的鹿皮上反复打磨，超声清洗，然后用去离子水冲洗，最后用氮气吹干。或者取一定量的均质催化剂滴在碳纤维纸表面，自然晾干或者置于 60℃ 烘箱中烘干。碳纤维纸在使用前需要用乙醇冲洗后用氮气吹干。

（2）氧还原/氧析出的性能测试。所有样品的电化学合成以及性能的测试均在传统的一室三电极体系电解池中进行。玻碳电极（CCE，Φ = 3.0mm）作为工作电极，由纯铂丝（Φ=1.0mm）编制的铂网（10mm×10mm）作为对电极，饱和甘汞电极（SCE），饱和氯化银电极（Ag/AgCl）或者氧化汞电极（Hg/HgO）作为参比电极。所用电解液有 0.1mol/L KOH、1mol/L KOH、6mol/L KOH 以及 0.5mol/L H_2SO_4 等。测试方法为循环伏安法（CV）、线性伏安法（LSV）、旋转圆环电极测试（RRDE）、计时电流法（i~t）。所有电化学实验均在常温常压下进行。

氧析出（OER）测试：在 OER 的 LSV 测试时，以 10mV/s 扫速在 0~1.5V 的电压范围内进行扫描。电解液有 0.1mol/L KOH、0.5mol/L H_2SO_4 等。

氧还原（ORR）测试：在 ORR 的 LSV 以及 CV 测试时，向电解液中持续通入高纯氧气，使得电极液处于氧气饱和状态，以 10mV/s 扫速在-1.0~0V 的电压范围内进行扫描，旋转电极的转速为 1600r/min。电解液有 0.1mol/L KOH、0.5mol/L H_2SO_4 等。

（3）电催化结果拟合计算方法。电催化过程中的电子转移数采用以下 Koutecky-Levich 曲线拟合得到[1]：

$$\frac{1}{J} = \frac{1}{J_L} + \frac{1}{J_K} = \frac{1}{B\omega^{1/2}} + \frac{1}{J_K} \tag{2-1}$$

$$B = 0.62nF\nu^{-1/6}C_{O_2}D_{O_2}^{2/3} \tag{2-2}$$

式中，J 为测试的电流密度，mA/cm^2；J_L 为扩散电流密度，mA/cm^2；J_K 为动力学电流密度；ω 为旋转电极的转速；n 为催化剂反应过程的电子转移数；F 为法拉第常数；ν 为电解液的黏度；C_{O_2} 和 D_{O_2} 分别代表电解液中的氧浓度以及氧的扩散系数。

（4）电化学阻抗测试。制备的碳材料 Cnet-800℃、g-N-MM-Cnet 和片状碳材料的阻抗谱图用三电极体系测得。把制备好的 ink 滴在玻碳电极上作为工作电极，饱和甘汞电极作为参比电极，铂网作为对电极，测试过程中加 0.85V（相对于 RHE）电压，测试范围是

30kHz~0.1Hz，电解液为O_2饱和的0.1mol/L KOH水溶液[2]。

制备的碳材料Cnet-800℃、g-N-MM-Cnet和片状碳材料的导电性用两电极体系测得。称取5mg催化剂和一定体积的质量分数为10%的PTFE混合后压在泡沫镍上作为工作电极，铂网作为对电极和参比电极。测试过程中加-1.5V电压，测试范围为100kHz~0.01Hz，电解液为O_2饱和的0.1mol/L KOH水溶液。在室温下测得。

(5) 光解水产氢性能测试。称取50mg光催化剂超声（先超声30min后搅拌1h）分散于75mL H_2O和75mL CH_3OH（作为牺牲剂）的混合溶液中，然后倒入光反应器中，其中光反应器的有效受光面积约为40.7cm^2。本测试采用气密性循环测试系统，Pyrex石英玻璃反应器，300W氙灯作为光源（波长200 ~ 1100nm，紫外增强型），产物有热传导气相色谱仪在线监控。整个实验过程在高真空下，反应温度保持在（15±5)℃范围内完成。在进行循环行测试时，每次循环之前补充10mL牺牲剂。

(6) 锌-空气电极的工作电极制备。称取20mg催化剂放入含有1.6mL H_2O和0.2mL Nafion的2mL塑料样品瓶中，超声至所有样品完全呈乳状。取一定量的均质催化剂滴在碳纤维纸表面，自然晾干。碳纤维纸在使用前需要用乙醇冲洗后用氮气吹干。

(7) 超级电容器的工作电极制备。称取40mg催化剂放入含有4mL NMP的10mL玻璃样品瓶中，然后搅拌12h后加入10mg黏结剂PVDF，继续搅拌0.5h，取一定量的均质催化剂涂在碳纤维纸上，自然晾干作为工作电极。

(8) 锌-空气电池的测试方法。将制备的空气阴极、阳极锌片（或锌箔）以及隔膜装配在自制的容器中，空气电极和电解液、空气接触。在原电池中使用6mol/L KOH作为电解液。在两电极可逆锌-空气电池中使用6mol/L KOH和0.2mol/L ZnAc作为电解液，采用LAND测试系统进行充放电循环测试。

(9) 超级电容器的测试方法。所有样品的电化学性能测试均在传统的一室三电极体系电解池中进行。由纯铂丝（Φ=1.0mm）编制的铂网（20mm×20mm）作为对电极，氯化银电极（Ag/AgCl）作为参比电极，0.5mol/L H_2SO_4作为电解液。所有电化学实验均在常温常压下进行。

N-MM-Cnet材料的平均比容量通过CV曲线的面积，用下面方程式进行计算[2]：

$$C = \frac{S_{\mathrm{Area}}}{2mv\Delta V} \tag{2-3}$$

式中，C为超级电容器的平均比容量，F/g；$S_{\mathrm{Area}} = \oint I\mathrm{d}V$为$CV$曲线的积分面积；$m$为活性材料的总质量，g，$v$为扫描速率，V/s；$\Delta V$为电压窗口，V。

根据恒电流充放电，其平均比容量可以通过以下方程式进行计算：

$$C_{\mathrm{V}} = \frac{It}{2\Delta V} \tag{2-4}$$

式中，C_{V}为超级电容器的平均比容量，F/g；I为充放电电流密度，A/g；t为充放电总时间，s；ΔV为电压窗口，V。

(10) 对称性两电极超级电容器的组装。称取40mg催化剂放入含有4mL NMP的10mL玻璃样品瓶中，然后在室温下搅拌12h后加入10mg黏结剂PVDF，继续搅拌0.5h形成黏稠浆液，涂在直径为12nm的碳纸上（已知质量）。置于60℃烘箱中烘干后称取样品和碳纸的质量，计算出样品的实际质量。

（11）对称性两电极超级电容器的测试方法。选择样品实际质量相近的两个电极组装成 CR2016 型的纽扣超级电容器，0.5mol/L H_2SO_4作为电解液，采用玻璃纤维隔膜作为隔膜。纽扣式超级电容器容量的测试方法和三电极相同。使用 CHI-660D 电化学工作站，采用循环伏安法和恒电流计时法测得。其比容量根据测得的恒电流充放电曲线，使用公式 $C = (4I\Delta t)/(m\Delta V)$ 计算出两电极超级电容器的容量。

（12）锂离子电池电极的制备及组装。将电极活性料、导电炭黑和黏结剂按照合适的质量比充分混合（除非特殊情况说明，本书中电极活性料、导电炭黑和黏结剂的质量比为 8∶1∶1），形成均匀的电极浆料，然后涂膜于铜集流体上。对涂覆后的电极片经过干燥处理制成锂离子电池的负极。锂箔为对电极/参比电极，电解液采用 1mol/L $LiPF_6$溶于等体积混溶的 EC：FDEC：FDMC 的混合溶液。隔膜选用 Cdgard 2400 型聚丙烯多孔薄膜。电池的组装顺序依次为：放入电池负极壳、锂片、隔膜、电极片、电解液、垫片、电池正极壳（按自下往上的顺序进行），如图 2-2 所示。整个电池的组装过程位于充满氩气气氛的手套箱中进行。电池装配后放置一定时间，然后进行电化学性能测试。锂离子电池的测试全部为半电池测试。

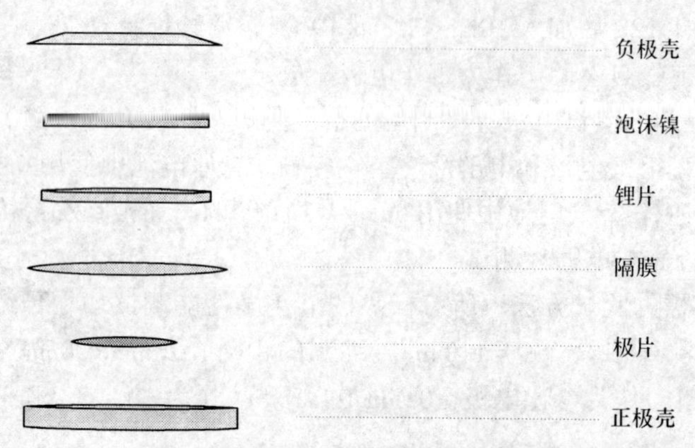

图 2-2　纽扣式电池结构组成示意图

（13）锂离子电池电化学性能测试。

1）恒电流充放电测试。恒电流充放电测试是研究电极材料电化学性能（如比容量）的一种非常重要的分析测试方法。其工作原理是，在恒定的电流下，对锂离子电池进行充放电测试以记录其电池电压随时间的变化关系进而对其电极材料的充放电性能进行研究。由电池的恒电流充放电数据，可以计算得到该电池中电极材料的实际比容量，而通过使用不同的恒电流对锂离子电池进行充放电测试，则可以得到该电池在不同电流下的倍率性能。

对电池进行恒电流充放电测试可以获得电极的时间-电流电压曲线、容量-电压曲线、循环-比容量曲线等，通过分析可以研究电极材料一系列的电化学性能，如循环稳定性、库仑效率等。电池充电过程中电位上升，与锂离子从活性材料脱出相对应。电池放电过程中电位下降，与锂离子嵌入到活性材料中相对应。采用 LANDFCT2001A 电池测试系统对锂离子电池进行测试，在无特殊说明下，测试的电压窗口均为 0.01～3.0V。

2）循环伏安测试。循环伏安法通过控制电极电势在设定的扫描速度下进行循环扫描，并记录电池的电流-电势曲线，进而研究电极材料的电化学反应活性和相应的氧化还原反应的电位，从而确定电极材料电化学反应机理。利用 Autolab 电化学工作站进行电池的循环伏安测试，其中对电极/参比电极为金属锂，工作电极为上述所制备的电极。采用 Autolab 电化学工作站对电池进行循环伏安测试，无特殊说明下，测试的电压窗口均为 0.01~3.0V，扫描速率为 0.1mV/s。

3）交流阻抗测试。交流阻抗法测试锂离子电池是利用小幅度交流电压/电流对电极进行扰动，根据所获得的相关数据，模拟电路元件获得电极的等效电路。通常，锂离子嵌入到电极中包含三个步骤：①锂离子从电解质中迁移到电极表面；②锂离子在电极表面发生吸附形成表面层；③锂离子在电极内部进行扩散，以上三个过程对应于等效电路中所包含的三个电阻：传输电阻、SEI 膜阻抗和电荷传递电阻。采用 Autolab 电化学工作站对电池进行交流阻抗测试，无特殊情况说明下，选用的振幅为 5mV，频率范围为 0.01Hz~100kHz。

参 考 文 献

[1] Lv L B, Ye T N, Gong L H, et al. Anchoring cobalt nanocrystals through the plane of graphene: highly integrated electrocatalyst for oxygen reduction reaction [J]. *Chemistry of Materials*, 2015, 27 (2): 544~549.

[2] Chen J, Xu J, Zhou S, et al. Nitrogen-doped hierarchically porous carbon foam: A free-standing electrode and mechanical support for high-performance supercapacitors [J]. *Nano Energy*, 2016, 25: 193~202.

3 石墨氮掺杂微孔/介孔纳米网状碳材料的制备及其电催化性能研究

3.1 概述

燃料电池、金属-空气电池和氯碱工业等性能取决于材料的电催化性能（比如氧还原反应 ORR 和析氧反应 OER）[1, 2]。电催化性能是由于催化剂的性质决定的。因此氧还原反应（ORR）催化剂是影响燃料电池大规模商业化生产的关键因素之一。实现低成本、高性能阴极氧还原催化剂的生产是实现燃料电池产业化的关键途径。经过人们的辛勤努力，在碳基过渡金属复合材料氧还原催化剂的研究中已取得了丰硕成果。但是在材料的制备过程中仍存在操作过程复杂和耗时费力等缺点，催化剂的催化性能有待提高，循环稳定性和抗甲醇中毒性有待改善等问题。

氮掺杂碳材料，特别是石墨烯材料，具有优异的电催化（如氧还原反应 ORR 和析氧反应 OER）性能，在一定程度上可以取代 Pt/C 催化剂[3]。和贵金属催化剂相比，虽然非金属氮掺杂碳材料在析氧反应中的活性较低，但它具有良好的稳定性、高电导率、高导热性、超大的比表面积，尤其是成本非常低等优点[4, 5~7]。即使对于金属电催化剂，也很难得到既具有良好 ORR 催化活性又有良好的 OER 催化活性和稳定性的材料。目前大多数人把 OER 催化剂和 ORR 催化剂分别负载到不同电极上来构建三电极可逆金属-空气电池，但是这种方法成本高、体积大、能量密度低[8~10]，限制了锌-空气电池的实际应用。

为了得到成本低、容量高以及循环性好的两电极可逆金属-空气电池，首先要提高电催化剂的电催化（ORR 和 OER）活性和稳定性。众所周知，原子掺杂是提高电催化剂电催化性能的有效方法之一，通常氮原子掺杂可以影响附近石墨碳原子的自旋密度和电荷分布，激发附近碳原子的活性，从而可以提高电荷转移效率和催化活性[11, 12]。实验证明，通过控制掺入氮的含量和材料的结构提高石墨碳材料的催化活性[13~16]。通常根据氮原子在碳材料骨架上的位置，可以分为四种氮：石墨氮、吡啶氮、吡咯氮和吡啶氧化物等含氮官能团，见表 3-1。其中，吡啶氮、吡咯氮和吡啶氧化物等含氮官能团位于碳框架的边缘位置，将不可避免地形成空位缺陷，在一定程度上阻碍的电子传输，降低催化反应速率[17~20]。

表 3-1 *N* 掺杂石墨碳中 *N* 原子的键合方式

N 种类	石墨 *N*	*N* 的氧化物	吡咯 *N*	吡啶 *N*
XPS 结合能/eV	401±0.1	402.2±0.1	399.9±0.1	398.5±0.1
结构示意图	N	N OH	N	N

而石墨氮是掺杂在石墨碳材料的六圆环上的氮，有利于促进电子转移和“激活”相邻的碳原子[21]。到目前为止制备的氮掺杂碳材料中含有两种或者两种以上的存在形式的N，缺乏有效的方法来精确地在碳材料的晶格中只掺入石墨氮原子。

除了材料的化学结构，材料的比表面积和孔结构也是影响催化剂活性的重要因素，它们通过调控表面活性位点数量、传质速率、吸附和释放O_2等控制ORR和OER的活性。多孔碳材料具有较多孔和较大孔容，有利于电解质和O_2气等的传输、增加活性位点、提高催化剂的电催化性能[22]。模板法（软模板法和硬模板法）仍然是制备具有超大比表面积的氮掺杂石墨碳催化剂最有效可行的方法之一[23]，而采用其他的合成方法在氮掺杂碳材料中产生的微孔相当有限。由于吡啶氮、吡咯氮和吡啶氧化物等阻碍的电子传输，降低催化反应速率，氮掺杂石墨碳电催化剂仍然不能作为催化活性高，可逆性好和重复性高的空气电极应用在两电极金属-空气电极上。怎样使氮原子准确地替代石墨碳原子，并且得到具有超高比表面积和孔结构的三维碳材料，是目前面临的一大挑战。选择合适的模板剂，一方面用于合成多孔的碳材料，另一方面和边缘氮原子发生反应，消耗掉边缘氮原子，从而生成石墨氮掺杂的多孔碳材料。

3.2 g-N-MM-Cnet 催化剂及对比样品的制备

3.2.1 g-N-MM-Cnet 催化剂的制备流程图

P123（全称聚环氧乙烷-聚环氧丙烷-聚环氧乙烷三嵌段共聚物，其分子式为PEO-PPO-PEO），是一种三嵌段共聚物，在不同实验条件条件下，很容易发生自组装构建胶束、层状等不同形状的有机聚合物或者易溶相，可以通过调节溶剂、化学助剂和温度等控制其形貌和尺寸大小。P123三嵌段共聚物的自组装还受无机物质表面或者界面的强相互作用的影响，在合成孔结构材料中，可作为两亲性化合物被用作模板剂。除此之外，它含碳量比较高，作为碳源，碳化后形成不同形貌的碳材料。二聚氰胺（又名双氰胺，其化学式为CH_4N_4，简称为DCDA），含有丰富的氮源，在合成氮掺杂碳材料或者氮化物（如TiN、VN等）的过程中可用作氮源[24]。

如图3-1所示，首先钛酸异丙酯水解生成TiO_2纳米颗粒镶嵌在P123自组装形成的线状化合物中，然后加入DCDA，在60℃油浴锅中蒸干除去水和乙醇溶液得到白色粉末，置于高温N_2马弗炉中煅烧，一方面是使得到的超分子自组装化合物碳化，得到TiN/C复合物，其中碳材料是氮掺杂的碳材料。高温煅烧的另一目的是使一部分TiO_2在高温条件下和碳材料表面的氮发生化学反应生成TiN。最后通过化学腐蚀的方法除去TiN，就可以得到含有多孔的石墨氮掺杂碳材料。

3.2.2 g-N-MM-Cnet 催化剂及参比样品的制备

石墨氮掺杂多孔网状碳材料（简称g-N-MM-Cnet）的合成：采用硬模板法制备g-N-MM-Cnet催化剂，模板剂是由钛酸异丙酯水解产生的二氧化钛。取4mL TTIP和1.05g P123置于10mL玻璃瓶中搅拌5~8h，使两者完全混合形成透明溶液A。在100mL烧杯中加入32mL乙醇和一定量的盐酸，搅拌后形成含有盐酸的乙醇溶液B。把溶液A逐渐滴加到含有盐酸的乙

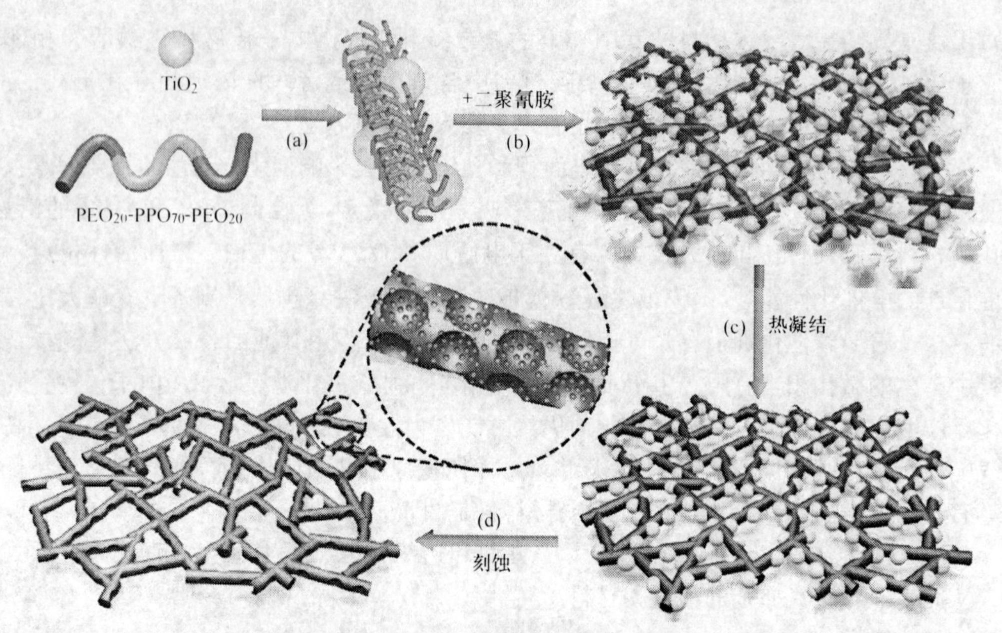

图 3-1 g-N-MM-Cnet 催化剂的合成过程

(a) P123 自组装，钛酸异丙酯水解生成 TiO_2 纳米颗粒；(b) 加入 DCDA，除去水和乙醇溶液；

(c) 在高温条件下，N_2 氛围中，碳化获得 TiN@ C 或者 TiO_2@ C 材料；

(d) 通话化学腐蚀方法除去含 Ti 物种，得到多孔材料

醇溶液 B 中搅拌 10min 后加入一定量的蒸馏水，室温下继续搅拌 30min 后，置于 40℃ 油浴锅中反应 12h（持续搅拌）。然后加入 2. 8g DCDA，在 60℃ 下搅拌蒸干，然后置于氮气马弗炉中 800～1000℃ 下煅烧 1h。自然冷却至室温后，在 20% HF 水溶液搅拌 12h 后，用蒸馏水和乙醇反复洗涤后置于 60℃ 烘箱中烘干即可得到 g-N-MM-Cnet 催化剂。

片状碳（layered carbon）材料的制备：为了考察模板剂对催化剂的影响，合成过程中不加入钛酸异丙酯，在 100mL 烧杯中加入 32mL 乙醇和一定量的盐酸，搅拌后形成含有盐酸的乙醇溶液。取 1. 05g P123 加入上述溶液中搅拌 10min 后加入一定量的蒸馏水，继续搅拌 30min 后，置于 40℃ 油浴锅中反应 12h。然后加入 2. 8g DCDA，在 60℃ 下蒸干，然后置于氮气马弗炉中 800～1000℃ 下煅烧 1h。自然冷却至室温后，在 20% HF 水溶液搅拌 12h 后，用蒸馏水和乙醇反复洗涤后置于 60℃ 烘箱中烘干即可得到 g-N-MM-Cnet 催化剂。制备不同催化剂的反应条件见表 3-2。

表 3-2 layered carbon、g-N-MM-Cnet 和其他各种碳材料包括 Cnet-600℃、Cnet-800℃和 Cnet-900℃的反应条件

样品名称	TTIP/P123/浓盐酸/水/乙醇的摩尔比	二聚氰胺/g	煅烧温度/℃
Cnet-600℃	1 : 0. 0135 : 0. 52 : 16 : 40	2. 8	600
Cnet-800℃	1 : 0. 0135 : 0. 52 : 16 : 40	2. 8	800
Cnet-900℃	1 : 0. 0135 : 0. 52 : 16 : 40	2. 8	900
g-N-MM-Cnet	1 : 0. 0135 : 0. 52 : 16 : 40	2. 8	1000
layered carbon	0 : 0. 0135 : 0. 52 : 16 : 40	2. 8	1000

与合成的 g-N-MM-Cnet 催化剂相比较，使用商品化的 Pt/C（20% Pt）作为 ORR 催化反应的参比样品，除此之外合成 Ir/C（20% Ir）作为 OER 反应的参比样品。Ir/C（20% Ir）催化剂的合成方法如下：称取 100mg 火山碳（Vulcan XC 72R）和一定量的醋酸铱分散到水中，搅拌 12h 后，置于冷冻干燥机中干燥。干燥后的粉末置于管式炉中，在氢气和氩气的混合气中（5% H_2，95% Ar）450℃下煅烧 2h。

3.3 结果与讨论

3.3.1 硬模板剂对 g-N-MM-Cnet 催化剂形貌的影响

首先探讨钛酸异丙酯（TTIP）作为钛源水解后生成的 TiO_2 纳米颗粒作为硬模板剂对碳材料形貌的影响。

从图 3-2（a）和（b）中可以看出，在合成过程中加入 TTIP，会有大量的网状结构的碳材料出现。作为对比，在合成过程中不加入 TTIP，得到的是片状的碳材料。这说明，TTIP 水解后生成的 TiO_2 纳米颗粒在制备网状碳材料的过程中可以起到模板剂和结构导向剂的作用，这主要是因为 P123 三嵌段共聚物的自组装受无机物质表面或者界面的强相互作用影响。在 HF 酸中搅拌除去模板剂，用蒸馏水和乙醇洗涤后得到的 g-N-MM-Cnet 材料的扫描电镜图如图 3-2（c）和（d）所示，样品的形貌为由长度不同的纳米线结合在一起形成的网状结构。

为了确定 g-N-MM-Cnet 材料的孔结构以及微观结构，我们将样品超声分散于乙醇中，滴在喷有超薄碳膜的铜网上进行透射电镜和高分辨透射电镜测试。通过透射电镜（TEM）

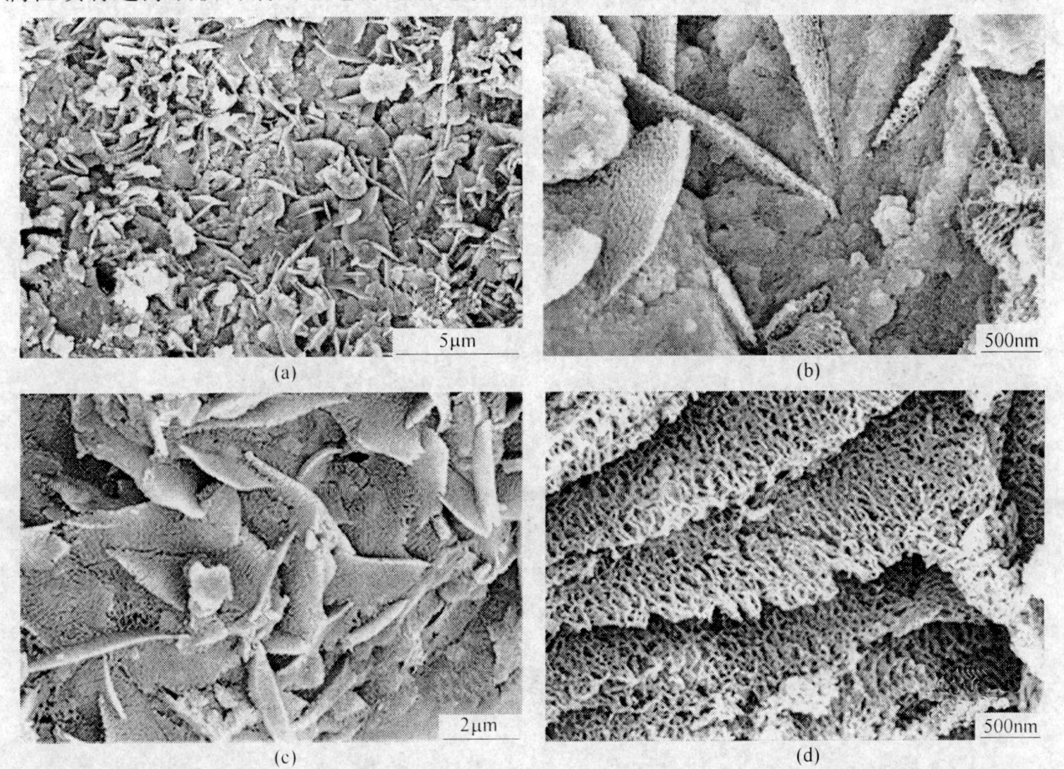

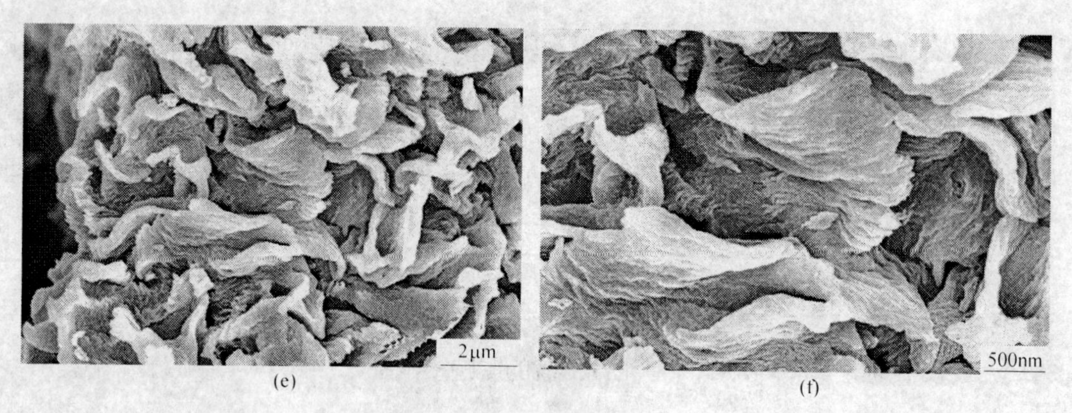

(e)　(f)

图 3-2　(a), (b) 不同 TTIP 条件下合成的碳材料 SEM 图; (e), (f) 不加 TTIP 条件下合成的碳材料的 SEM 图 (煅烧温度和时间: 1000℃, 1h); (c), (d) 除去模板剂后得到的 g-N-MM-Cnet 材料的 SEM 图

图直观地证明，g-N-MM-Cnet 材料是一种多孔材料，如图 3-3 (a) 所示。制备出的 g-N-MM-Cnet 材料中含有大量的介孔，而在制备过程中不加入 TTIP，制备的片状碳材料中 (图 3-3 (d)) 有少量的介孔，证明了 TTIP 水解产生的 TiO_2 是一种有效的制备多孔材料的模板剂。

从图 3-3 (b) 中可以看出，g-N-MM-Cnet 材料中有石墨烯层出现，表明 g-N-MM-Cnet 是一种石墨化程度较高的碳材料。然而对于片状碳材料，也含有石墨烯层结构。为了进一步分析 g-N-MM-Cnet 材料中各中元素的分布情况，对 g-N-MM-Cnet 材料进行了透射电子能谱面扫描 (Mapping) 分析，如图 3-3 (c) 所示，C 元素的分布与面扫描电镜中的透射图轮廓基本重合，可能由于部分 N 原子和 Ti 原子结合生成 TiN，除去 TiN 后造成 N 元素的

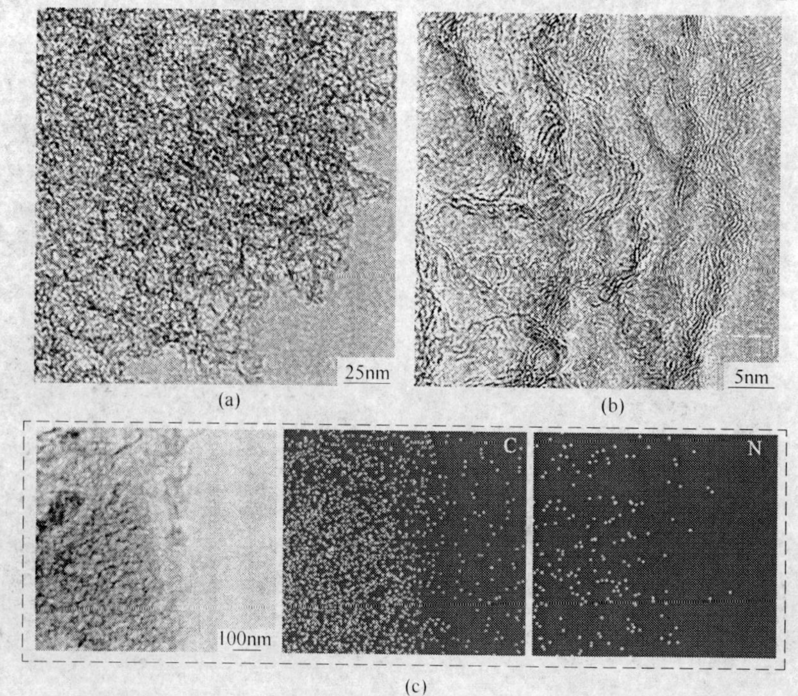

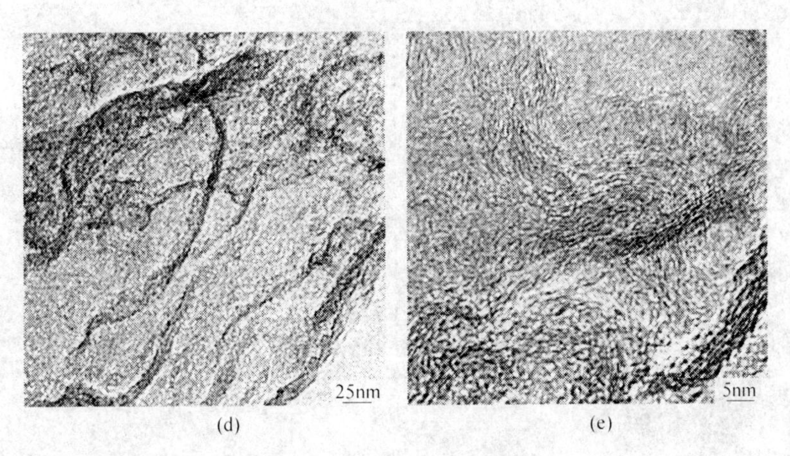

(d) (e)

图 3-3 (a), (b) g-N-MM-Cnet 材料的 TEM 图和 HRTEM 图; (c) g-N-MM-Cnet 样品的元素分布图; (d), (e) 片层碳材料的 TEM 图和 HRTEM 图

含量较低，但是 N 元素的分布与 C 元素的分布基本重合，说明 g-N-MM-Cnet 材料中的 N 元素均匀分布在 C 材料中。

通过 XRD 进行物相分析结果表明（图 3-4（a）），制备的 g-N-MM-Cnet 材料和片状碳材料在 2θ 为 25.71°和 43.43°处有明显的特征衍射峰，其中 $2\theta=25.6°$ 对应的是少数层石墨烯的（002）衍射峰，$2\theta=42.7°$ 对应于石墨的（100）衍射峰，表明了合成的碳材料中有含有石墨碳结构，均为石墨化的碳材料。和 HRTEM 得到的结果一致。

此外，从拉曼（Raman）谱图中可以看出（图 3-4（b）），图中 G 带（$1594cm^{-1}$）为样品中石墨碳的特征峰，而 I_D/I_G 则反映 sp^2 杂化的碳材料中缺陷的比例，这些缺陷包括石墨烯的结构缺陷和引入 N 原子后出现的杂原子缺陷[25]。g-N-MM-Cnet 材料和片状碳材料中均含有石墨烯层结构，也含有缺陷。从图中可以看出，g-N-MM-Cnet 材料和片状碳材料的 I_D/I_G 值相近，说明模板剂对碳材料的石墨化程度影响较小。

比表面积是影响催化剂催化活性的重要因素，这是因为催化反应活性位点的数量直接影响催化剂的最终催化效率。为了得到 g-N-MM-Cnet 材料和片状碳材料的比表面积和孔径分布图，我们进行了 N_2 吸附-脱附实验，测试结果如图 3-4（c）和（d）所示。从图 3-4（d）中可以看出，g-N-MM-Cnet 材料中既有介孔，也含有大量的微孔。微孔/介孔有利于提高催化剂的活性，介孔有利于电解液和气体穿过，微孔的存在可以增加材料的比表面积和活性位点，提高催化剂的活性。

根据 N_2 吸附-脱附测试结果，得到 g-N-MM-Cnet 和片状碳材料的比表面积、平均孔径和孔容大小，见表 3-3。使用 TTIP 水解后得到的 TiO_2 作为硬模板剂制备的 g-N-MM-Cnet 碳材料的比表面积高达 $1947m^2/g$，而在合成中不加入 TTIP 制备的片状碳材料的比表面积仅为 $106.8m^2/g$。g-N-MM-Cnet 碳材料总的孔容高达 $2.67cm^3/g$，与此相比，片状碳材料的总孔容仅为 $0.47cm^3/g$。根据计算得到的 g-N-MM-Cnet 材料的平均孔径为 5.66nm，远小于片状碳材料的平均孔径（17.42nm）。g-N-MM-Cnet 材料的微孔孔容远远大于层状材料的微孔孔容，层状材料的微孔孔容可以忽略不计。综上所述，TTIP 水解后得到的 TiO_2 在合成多孔 g-N-MM-Cnet 材料过程中可以起到模板剂和结构导向剂的作用。

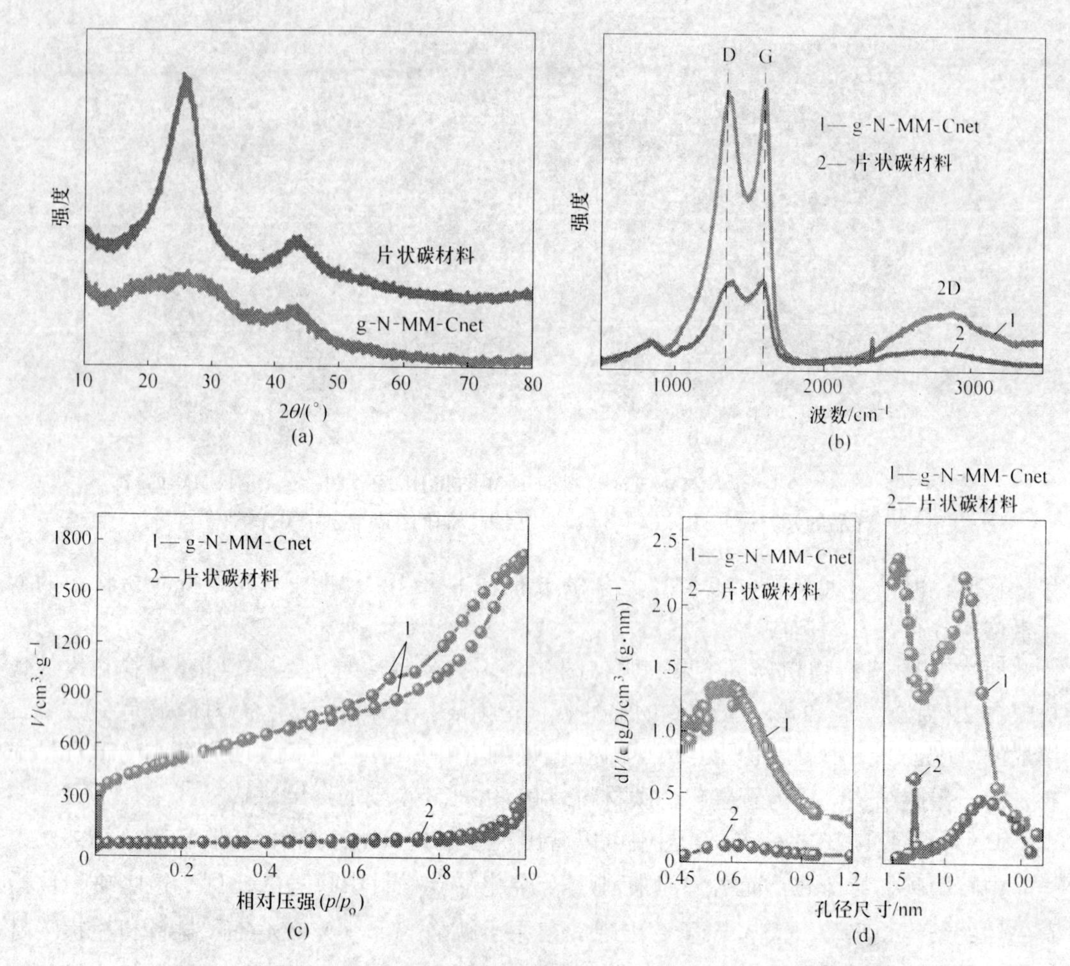

图 3-4　（a）g-N-MM-Cnet 和片状碳材料的 XRD 谱图；（b）拉曼谱图；（c）氮气吸附-脱附曲线；（d）微孔和介孔的孔径分布图

表 3-3　g-N-MM-Cnet 和片状碳材料的比表面积、平均孔径大小和孔容

样品名称	比表面积 /$m^2 \cdot g^{-1}$	总的孔容积 /$cm^3 \cdot g^{-1}$	平均孔径（吸附）/nm	微孔孔径 /nm	微孔孔容积 /$cm^3 \cdot g^{-1}$
layered carbon	106.8	0.47	17.42	0.6	0.03
g-N-MM-Cnet	1947	2.67	5.66	0.6	0.58

注：所有的参数根据氮气吸附/脱附曲线计算得到。

图 3-5 为 g-N-MM-Cnet 和片状碳材料的 XPS 谱图以及 N1S 的精细谱图。从图中可以看出，只有 C、N 和 O 三种元素存在与 g-N-MM-Cnet 和片状碳材料中，与片状碳材料相比，g-N-MM-Cnet 材料的 N 元素的峰较弱，说明 N 含量较少。从图 3-5（c）中可以看出，g-N-MM-Cnet 材料中只含有石墨氮，而片状碳材料中既有石墨氮还有吡啶氮。

为了能直观地看出 g-N-MM-Cnet 和片状碳材料中 C、N、O 三种元素的含量，对 XPS 的测试结果进行了总结，见表 3-4。和片状碳材料相比，g-N-MM-Cnet 材料中 N 含量较低，可能是由于 TTIP 水解生成的 TiO_2模板剂在高温下和 N 元素发生反应生成 TiN，消耗了一部分 N 元素引起的。

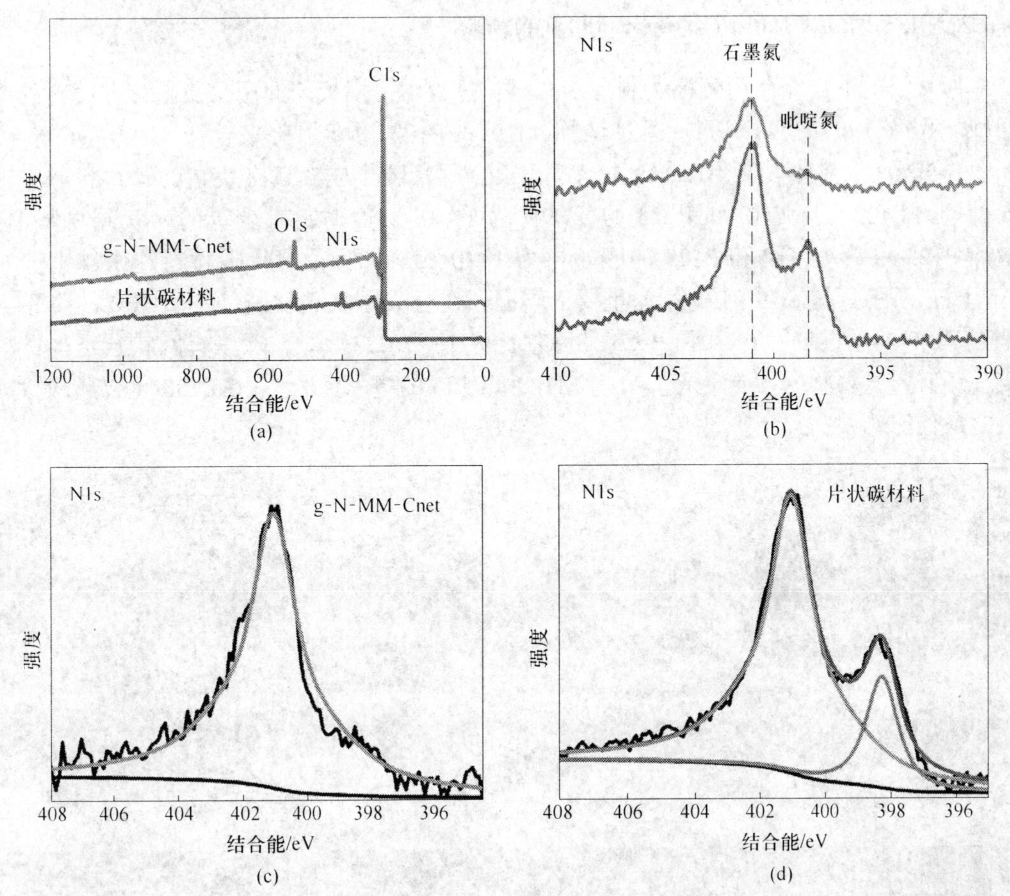

图 3-5 （a）g-N-MM-Cnet 和片状碳材料的 XPS 谱图；（b）~（d）N1s 的精细谱图

表 3-4 g-N-MM-Cnet 和片状碳材料中 C、N 和 O 元素的含量

样品名称	元素组成/%			在 N1s 中所占的百分比/%	
	C	N	O	吡啶氮	石墨氮
layered carbon	91.54	5.26	3.2	17.07	82.93
g-N-MM-Cnet	93.5	2.08	4.42	0	100

如图 3-5（c）和（d）所示的 N1s 精细谱图，g-N-MM-Cnet 材料中 N1s 峰分峰后只有石墨氮的峰存在，而片状碳材料中 N1s 峰分峰后存在石墨氮和吡咯氮两种氮的存在形式。我们把 N1s 分峰后的不同种类 N 的含量进行了归纳总结，g-N-MM-Cnet 材料中石墨氮的含量占总含氮量的 100 %[26]。而石墨氮在片状碳材料中占总含氮量的 82.93 %。从而进一步说明了 TTIP 水解生成的 TiO_2模板剂在高温下和碳材料中的 N 元素发生反应生成 TiN，消耗了边缘 N 元素。

综上所述，TTIP 水解生成的 TiO_2纳米颗粒在合成 g-N-MM-Cnet 材料中有以下几个作用：（1）作为结构导向剂制备由纳米线组成的网状材料；（2）作为模板剂；（3）消耗边缘 N，得到只含有石墨氮原子的碳材料。因此，TiO_2纳米颗粒在合成只有石墨氮掺杂的多孔碳材料中起着至关重要的作用。

3.3.2 P123 对 g-N-MM-Cnet 催化剂形貌的影响

通常情况下，在使用模板法制备多孔材料过程中，模板剂的用量影响多孔材料的比表面积、孔径分布、孔容积等。通过调控 TTIP 和 P123 的摩尔比来合成 TiN/Cnet 复合物，如图 3-6 所示，在不加入 P123 的情况下，没有网状碳形成，只有块状的碳材料形成。加入少量的 P123，当 TTIP 和 P123 的摩尔比为 1：0.0068 时，有少量的网状碳材料形成，增加 P123 的量（TTIP 和 P123 的摩尔比为 1：0.0135 时），网状碳材料越来越多，如图 3-6（c）所示。这说明 P123 作为重要的碳源，在合成网状碳材料中起着重要的作用。但是当 P123 的量过多（TTIP 和 P123 的摩尔比为 1：0.027）时，除了有网状碳结构材料形成，还有大量块状的物质生成。因此 TTIP 和 P123 的摩尔比为 1：0.0135 是合成网状碳材料的最佳比例。

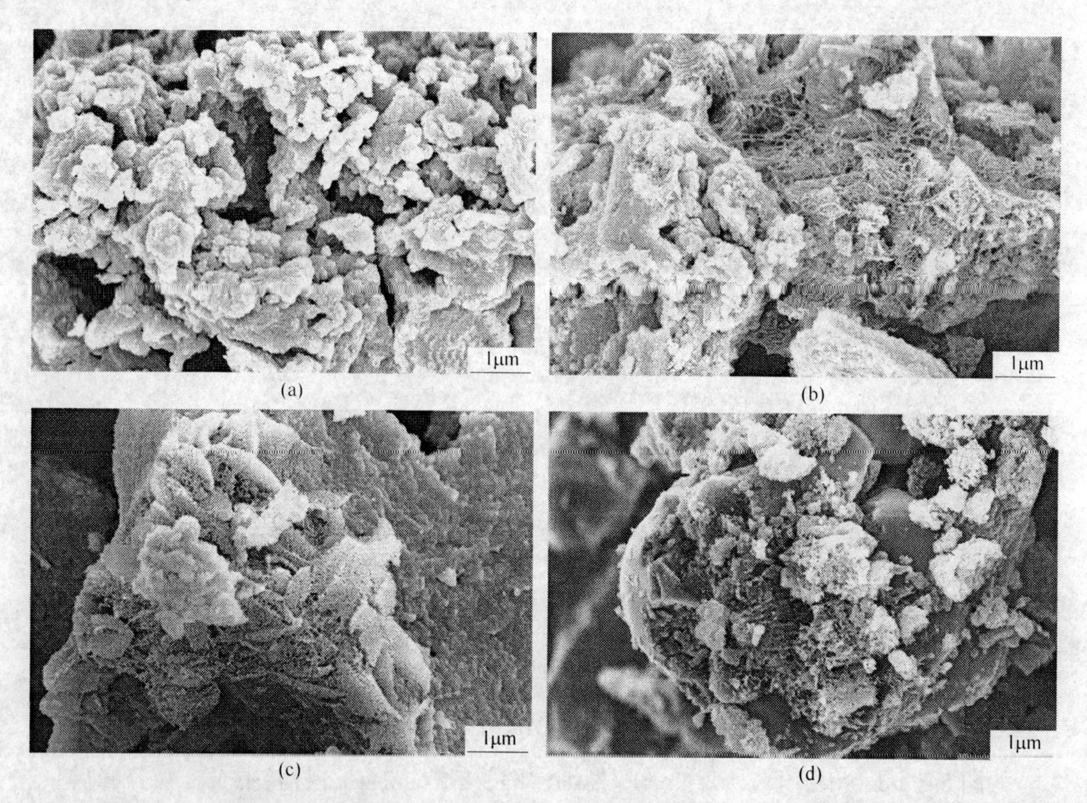

图 3-6 在不同 TTIP 和 P123 摩尔比下合成 TiN/Cnet 复合物的 SEM 图（煅烧温度和时间：800℃，1h）
（a）1：0；（b）1：0.0068；（c）1：0.0135；（d）1：0.027

通过 XRD 结果进行物相分析表明（图 3-7），制备的 TiN/Cnet 复合物样品的衍射峰尖锐并且无任何杂质峰，说明样品的结晶度良好，除了 TiN 和网状碳材料的衍射峰之外，无其他峰出现，说明无杂质残余。其中在 26°左右的峰为石墨烯材料的特征峰，其他衍射峰与 TiN 的标准谱图完全一致（JCPDS 卡片 No. 21-1272）。从图 3-7 中可以看出，经过 800℃煅烧后，通过控制不同 TTIP 和 P123 摩尔比可以得到不同含碳材料的复合物，随着 P123 的增加，26°左右的峰逐渐增强，证明了碳材料的含量逐渐增加，进一步说明 P123 是合成 TiN/Cnet 复合材料的重要碳源。

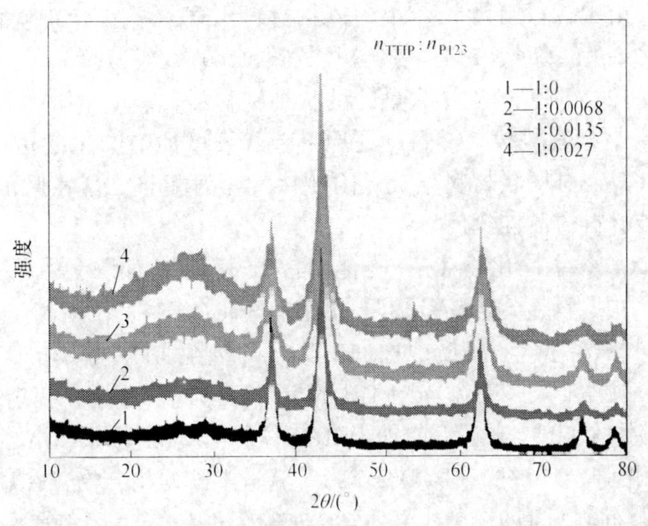

图 3-7 在不同 TTIP 和 P123 摩尔比下合成的 TiN/Cnet 复合物 XRD 谱图（煅烧温度和时间：800℃，1h）

3.3.3 DCDA 对 g-N-MM-Cnet 催化剂形貌的影响

除了考察 P123 在合成网状碳材料中起到的重要作用，还考察了二聚氰胺对合成网状结构材料的影响，如图 3-8 所示。在加入少量 DCDA（TTIP 和 DCDA 摩尔比为 1：0.6）

图 3-8 在不同 TTIP 和 DCDA 摩尔比下合成的 Ti 化物/Cnet 复合物的 SEM 图（煅烧温度和时间：800℃，1h）
(a) 1∶0.6；(b) 1∶1.2；(c) 1∶2.5；(d) 1∶6

时，没有网状材料出现，只有颗粒较小的棒状材料出现，增加 DCDA 的量至钛酸异丙酯和 DCDA 摩尔比为 1∶1.2 时，只有不同粒径的颗粒出现。继续增加 DCDA 的量至 TTIP 和 DCDA 摩尔比为 1∶2.5 时，产生了大量的网状结构材料，表明 DCDA 不仅是合成 N 掺杂碳材料的 N 源，也是合成网状碳材料的还原剂。继续增加 DCDA 的量，除了有少量网状结构材料出现之外，还有块状材料生成。因此钛酸异丙酯与二聚氰胺的摩尔比为 1∶2.5 时，为制备网状碳材料的最佳比值。

同时考察了 DCDA 对 Ti 化物/Cnet 复合物晶型的影响，如图 3-9 所示。在合成 Ti 化物/Cnet 复合物过程中，当加入 DCDA 的量（TTIP 和 DCDA 摩尔比不高于 1∶1.2）较少时，只有二氧化钛材料的衍射峰。成倍地增加 DCDA 的量至 TTIP 和 DCDA 摩尔比为 1：2.5 时，二氧化钛的衍射峰消失，有微弱的 TiN 的衍射峰出现，并且在衍射角为 26°时有微弱的峰，这说明有碳材料出现。继续增加 DCDA 的量至 TTIP 和 DCDA 摩尔比为 1：6 时，TiN 的衍射峰明显增强，这说明，DCDA 作为含氮量丰富的化合物，在高温下可以和 Ti 结合生成 TiN 无机材料，并且在衍射角为 26° 处的衍射峰强度稍微增强。进一步证明了 DCDA 不仅作为 N 源可以和 Ti 结合生成 TiN 无机材料，还可以为氮掺杂碳材料提供氮源和合成碳材料的还原剂。

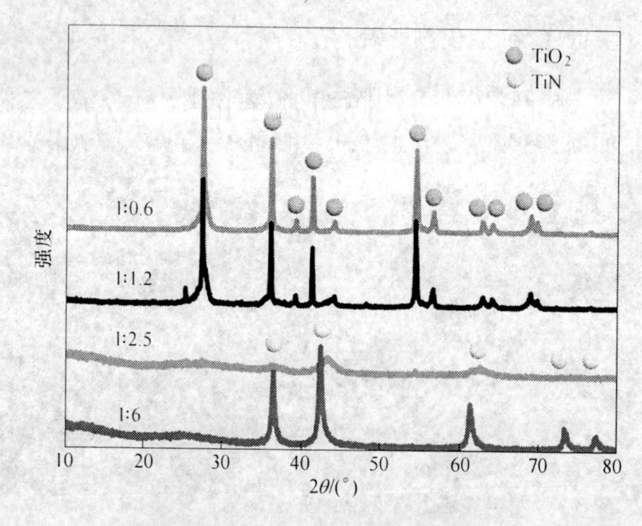

图 3-9　在不同 TTIP 和 DCDA 摩尔比下合成的 Ti 化物/Cnet 复合物的 XRD 谱图（煅烧温度和时间：800℃，1h）

3.3.4　煅烧温度对 g-N-MM-Cnet 催化剂形貌和结构的影响

众所周知，煅烧温度对 N 掺杂碳材料中 N 含量和种类有很大的影响，不仅考察了三嵌段共聚物 P123 和二聚氰胺对合成 N 掺杂网状碳材料的影响，还探索煅烧温度对 N 掺杂碳材料的影响，如图 3-10 所示。在不同的温度下煅烧后，都有大量的网状碳材料形成，这说明不同的煅烧温度对网状碳材料的形貌几乎没有影响。

煅烧温度是样品的种类、结晶度和晶型的重要影响因素，对不同煅烧温度下形成的 Ti 化物/Cnet 复合物的 XRD 谱图进行了研究。如图 3-11 所示，在 600℃下煅烧 1h 后，形成的 Ti 化物为锐钛矿相 TiO_2 材料。增加煅烧温度至 800℃及以上，锐钛矿 TiO_2 材料的衍射峰消失，在 2θ 角为 36.91°、43.11°、62.61°、74.11°和 77.91°处出现了明显的衍射峰，根据 JCPDS 卡片 No. 38-1420，这些衍射峰分别对应于 TiN 材料的（111）、（200）、（220）、（311）和（222）晶面。说明在温度高于 800℃ 时有 osbornite（面心立方（fcc））相 TiN 材料生成，并且 TiN 材料的衍射峰随着煅烧温度的增加逐渐增强。结合图 3-10 可知，煅烧温度的变化只是引起钛化合物种类的变化，对网状碳材料的形貌几乎没有影响。

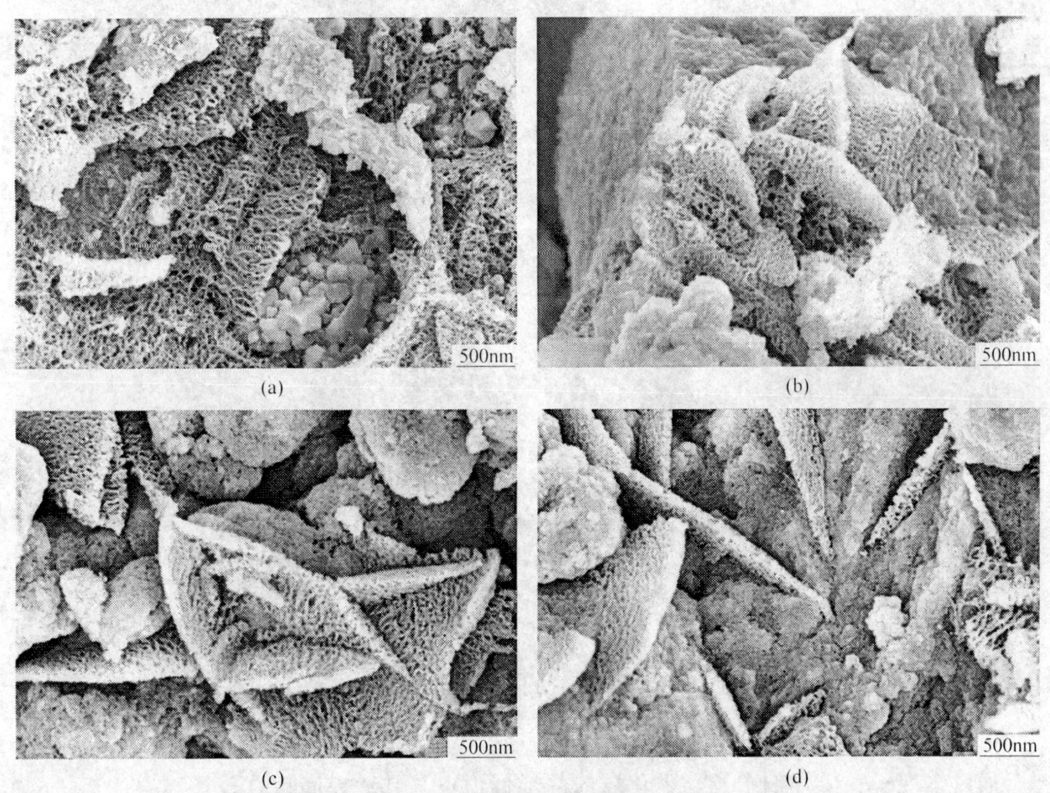

图 3-10 在不同温度下煅烧后形成的 Ti 化合物/Cnet 复合物 SEM 图

（a）600℃；（b）800℃；（c）900℃；（d）1000℃

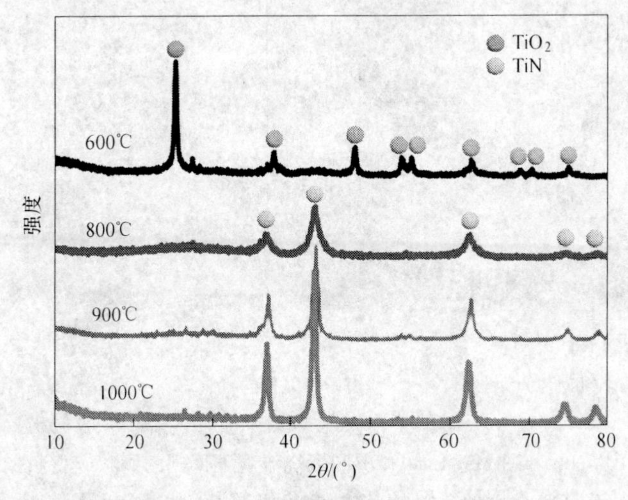

图 3-11 在不同温度下煅烧后形成的 Ti 化物/Cnet 复合物 XRD 图

使用HF水溶液除去TiO_2或者TiN后得到的碳材料如图3-12所示，所有的碳材料均为由纳米线组成的网状结构。与图3-10相比，用HF处理前后，网状结构几乎没有发生变化，说明网状碳材料具有超强的耐酸性。

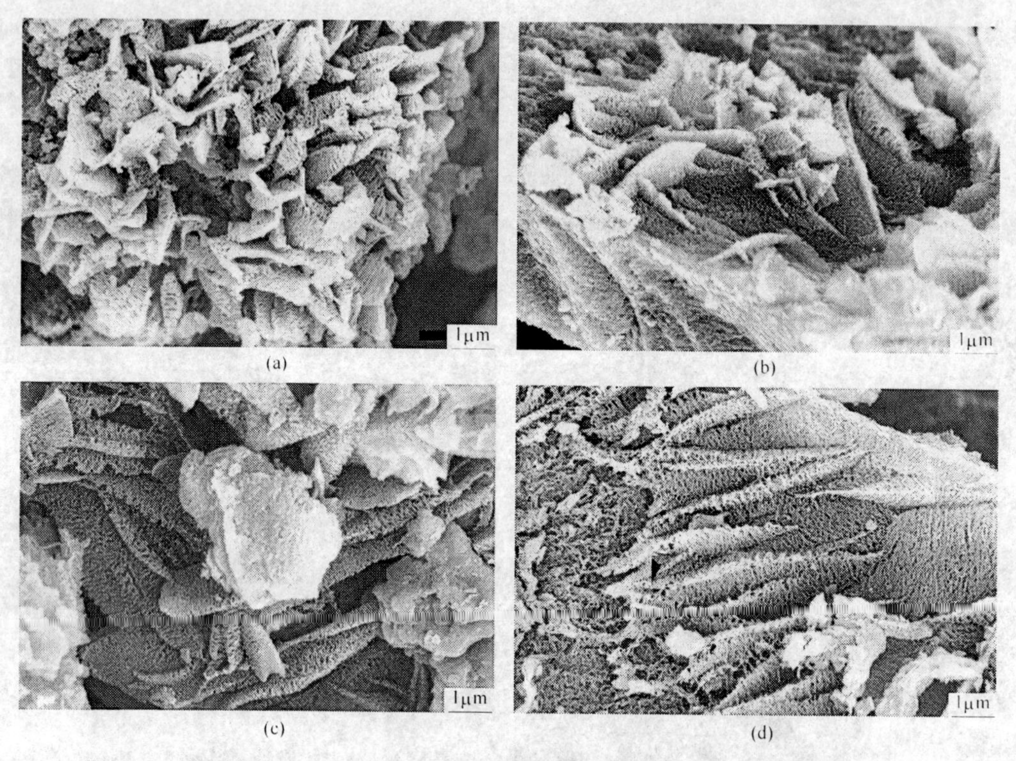

图3-12　除去模板剂后，g-N-MM-Cnet在不同煅烧温度下得到的网状碳材的SEM图
（a）600℃；（b）800℃；（c）900℃；（d）1000℃

通常情况下，催化剂中参与催化反应的活性位点与其比表面积有着直接的关系，决定了催化剂的催化性能。为了考察煅烧温度对网状碳材料比表面和孔径的影响，对不同煅烧温度下制备的网状碳材料进行了N_2的吸附-脱附测试，结果如图3-13所示。从图中可以看

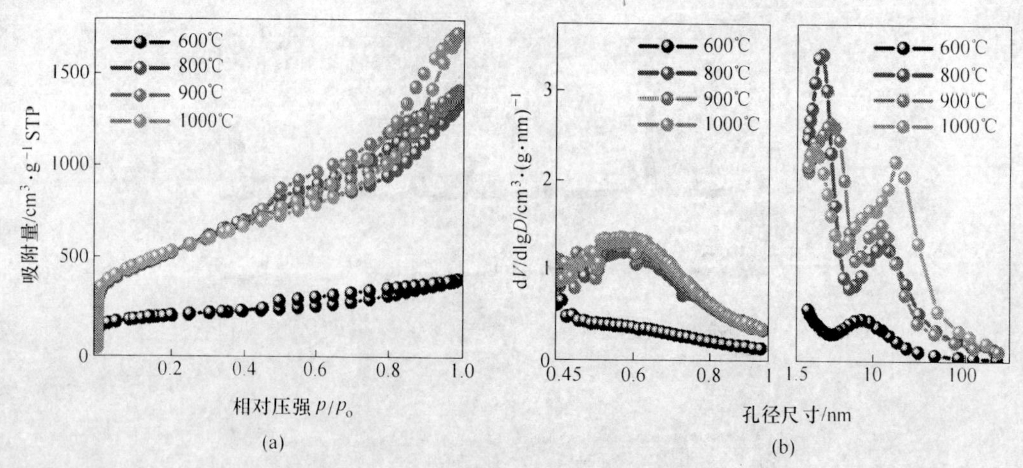

图3-13　g-N-MM-Cnet和不同煅烧温度下得到的网状碳材料的
N_2吸附-脱附曲线图（a）和微孔和介孔的孔径分布图（b）

出，在合成过程中加入钛酸异丙酯，随着煅烧温度的增加，得到的网状碳材料的比表面积增大，且当煅烧温度高于800℃时含有明显的微孔结构。

表3-5为不同煅烧温度下得到的网状碳材料比表面积、平均孔径和孔容的大小分布。当煅烧温度从600℃增加到1000℃时，制备的网状碳材料的比表面积也随之从600.8m^2/g增加到1947m^2/g，在600℃下煅烧后的样品的总孔容为0.59cm^3/g，当煅烧温度增加到1000℃时得到的网状碳材料的总孔容高达2.67cm^3/g，微孔孔容是Cnet-600℃材料的2.76倍。

表3-5 g-N-MM-Cnet和不同煅烧温度下得到的网状碳材料的比表面积、平均孔径和孔容

样品名称	比表面积 /$m^2 \cdot g^{-1}$	总的孔容积 /$cm^3 \cdot g^{-1}$	平均孔径（吸附）/nm	微孔孔径/nm	微孔孔容积 /$cm^3 \cdot g^{-1}$
Cnet—600℃	600.8	0.59	5.64	0.60	0.21
Cnet—800℃	1843.3	2.09	4.38	0.64	0.55
Cnet—900℃	1841.5	2.19	4.63	0.63	0.58
g-N-MM-Cnet	1947	2.67	5.66	0.64	0.58

注：所有的参数根据氮气吸附/脱附曲线计算得到。

综上所述，高温煅烧可以得到大比表面积、大孔容的碳材料，可能是因为在超过800℃温度煅烧下，一部分TiO_2和碳材料的N元素发生反应，生成TiN，除去TiN后形成更多的孔。总之，形成的TiN是一种制备高比表面积、大孔容的碳材料更为有效的模板剂。

g-N-MM-Cnet和不同煅烧温度下得到的网状碳材的拉曼谱图如图3-14所示。从拉曼图3-14中可以看出，图中G带（1594cm^{-1}）为样品中石墨化碳的峰，而D（1353cm^{-1}）带则反映sp^2杂化的碳材料中缺陷的比例，这些缺陷包括石墨烯的结构缺陷和引入N原子后出现的杂原子缺陷。随着煅烧温度的变化，I_D/I_G没有明显的变化，说明不同煅烧温度下得到的网状碳材料中的石墨碳和缺陷碳的比例几乎没有发生改变。因此在以下讨论不同催化剂的催化活性影响因素中，忽略石墨碳和缺陷碳对其催化活性造成的影响。

图3-15为在不同煅烧温度下得到的网状碳材料的XPS谱图。从图中可以看出，制备的所有样品中只含有C、N、O三种元素。根据XPS测试中得到的Cnet-600℃、Cnet-800℃、Cnet-900℃和g-N-MM-Cnet样品中各个元素的含量见表3-6。随着煅烧温度的增加，N含量逐渐降低，Cnet-600℃样品中的N含量高达17.59%，而Cnet-800℃样品中的N含量为6.51%，N含量迅速降低的原因一方面是由于煅烧温度高于800℃时，C—N键不稳定，发生分解导致的。另一方面是高温条件下TiO_2和N元素发生反应生成TiN，消耗了碳材料中的N元素引起的。

根据XPS测得的N1s精细谱，利用XPSPEAK软件对不同样品的N1s精细谱图进行分峰拟合（图3-15（b）和（d））。Cnet-600℃和Cnet-800℃样品中有吡啶氮、吡咯氮和石墨氮三种存在形式，和Cnet-600℃样品相比较，Cnet-800℃样品中吡咯氮的含量明显降低，表明煅烧温度高于800℃时，吡咯氮开始分解，到900℃时，吡咯氮完全消失，在Cnet-900℃样品中只有吡啶氮和石墨氮存在。继续增加煅烧温度至1000℃时，制备的g-N-MM-Cnet材料中只有石墨氮的峰存在（图3-15（c））。

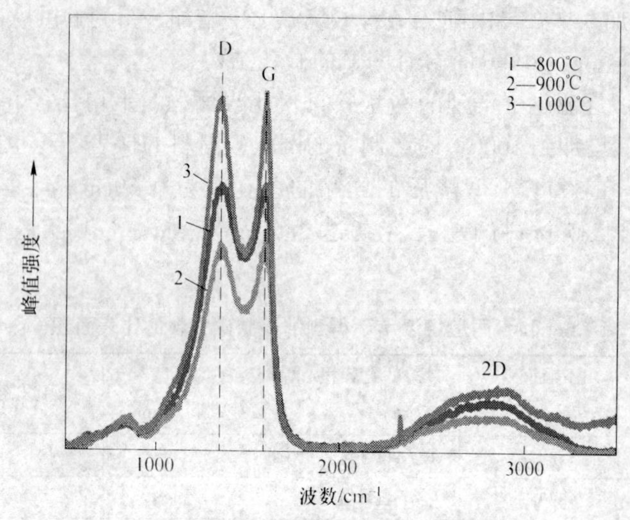

图 3-14　g-N-MM-Cnet 和不同煅烧温度下得到的网状碳材的拉曼谱图

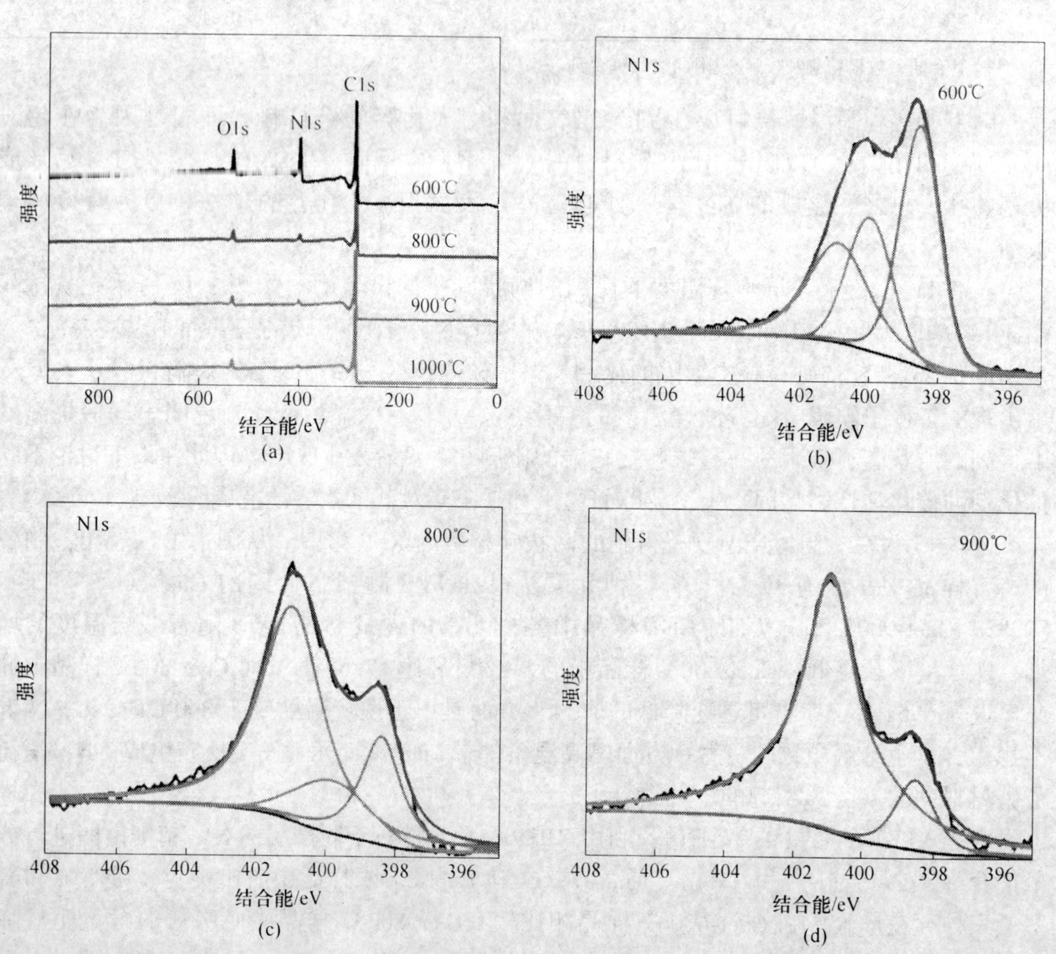

图 3-15　g-N-MM-Cnet 和不同煅烧温度下得到网状碳材的 XPS 全谱（a）和 N1s 的精细谱（b）～（d）

根据 XPSPEAK 软件对 N1s 精细谱图进行分峰拟合后各个峰面积的值，计算了各类氮的含量，见表 3-6。随着煅烧温度的增加，吡啶氮和吡咯氮的含量明显降低，分别从 43.42 %和 24.92 %降低到 0 %，石墨氮的含量逐渐增加，g-N-MM-Cnet 材料中石墨氮的含量占总含氮量的 100 %。从而进一步说明了 TTIP 水解生成的 TiO_2 模板剂在高温下和 N 元素发生反应生成 TiN，消耗部分边缘氮。

表 3-6 g-N-MM-Cnet 和不同煅烧温度下得到的网状碳材料中 C、N 和 O 元素的含量以及不同种类氮的含量 （%）

样品名称	元素组成			在 N1s 中所占的百分比		
	C	N	O	吡啶氮	吡咯氮	石墨氮
Cnet-600℃	76.95	17.59	5.47	43.42	24.92	31.66
Cnet-800℃	88.24	6.51	5.25	20.27	11.87	67.85
Cnet-900℃	90.84	4.32	4.84	12.26	0	87.74
g-N-MM-Cnet	93.5	2.08	4.42	0	0	100

综上所述，煅烧温度对材料的合成有以下几方面的影响：（1）煅烧温度高于 800℃时，钛酸异丙酯水解生成的 TiO_2 和 N 元素发生反应生成 TiN；（2）随着煅烧温度的增加，越来越多的边缘 N 元素被消耗生成结晶度更好的 TiN；（3）增加煅烧温度间接增加了网状碳材料的比表面积和孔容。

通过研究钛酸异丙酯、聚环氧乙烷-聚环氧丙烷-聚环氧乙烷三嵌段共聚物、二聚氰胺和煅烧温度对合成多孔石墨氮掺杂网状碳材料的影响，其微观形成机理如图 3-16 所示。在煅烧温度为 600℃时，得到的碳材料和 TiO_2 的存在形式如图所示，成堆存在的球代表 TiO_2 纳米颗粒，除去 TiO_2 纳米颗粒后，可以形成具有微孔和介孔的碳材料，增加煅烧温度

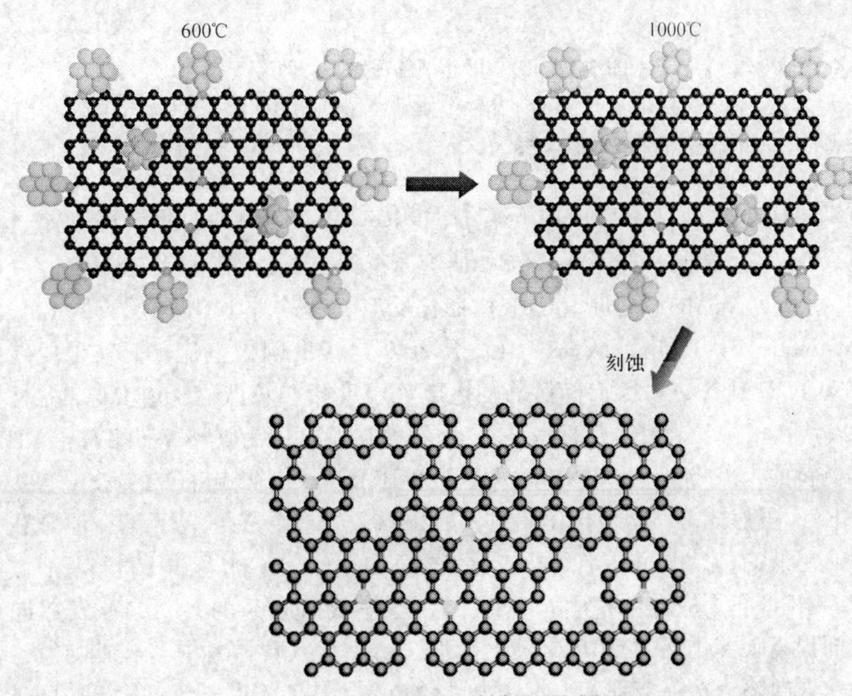

图 3-16 g-N-MM-Cnet 材料的形成机理

至1000℃时，TiO_2纳米颗粒和边缘N原子反应生成TiN纳米颗粒，这个过程消耗了边缘N（如吡咯氮和吡啶氮），除去TiN纳米颗粒后可以得到只含有石墨氮的网状碳材料g-N-MM-Cnet。

3.3.5　参比样品Ir/C催化剂

由于Ir/C催化剂具有良好的OER催化性能，为了和g-N-MM-Cnet的OER电催化性能相对比，我们用H_2还原的方法制备Ir/C催化剂，其中Ir和C的质量比为20％。如图3-17所示，在碳材料上形成的Ir纳米颗粒的尺寸比较均匀，在4nm左右，均匀地分布在Vulcan碳上。

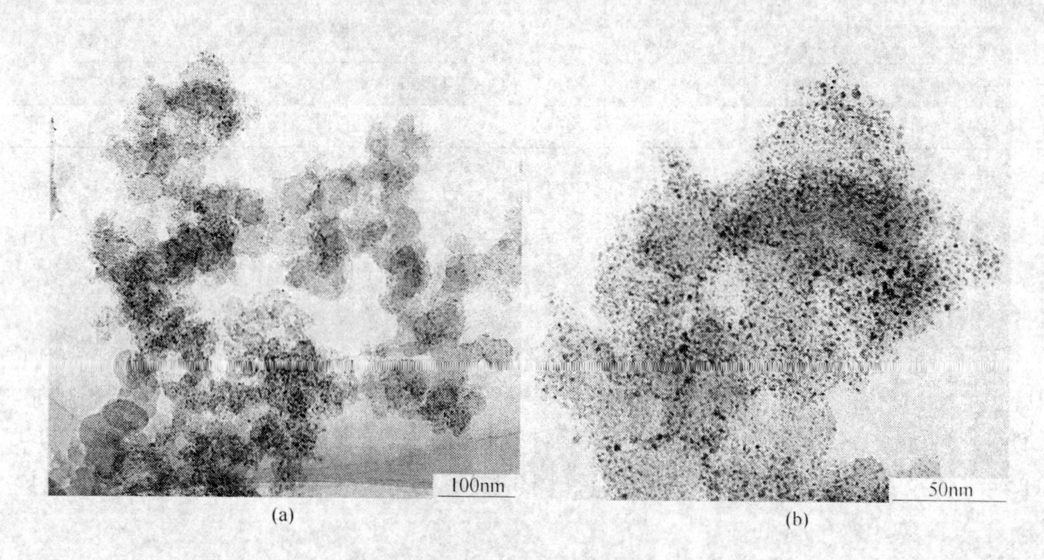

图3-17　Ir/C催化剂的透射电镜图

3.3.6　g-N-MM-Cnet的电催化性能研究

首先考察TiO_2模板剂对g-N-MM-Cnet材料催化活性的影响，如图3-18所示，通过旋转圆盘电极（RDE），在同一体系中系统的研究了g-N-MM-Cnet、片状碳材料、参比样品Ir/C和Pt/C等所有样品的氧还原（ORR）催化反应。通过对比ORR反应的LSV曲线发现，g-N-MM-Cnet材料阴极电流较高，稍大于Pt/C电极的阴极电流，而在合成碳材料的过程中不加入TTIP制备的片状碳材料的阴极电流密度相对较低。g-N-MM-Cnet材料的初始电位是0.96V（相对于RHE），商品Pt/C材料的初始电位为0.94V（相对于RHE）。g-N-MM-Cnet材料的半波电势为0.88V（相对于RHE），而Pt/C电极的半波电势为0.84V（相对于RHE）。虽然同等煅烧温度下得到片状碳材料含有更多的N元素，但是和其他催化剂相比具有更低的初始电位和半波电势。一方面是由于g-N-MM-Cnet材料具有较高的比较面积，为ORR催化反应提供大量的活性位点。另一方面掺杂的N可以激发邻近C原子的活性，从而提高碳催化剂的ORR电催化活性，由于片状碳材料中含有吡啶氮，增加了材料表面的空穴缺陷，在一定程度上抑制电子的转移，从而不利于氧还原反应的进行。石墨氮掺杂的g-N-MM-Cnet材料具有最高的电催化活性，由于g-N-MM-Cnet材料中只含有石墨氮，有利于电子转移，具有最优异的 ORR 催化活性。除此之外，g-N-MM-Cnet 材料还有良好的 OER 电催化活性，在 10mA/cm^{2}时，g-N-MM-Cnet 材料的超电势为 0.37V，略小于 Ir/C 的超电势，远远小于 Pt/C 的超电势（0.77V）。g-N-MM-Cnet 材料既具有良好的 ORR 催化活性同时也具有优异的 OER 催化活性，为其在金属-空气电池中的应用提供可能性。

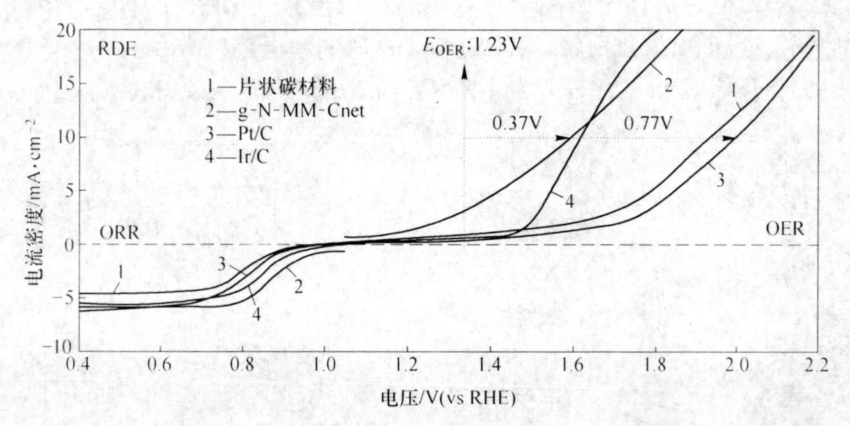

图 3-18 g-N-MM-Cnet、片状碳材料和参比样品 Pt/C、Ir/C 样品的 LSV 曲线

为了探索不同煅烧温度下得到的催化剂的电催化性能，测试了 Cnet-800℃、Cnet-900℃、g-N-MM-Cnet 和参比样品 Pt/C 样品的电催化氧还原（ORR）和析氧反应（OER）性能，如图 3-19 所示。Cnet-800℃材料具有最低的阴极电流密度，随着煅烧温度的增加，阴极电流密度增加，g-N-MM-Cnet 材料具有最大的阴极电流。初始电位和半波电势也随着煅烧温度的增加依次增加，所有样品的初始电位和半波电势的变化趋势为 Cnet-800℃<Cnet-900℃<Pt/C<g-N-MM-Cnet。这是因为随着煅烧温度的增加，吡啶氮含量越来越少，g-N-MM-Cnet 材料中吡啶氮的含量为 0。吡啶氮增加了材料表面的空穴缺陷，在一定程度上抑制电子的转移，从而不利于催化剂的电催化活性的提高。g-N-MM-Cnet 具有最高的电催化活性，是由于 g-N-MM-Cnet 材料中只含有石墨氮，有利于电子的转移，因此 1000℃温度下处理得到的 g-N-MM-Cnet 电催化剂具有最优异的 ORR 催化活性。除此之外，g-N-MM-Cnet

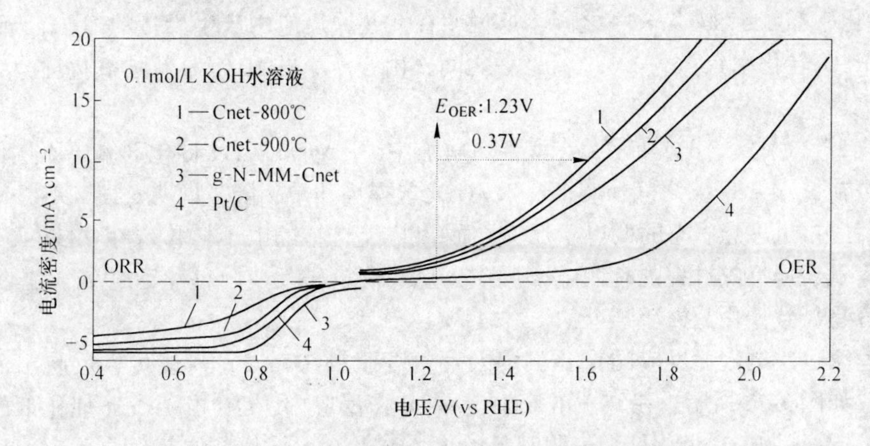

图 3-19 不同煅烧温度的网状碳材料的 LSV 曲线

材料还有良好的 OER 电催化活性，在 10mA/cm²时，所有样品的超电势的变化趋势为 Pt/C>Cnet-800℃>Cnet-900℃>g-N-MM-Cnet。说明制备的石墨氮掺杂的网状碳材料既具有良好的 ORR 催化活性同时也具有优异的 OER 催化活性。

同时考察 g-N-MM-Cnet 催化剂、片状碳材料和参比样品 Pt/C 在酸性电解液中的电催化活性，如图 3-20 所示。与商品 Pt/C 催化剂相比，在酸性条件下，g-N-MM-Cnet 催化剂的 ORR 活性较差，但是活性仍然高于片状碳材料，但是在 OER 催化反应中，g-N-MM-Cnet 催化剂具有良好的电催化活性，在 10mA/cm²时的超电势仅有 0.15 V。在 OER 反应中，所有催化剂的超电势的变化趋势为 g-N-MM-Cnet<Pt/C<片状碳材料。

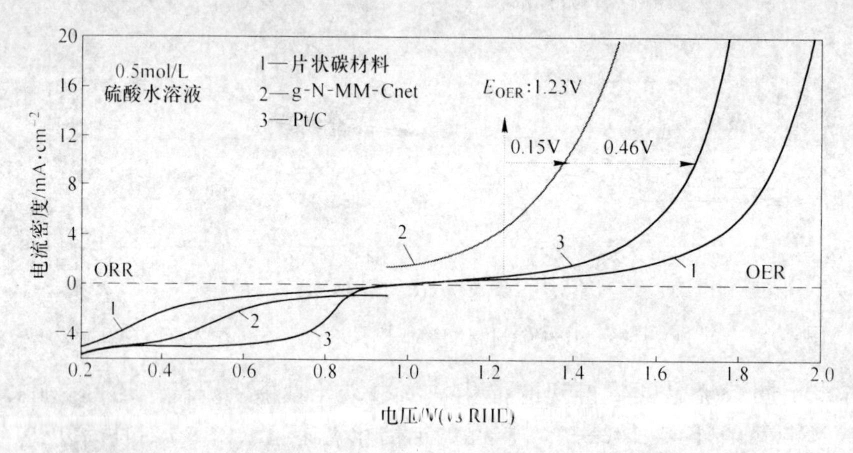

图 3-20　g-N-MM-Cnet、片状碳材料和参比样品 Pt/C 样品的 LSV 曲线

选择性是评价电催化反应的重要指标，在标准的四电子氧还原反应中，通常会伴随着部分的两电子过渡过程，两电子过渡过程中生成的中间产物过氧化氢很容易氧化催化剂导致其失活。分别考察了 g-N-MM-Cnet 催化剂，片状碳材料和参比样品 Pt/C 在碱性和酸性电解液中的电催化选择性，如图 3-21 所示。

通过 Koutecky-Levich 方程计算得到的电子转移数和相应的 H_2O_2转化率。在碱性溶液中，g-N-MM-Cnet 氧还原过程的电子转移数在 3.88~3.95 之间，说明 g-N-MM-Cnet 催化还原氧气反应过程接近理想状态的四电子反应，与商品 Pt/C 的选择性几乎相同。与之对应的 H_2O_2转化率在 3.57%~5.80%之间，这说明在氧还原反应中产生少量的 H_2O_2。而片状碳材料的 H_2O_2转化率在 26.74%~61.39%之间，由于产生的 H_2O_2具有强氧化性，容易导致催化剂失活。

如图 3-21（c）~（d）所示，在酸性电解液中，g-N-MM-Cnet 催化剂氧还原过程中的电子转移数在 3.60~3.74 之间，与商品 Pt/C 的选择性几乎相同，说明 g-N-MM-Cnet 催化还原氧气反应接近理想状态的四电子反应，而片状碳材料的电子转移数在 2.37~3.53 之间，说明其氧还原反应过程既有四电子反应，也有两电子反应，催化活性低，H_2O_2转化率较高，容易导致催化剂失活。

反应速率也是电催化反应的重要决定因素，塔菲尔（Tafel）曲线可以反映出反应速率的大小，如图 3-22 所示，在碱性溶液中，在 ORR 反应中，g-N-MM-Cnet 催化剂的塔菲尔斜率接近于商品 Pt/C 催化剂，表明制备的 g-N-MM-Cnet 催化剂的氧还原反应速率接近于商品 Pt/C 催化剂。在 OER 反应中，g-N-MM-Cnet 催化剂，商品 Pt/C 和制备的 Ir/C 催

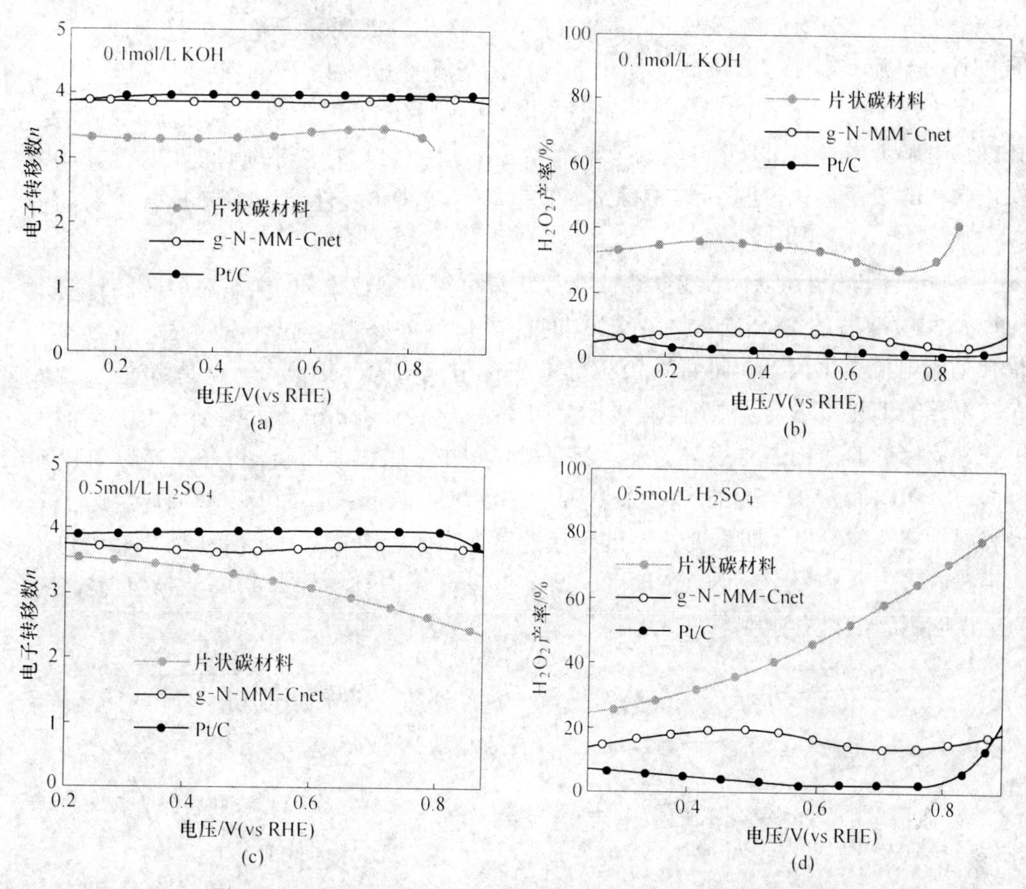

图 3-21 g-N-MM-Cnet、片状碳材料和参比样品 Pt/C 样品在不同电解液中的氧还原过程的电子转移数以及相应的 H_2O_2 转化率

化剂的塔菲尔斜率的变化趋势是 Ir/C<g-N-MM-Cnet<Pt/C，说明 g-N-MM-Cnet 催化剂的动力学反应速率高于商品 Pt/C。

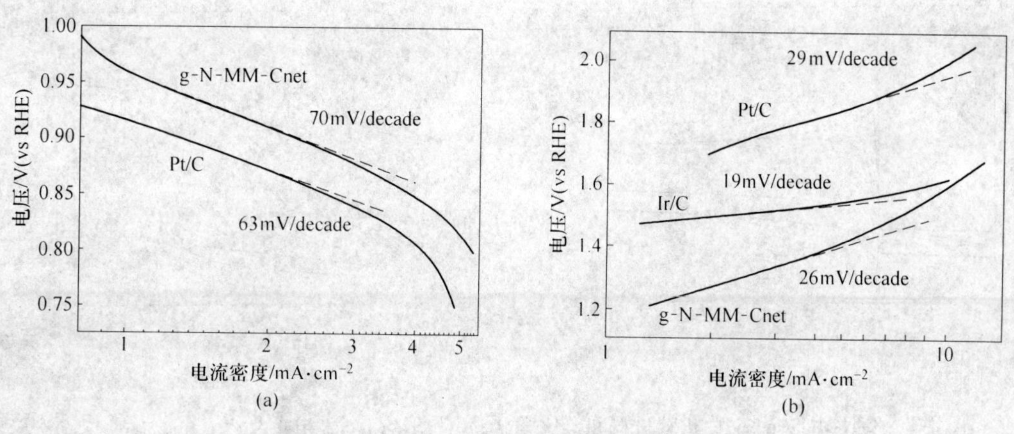

图 3-22 g-N-MM-Cnet、片状碳材料和参比样品 Pt/C 样品的塔菲尔曲线（电解液为 0.1 mol/L 的 KOH 水溶液）

(a) ORR；(b) OER

除了选择性和反应速率之外，稳定性也是电池的一项至关重要的性能指标，如图 3-23（a）和（b）所示。在碱性电解液中，g-N-MM-Cnet 催化剂展现除了超高的稳定性，经过 35000s 的计时电流实验后，g-N-MM-Cnet 催化剂的氧还原电流只下降了 10%，远远高于 Pt/C 的稳定性。同时，g-N-MM-Cnet 催化剂的半波电势和起始电位没有发生很大的改变。同样在酸性电解液中，经过计时电流实验前后，g-N-MM-Cnet 催化剂的半波电势和起始电位只发生微弱的改变。这说明 g-N-MM-Cnet 催化剂在碱性和酸性溶液中都具有超高的稳定性。

图 3-23（c）和（d）为 g-N-MM-Cnet、片状碳材料和参比 Pt/C 样品对甲醇的计时电流响应以及反应前后的 LSV 曲线。在 600s 时加入最终浓度为 3mol/L 的甲醇，g-N-MM-Cnet 催化剂的电流变化很小，而商品 Pt/C 催化剂的电流瞬间变化很大，这是由于 Pt/C 催化剂在对甲醇的催化氧化反应中引起了催化剂中毒，导致氧还原电流大幅度改变。在加入甲醇后各种催化剂的变化强弱趋势为 g-N-MM-Cnet 材料<片状碳材料<Pt/C。通过对比加入甲醇前后，ORR 反应的 LSV 曲线结果表明，商品 Pt/C 催化剂在加入甲醇循环之后，半波电势和起始位点均发生了明显变化，催化活性显著降低。而 g-N-MM-Cnet 催化剂的起始电位和半波电势的变化程度较小，说明 g-N-MM-Cnet 催化剂具有优异的抗甲醇中毒性能，可作为电极应用于燃料电池中。

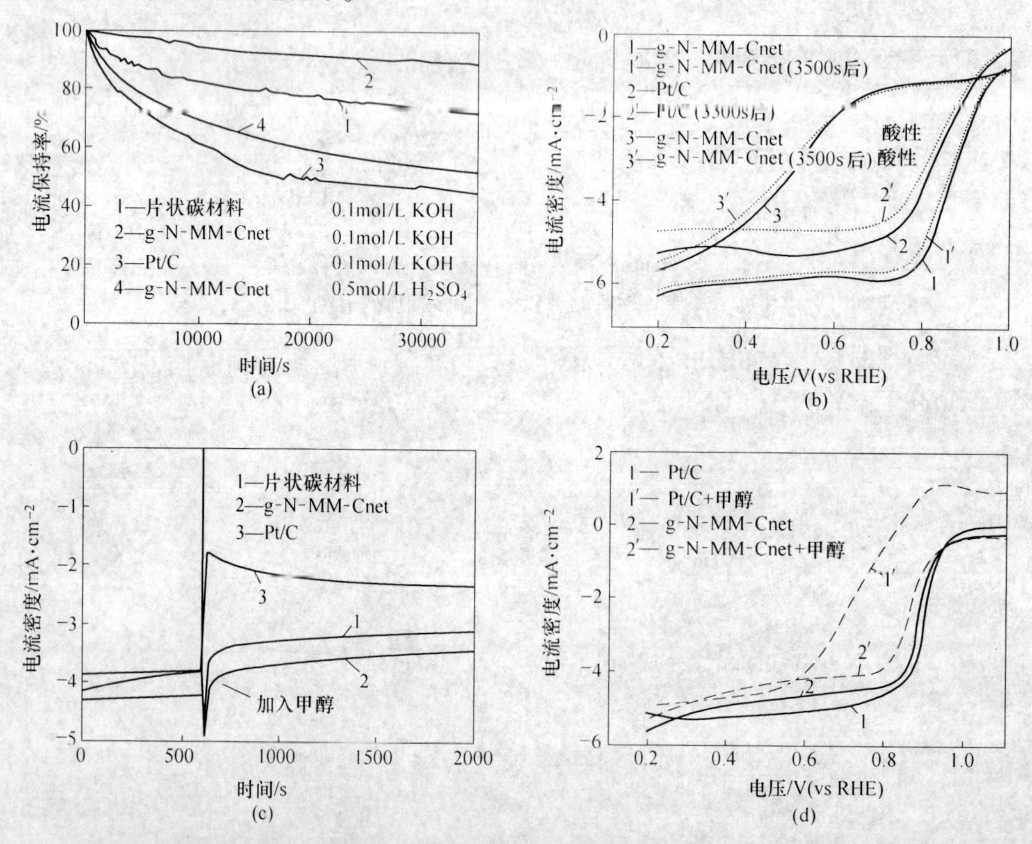

图 3-23　g-N-MM-Cnet、片状碳材料和参比样品 Pt/C 的计时电流相应曲线（a）、反应前后 LSV 曲线对比图（b）、催化剂对甲醇的计时电流响应（c）以及反应前后的 LSV 曲线对比图（d）

根据上述结果证明制备的g-N-MM-Cnet催化剂具有良好的电催化活性，这不仅与g-N-MM-Cnet催化剂具有较高的动力学反应速率有关，同时也与电子的传输过程有关。如图3-24所示，分别用不同的测试方式测得催化剂的阻抗谱图。图3-24（a）为称取一定质量的催化剂和PTFE混合后，用对辊机进行压片，裁成一定大小的片，称重，然后用压片机轻轻压在泡沫镍上作为工作电极，用两电极体系测得的EIS曲线。与Cnet-800℃、片状碳材料相比，g-N-MM-Cnet催化剂具有较低的内电阻、较高的电导率，进一步说明了边缘N不利于电子传输。

取制备的墨汁滴在玻碳电极上测得的EIS曲线，如图3-24（b）所示，通过对比低频区的奈奎斯特曲线发现，g-N-MM-Cnet催化剂的扩散电阻明显小于其他碳材料。这是由于g-N-MM-Cnet催化剂中只含有石墨氮，石墨氮的掺杂有利于电子的传输，而制备的其他碳材料中除了含有石墨氮，还含有一定量的吡啶氮或者吡咯氮，处于石墨碳的边缘，不利于电子的传输。

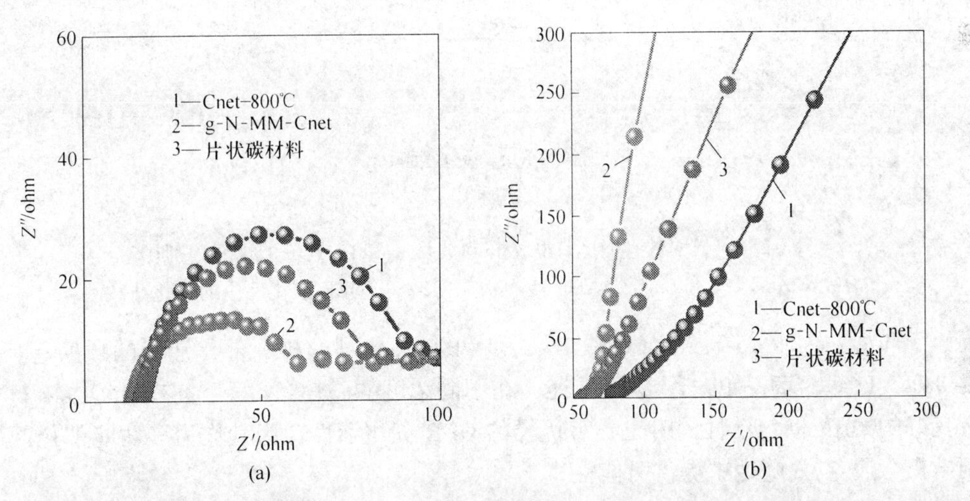

图3-24 g-N-MM-Cnet、片状碳材料和Cnet-800℃ 样品的EIS谱图

（a）压片压到泡沫镍上测的EIS谱图；（b）滴涂在铂碳电极上测的的EIS谱图（电解液为O_2饱和的0.1mol/L KOH水溶液；电压：0.85V vs RHE，频率范围：30kHz到0.1Hz，催化剂的负载量是0.6mg/cm^2）

催化剂的OER和ORR催化活性和锌-空气电池的性能有着直接的关系，把g-N-MM-Cnet材料、片状碳材料、Ir/C和Pt/C等催化剂涂在碳纸上来研究催化剂的ORR和OER性能。如图3-25（a）所示，在0.1mol/L KOH电解液中，g-N-MM-Cnet材料、片状碳材料和商品Pt/C等催化剂的氧还原活性顺序是g-N-MM-Cnet>商品Pt/C>片状碳材料，与在0.1mol/L KOH中使用旋转电极测得的结果一致。

锌-空气电池通常使用6mol/L KOH水溶液作为电解液，为了研究催化剂在锌-空气电池中的催化过程，采用6mol/L KOH作为电解液，研究了g-N-MM-Cnet材料、Ir/C和Pt/C催化剂的氧还原活性，它们的催化活性顺序依次是：g-N-MM-Cnet>商品Pt/C>Ir/C。说明制备的石墨氮掺杂的多孔碳材料在不同浓度的碱中均具有优异的氧还原活性。

除了具有良好的氧还原催化活性外，g-N-MM-Cnet材料还有良好的OER电催化活性，在0.1mol/L KOH溶液中，当电流密度为10mA/cm^{2}时，g-N-MM-Cnet材料的超电势为0.32V，远远小于Pt/C的超电势（0.68V）。同样在6mol/L KOH电解液中，当电流密度

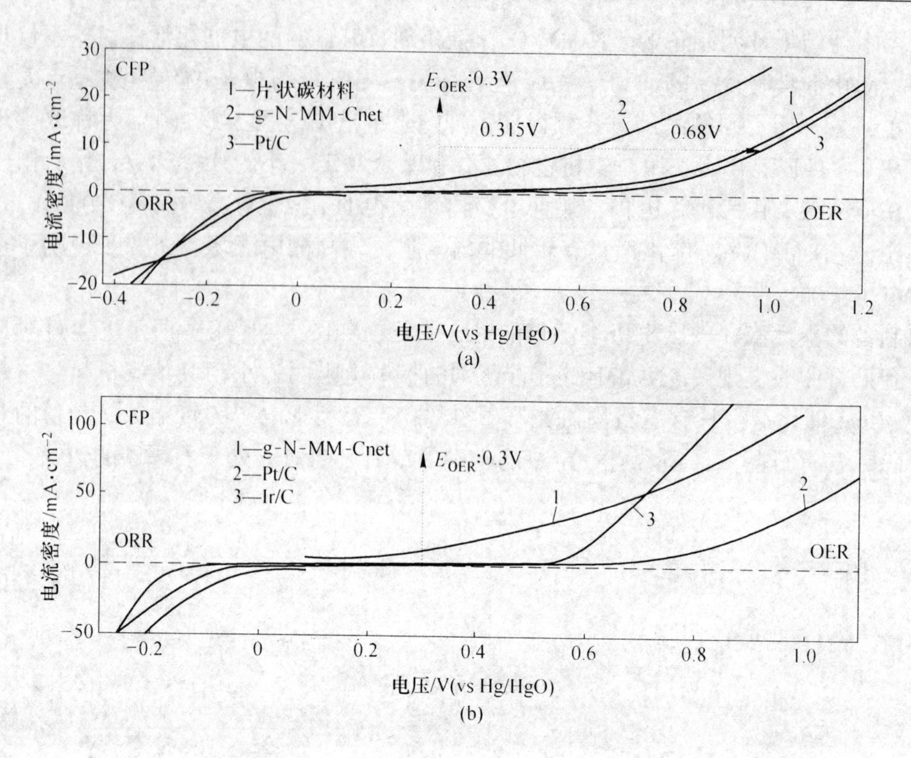

图 3-25 g-N-MM-Cnet、片状碳材料、Ir/C 和 Pt/C 等催化剂分别在 0.1mol/L KOH 和 6mol/L KOH 电解液中 ORR 和 OER 催化反应的极化曲线

不高于 $50mA/cm^2$时，g-N-MM-Cnet、Ir/C 和 Pt/C 催化剂的析氧催化活性的顺序是：g-N-MM-Cnet > Ir/C > 商品 Pt/C。综上所述，在不同浓度的碱性条件下，g-N-MM-Cnet 材料既具有良好的 ORR 催化活性同时也具有优异的 OER 催化活性，为其作为多功能催化剂应用于两电极金属-空气电池中提供可能性。

3.3.7 g-N-MM-Cnet 在 Zn-air 电池中的应用

由于制备的石墨 N 掺杂多孔网状碳材料具有良好的 ORR 和 OER 催化活性。取适量样品涂在碳纸上作为锌-空气电池的阴极，Zn 箔作为电池阳极来检测其电池性能，如图 3-26（a）所示。

根据测得的（V~i）极化曲线和相应的能量密度曲线可知，g-N-MM-Cnet 空气阴极的开路电压为 1.28V，在 0.624V 时，电流密度和能量密度达到最大值，分别为 $560mA/cm^2$ 和 $324mW/cm^2$。在相同的测试条件下，Pt/C 催化剂的电流密度和能量密度均低于 g-N-MM-Cnet 材料。通过比较图 3-26（c）中 g-N-MM-Cnet、Pt/C 和 Pt/C+Ir/C 作为锌-空气电池阴极的充电-放电极化曲线可知，在电流密度高于 $50mA/cm^2$时，g-N-MM-Cnet 材料的充放电电势差高于 Pt/C+Ir/C 材料，这归结于 g-N-MM-Cnet 材料具有优异的 OER 和 ORR 电催化活性。随着电流密度的增加，Pt/C+Ir/C 材料的充电电压呈阶梯状上升，可能是由于两种材料相互作用造成的。

图 3-26（d）为 g-N-MM-Cnet 材料的长时间放电曲线，在放电电流密度为 $5mA/cm^2$ 时，材料的容量可以达到 $667.8mA \cdot h/kg_{Zn}$，对应的能量密度为 $866.4Wh/kg_{Zn}$。远远高

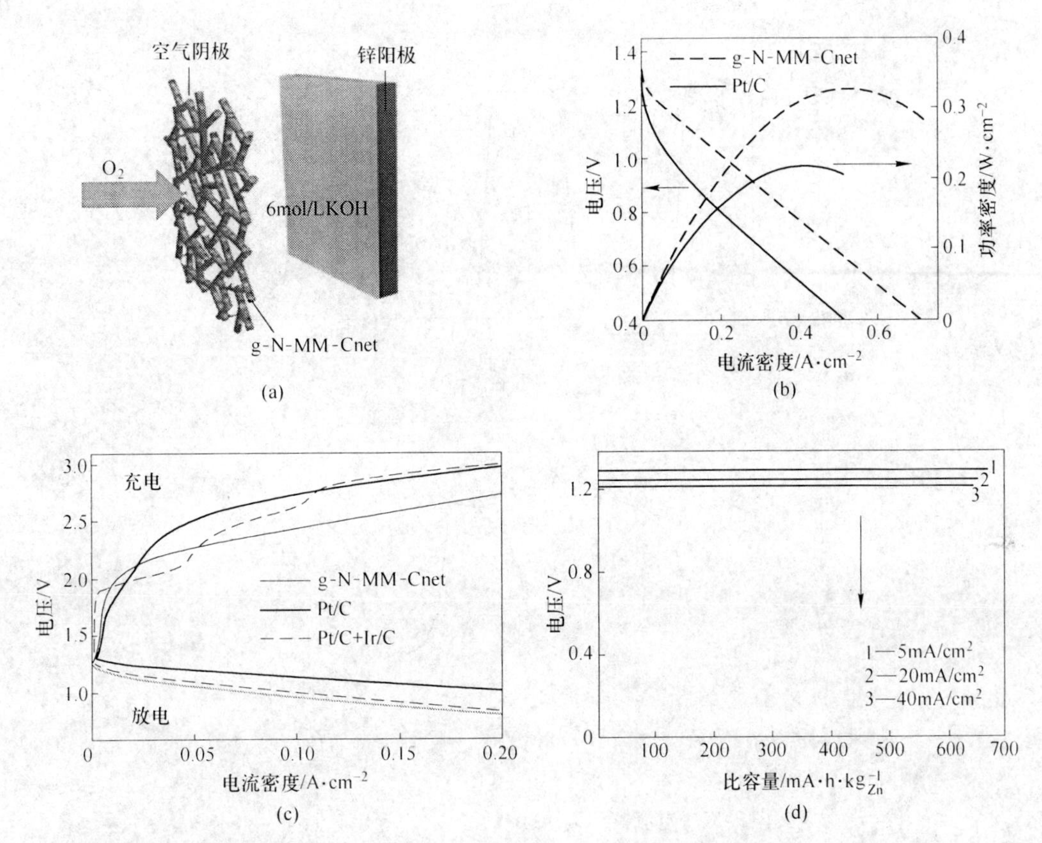

图 3-26 （a）两电极锌-空气电池的示意图；（b）两电极锌-空气电池中 g-N-MM-Cnet 和 Pt/C 作为空气阴极的（V～i）极化曲线和相应的能量密度曲线；（c）g-N-MM-Cnet、Pt/C 和 Pt/C+Ir/C 作为锌-空气电池阴极的充电-放电极化曲线；（d）基于 g-N-MM-Cnet 材料的两电极锌-空气电池在电流密度 5、20 和 40mA/cm²下长时间放电曲线

于文献中（表 6-2）已经报道的数据，并且提高放电电流密度至 20mA/cm² 和 40 mA/cm² 时，其能量密度仍然可以分别达到 815.3Wh/kg_{Zn}和 774.1Wh/kg_{Zn}，因此在大电流充放电时，能量损失较小。

为了证明 g-N-MM-Cnet 材料的充放电电压是来自于材料本身的氧化还原反应，而不是锌箔的极化，对阴极 g-N-MM-Cnet 材料和阳极锌箔分别进行了恒电流充放电循环测试，如图 3-27 所示。在电流密度为 10mA/cm²时，g-N-MM-Cnet 材料的极化电势差大约为 1.0V，而锌箔的极化电势差小于 0.035V。因此认为锌-空气电池的极化电势主要来自 g-N-MM-Cnet 材料的电催化活性，锌箔的极化电势可以忽略不计。

图 3-28（a）是锌-空气电池示意图，主要由锌片（或者锌箔）、电解液、隔膜以及负载催化剂的碳纸组成。循环性是锌-空气电池的重要性能参数，在充放电电流密度为 20mA/cm²、10mA/cm²和 2mA/cm²时进行长时间充放电循环（循环一圈需要 20h），如图 3-28（b）所示。当充放电电流密度为 2mA/cm²时，极化电势差约为 0.8V，经过 100h 充放电循环，极化电势差几乎没有发生变化。增加充放电电流密度至 20mA/cm²时，充放电循环仍可超过 100h。

在 2mA/cm²充放电电流密度下（图 3-29）基于 g-N-MM-Cnet 材料的两电极锌-空电池的

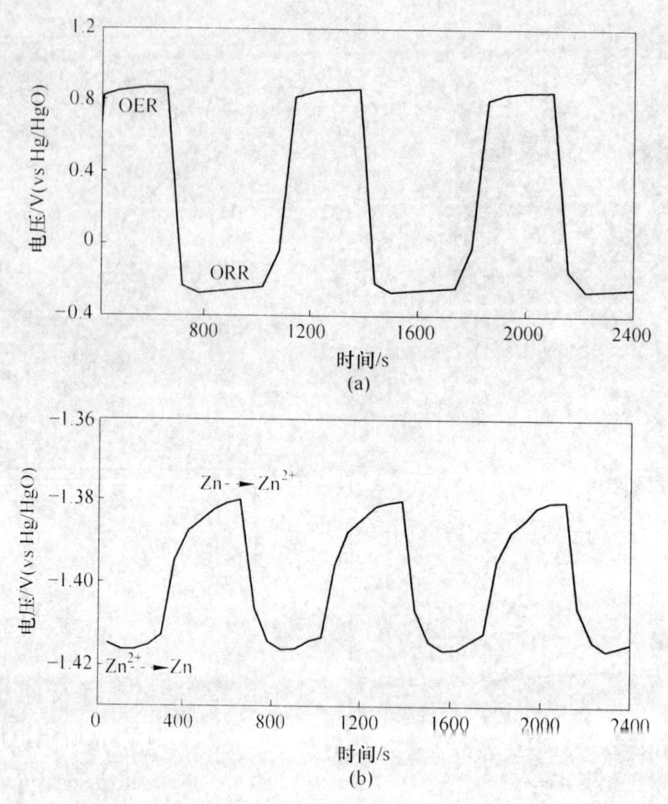

图 3-27　电流密度为 10mA/cm²时空气阴极（a）、Zn 阳极（b）的交替氧化还原曲线

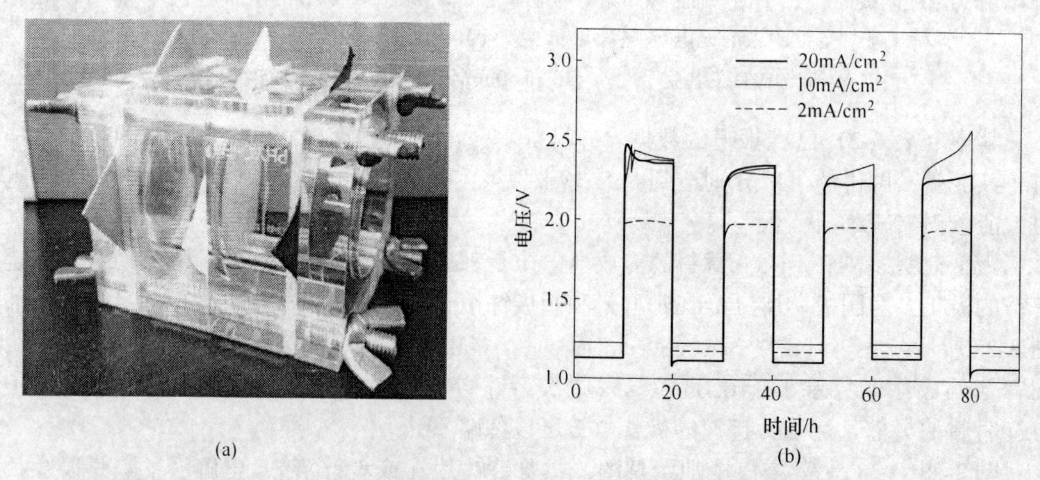

图 3-28　基于 g-N-MM-Cnet 材料的两电极锌-空气电池的测试装置照片（a）及在电流密度分别为 20、10 和 2mA/cm²时，g-N-MM-Cnet 材料的长时间充放电曲线（b）

循环圈数可以高达 1475（491h），并且循环后，其极化电势没有发生明显变化。图中浅灰色区域是代表目前已经报道的三电极锌-空气电池循环次数最多可以达到 600 圈。深灰色区域代表的是目前已经报道的两电极锌-空气电池的循环圈数为 80 圈。表明和文献中报道的锌-空气电池相比，基于 g-N-MM-Cnet 材料的两电极锌-空气电池具有更好的循环稳定性。

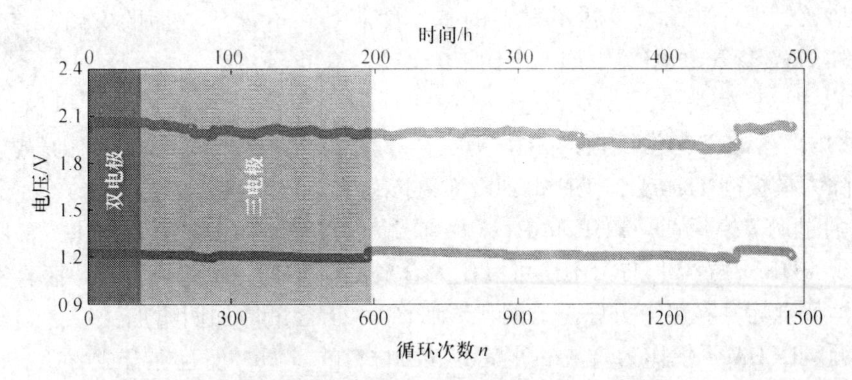

图 3-29　在电流密度分别为 $2mA/cm^2$ 时，基于 g-N-MM-Cnet 材料的两电极锌-空气电池的充放电曲线

用 Pt/C 和 Ir/C 质量比为 1∶1 作为空气阴极制备的锌-空气电池的充放电循环曲线，如图 3-30 所示。

从图 3-30 中可以看出，在充放电电流密度为 $2mA/cm^2$ 条件下，Pt/C 和 Ir/C 电极第一圈充放电电势差为 0.56V，低于 g-N-MM-Cnet 电极的充放电电势差。但充放电电势差随着充放电循环增加依次增大，当充放电循环高于 80 圈时，其充放电电势差达到 0.9V，高于 g-N-MM-Cnet 电极的充放电电势差，说明了 Pt/C+Ir/C 电催化剂具有很差的稳定性。

基于 g-N-MM-Cnet 催化剂的两电极锌-空气电池具有良好的稳定性和较低的激化电势差，主要来源于 g-N-MM-Cnet 材料的 ORR 和 OER 的稳定性和较高的活性，最终是由石墨氮掺杂的具有大比表面积多孔碳引起的。吡啶氮增加了材料表面的空穴缺陷，在一定程度上抑制电子的转移，不利于催化剂的电催化活性的提高。经过试验证明，石墨氮掺杂网状碳材料具有良好的稳定性，这归结于掺杂的石墨氮可以提高碳材料的导电性，有利于电子的传输。

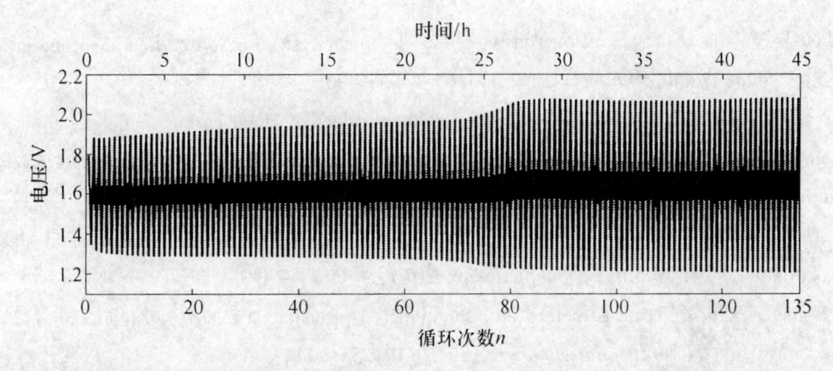

图 3-30　用 Pt/C 和 Ir/C 质量比为 1∶1 作为空气阴极制备的锌-空气电池的充放电循环曲线（碳纸上催化剂的负载量为 $2mg/cm^2$，在充放电电流密度为 $2mA/cm^2$ 时，制备的锌-空气电池在 6mol/L KOH 和 0.2mol/L 醋酸锌电解液中的充放电曲线）

3.4　本章小结

本章设计合成了一种石墨氮掺杂的具有微孔和介孔的网状碳材料（g-N-MM-Cnet），

研究了其形成机理，并深入分析了材料的基本性能和在电催化方面的应用，将 g-N-MM-Cnet 材料作为锌-空气电池的阴极应用于两电极锌-空气电池中。

（1）以 P123 为碳源，二聚氰胺（DCDA）为主要氮源和还原剂，以钛酸异丙酯（TTIP）水解产生的 TiO_2为模板剂，在 N_2氛围下煅烧得到网状碳材料和 TiO_2或者 TiN 的复合物，除去模板剂 TiO_2或者 TiN 得到石墨氮掺杂的多孔网状碳材料。

（2）通过调节模板剂、TTIP 和 P123 摩尔比、TTIP 和 DCDA 的摩尔比、不同煅烧温度等，发现 TTIP 水解产生 TiO_2不仅可以作为合成 g-N-MM-Cnet 的模板剂，而且在高温煅烧中可以消耗吡啶氮等边缘氮原子。网状碳随着 P123 含量增加而增加，P123 自组装产物为主要碳源。DCDA 不仅作为合成 g-N-MM-Cnet 材料的氮源，而且在合成 g-N-MM-Cnet 材料的过程中作为还原剂。通过调节不同煅烧温度发现，随着煅烧温度的增加，越来越多的吡啶氮被消耗，当煅烧温度达到 1000℃时，只有石墨氮存在。

（3）考察了 g-N-MM-Cnet 材料在氧还原（ORR）和析氧反应（OER）中的电催化性能，g-N-MM-Cnet 材料表现出了优于商业 Pt/C 催化剂的催化活性和循环稳定性。在选择性和反应速率方面，g-N-MM-Cnet 催化剂可以和商业 Pt/C 催化剂相媲美。通过考察不同煅烧温度制备的氮掺杂的多孔网状碳材料的催化性能发现，石墨氮有利于电子的传输，催化性能优于其他氮掺杂的多孔网状碳材料。

（4）g-N-MM-Cnet 催化剂具有良好的 OER 和 OER 催化性能，作为空气阴极被应用于两电极可逆锌-空气电池上，具有超过文献中报道的容量和能量密度。基于 g-N-MM-Cnet 材料的两电极锌-空电池的循环圈数可以高达 1475（491 h），并且循环后，其极化电势没有发生明显变化。其循环稳定性远远优于文献中报道的数值和商品 Pt/C 催化剂的稳定性。

参考文献

[1] Li Y, Zhou W, Wang H, et al. An oxygen reduction electrocatalyst based on carbon nanotube-graphene complexes [J]. *Nature Nanotechnology*, 2012, 7 (6): 394~400.

[2] Ma T Y, Dai S, Jaroniec M, et al. Graphitic carbon nitride nanosheet-carbon nanotube three-dimensional porous composites as high-performance oxygen evolution Electrocatalysts [J]. *Angewandte Chemie International Edition*, 2014, 53 (28): 7281~7285.

[3] Zhao Y, Nakamura R, Kamiya K, et al. Nitrogen-doped carbon nanomaterials as non-metal electrocatalysts for water oxidation [J]. *Nature Communications*, 2013, 4 (2): 2390.

[4] Zhang J, Zhao Z, Xia Z, et al. A metal-free bifunctional electrocatalyst for oxygen reduction and oxygen evolution reactions [J]. *Nature Nanotechnology*, 2015, 10 (5): 444~452.

[5] Suntivich J, Gasteiger H A, Yabuuchi N, et al. Design principles for oxygen-reduction activity on perovskite oxide catalysts for fuel cells and metal-air batteries [J]. *Nature Chemistry*, 2011, 3 (7): 546~550.

[6] Liang H W, Zhuang X, Brüller S, et al. Hierarchically porous carbons with optimized nitrogen doping as highly active electrocatalysts for oxygen reduction [J]. *Nature Communications*, 2014, 5 (5): 4793.

[7] Wang L, Yu P, Zhao L, et al. B and N isolate-doped graphitic carbon nanosheets from nitrogen-containing ion-exchanged resins for enhanced oxygen reduction [J]. *Scientific Reports*, 2014, 4 (7503): 5184.

[8] Wang Z L, Xu D, Xu J J, et al. Oxygen electrocatalysts in metal-air batteries: from aqueous to nonaqueous

electrolytes [J]. *Chemical Society Reviews*, 2014, 43 (22): 7746~7786.

[9] Yang S J, Antonietti M, Fechler N. Self-assembly of metal phenolic mesocrystals and morphosynthetic transformation toward hierarchically porous carbons [J]. *Journal of the American Chemical Society*, 2015, 137 (25): 8269~8273.

[10] Jung K N, Hwang, S M, Park M S, et al. One-dimensional manganese-cobalt oxide nanofibres as bi-functional cathode catalysts for rechargeable metal-air batteries [J]. *Scientific Reports*, 2015, 5: 7665.

[11] Xu L, Luo Z, Fan Z, et al. Triangular Ag-Pd alloy nanoprisms: rational synthesis with high-efficiency for electrocatalytic oxygen reduction [J]. *Nanoscale*, 2014, 6 (20): 11738~11743.

[12] He W, Jiang C, Wang J, et al. High-Rate Oxygen electroreduction over graphitic-N species exposed on 3D hierarchically porous nitrogen-doped carbons [J]. *Angewandte Chemie International Edition*, 2014, 53 (36): 9503~9507.

[13] Zhang P, Qiao Z A, Zhang Z, et al. Mesoporous graphene-like carbon sheet: high-power supercapacitor and outstanding catalyst support [J]. *Journal of Materials Chemistry A*, 2014, 2 (31): 12262~12269.

[14] Gao F, Zhao G L, Yang S, et al. Nitrogen-doped fullerene as a potential catalyst for hydrogen fuel cells [J]. *Journal of the American Chemical Society*, 2013, 135 (9): 3315~3318.

[15] Li X H, Antonietti M. Polycondensation of boron- and nitrogen-codoped holey graphene monoliths from molecules: carbocatalysts for selective oxidation [J]. *Angewandte Chemie International Edition*, 2013, 52 (17): 4572~4576.

[16] Li Z, Liu J, Huang, Z, et al. One-pot synthesis of Pd nanoparticle catalysts supported on N-doped carbon and application in the domino carbonylation [J]. *ACS Catalysis*, 2013, 3 (5): 839~845.

[17] Xue Y, Liu J, Chen H, et al. Nitrogen-doped graphene foams as metal-free counter electrodes in high-performance dye-sensitized solar cells [J]. *Angewandte Chemie International Edition*, 2012, 51 (48): 12124~12127.

[18] Kumar B, Asadi M, Pisasale D, et al. Renewable and metal-free carbon nanofibre catalysts for carbon dioxide reduction [J]. *Nature Communications*, 2013, 4 (1): 2819.

[19] Wang H, Maiyalagan T, Wang X. Review on recent progress in nitrogen-doped graphene: synthesis, characterization, and its potential applications [J]. *ACS Catalysis*, 2012, 2 (5): 781~794.

[20] ZhaoY, Hu C, Hu Y, et al. A versatile, ultralight, nitrogen-doped graphene framework [J]. *Angewandte Chemie International Edition*, 2012, 51 (45): 11371~11375.

[21] Schiros T, Nordlund D, Pálová L, et al. Connecting dopant bond type with electronic structure in N-doped Graphene [J]. *Nano Letters*, 2012, 12 (8): 4025~4031.

[22] Gao Y, Hu G, Zhong J, et al. Nitrogen-Doped sp^2-hybridized carbon as a superior catalyst for selective oxidation [J]. *Angewandte Chemie International Edition*, 2013, 52 (7): 2109~2113.

[23] Li X H, Kurasch S, Kaiser U, et al. Synthesis of monolayer-patched graphene from glucose [J]. *Angewandte Chemie International Edition*, 2012, 51 (38): 9689~9692.

[24] Han L N, Wei X, Zhang B, et al. Trapping oxygen in hierarchically porous carbon nano-nets: graphitic nitrogen dopants boost the electrocatalytic activity [J]. *RSC Advances*, 2016, 6 (62): 56765~56771.

[25] Zhuo Q Q, Wang Q, Zhang Y P, et al. Transfer-free synthesis of doped and patterned graphene films [J]. *ACS Nano*, 2015, 9 (1): 594~601.

[26] Lei W, Portehault D, Dimova R, et al. Boron carbon nitride nanostructures from salt melts: tunable water-soluble phosphors [J]. *Journal of the American Chemical Society*, 2011, 133 (18): 7121~7127.

4 氮掺杂微孔/介孔网状碳材料的制备和电化学性能研究

4.1 概述

由于超级电容器具功率密度高、充电快、循环稳定性好、温度特性好、节约能源和绿色环保等特点受到广泛关注。比表面积、孔容和电导率等是决定超级电容器性能的重要因素[1, 2]。在这些决定性因素中，高比表面积和大孔容能更有效地提高超级电容器的容量和能量密度[3,4]。目前，超级电容器中常用的材料包括碳材料、金属氧化物、导电聚合物以及在这些材料的基础上开发的复合物。与其他材料相比，碳材料具有更高的比表面积、更高的电导率、稳定性好、耐酸碱性好、成本低等优点，是超级电容器常用的电极材料。因此，很多研究人员致力于研究具有高比表面积和良好孔径分布的多孔碳材料[5,6]。

在多孔材料中，由于介孔孔径比较大，有利于电解液离子的快速扩散和物质传输，基于介孔碳材料的超级电容器在大电流密度充放电情况下具有较高的容量[7~9]。但是，在较低的充放电电流密度下，由于介孔碳材料的比表面积一般不高于1500m^2/g[10~12]，导致其电容器的容量较低。最新研究发现，在中速充放电速率下，孔径尺寸在0.6~1.1nm之间的微孔碳材料具有很高的容量[13]。然而，由于微孔孔径较小，电解液离子或者物质的传输受到阻碍，在大电流充放电密度下，基于微孔碳材料超级电器的容量低[14]。

合理搭配微孔和介孔（相互连接的微孔和介孔）是一种有效的提高超级电容器性能的方法[15, 16]。通常这种材料具有较大的比表面积，材料中的介孔可以作为传输电解液的“高速公路”，使电解液快速地渗透到电极材料的内部，有利于材料中的微孔能够快速地和电解液接触，增加超级电容器的容量[17]，如图4-1所示。尽管通过合理的调控相互连接的微孔/介孔碳材料结构可以提高碳材料的电化学性能，由于其制备过程复杂，往往需要几步才能完成，成本高，极难大批量地合成碳材料等缺点限制了其应用。需要开发一种简单有效的合成方法来制备具有高比表面积和良好电导率的微孔/介孔碳材料。

实验证明，通过在碳材料的骨架中引入杂原子（如B、N、O、S、F、P等）也是一种有效地增加碳材料电化学性能的方法[18, 19]。与碳材料相比，杂原子掺杂的碳材料具有更大的比容量和更高的循环稳定性。在这些杂原子中，由于N原子的直径略小于C原子，N掺杂碳材料的电负性高于碳材料[20]，因此氮（N）掺杂碳材引起了广泛的关注。最新研究表明，在碳材料的晶格中掺入氮元素可以产生赝电容，增加超级电容器的容量。由于石墨氮和吡啶氮氧化物带有正电荷，可作为电子受体或者通过吸引质子来提高碳材料的电导率，促进邻近官能团的氧化还原反应，进一步提高超级电容器的性能[21]。目前，制备氮掺杂碳材料的主要方法是通过直接热解含有丰富N源的前驱体，或者在合成碳材料后使用NH_3进行氨化处理。使用这些方法虽然能得到含有较高N含量的碳材料，但是得到的碳材料往往具有较低的比表面积或者孔结构随机相互连接。文献中报道的制备具有高比

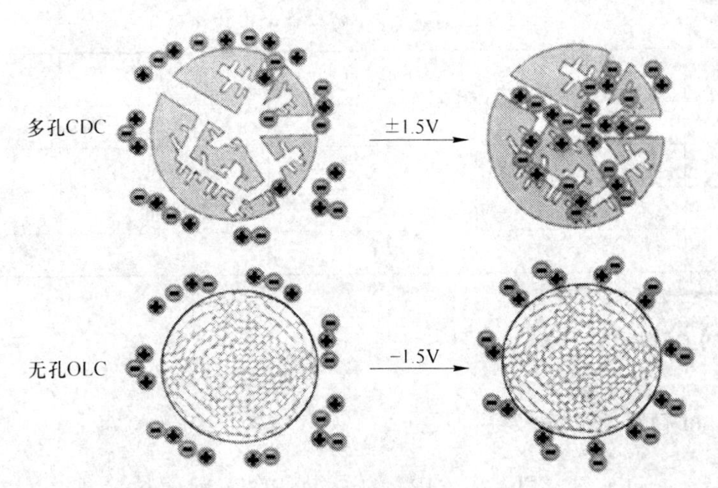

图 4-1 在金电流收集器上由多孔 CDC 颗粒和外嵌 OLC 颗粒组成的电极中离子示意图

表面、含 N 丰富、孔结构相互链接的碳材料，过程复杂（通常需要几步才能完成），成本高。

在本章中，报道了一种简单、成本低和高产率的合成氮掺杂的微孔/介孔碳材料的方法，并将制备的碳材料应用于超级电容器中。通过使用 P123 作为碳源、异丙酸四乙酯水解成的二氧化钛作为直接模板剂、二聚氰胺（DCDA）作为 N 源和还原剂制备 N 掺杂的微孔/介孔碳材料（nitrogen-doped micro-/mesoporous carbon nets，简称 N-MM-Cnet）。制备的 N-MM-Cnet 材料具有的微孔/介孔结构和较高比表面积，不仅有利于电解液的快速通过，还可以为能量储存提供足够高的比表面积。一方面，由于在碳材料晶格中掺入 N 原子产生了赝电容提高电容器的容量；另一方面，在碳材料中掺入的 N 原子可以作为电子受体或者通过吸引质子来提高电极碳材料的电导率，促进氮或者相邻官能团氧化还原反应，从而进一步提高超级电容器的性能。

4.2 N-MM-Cnet 材料的制备

氮掺杂多孔网状碳材料（简称 N-MM-Cnet）的合成：采用硬模板法制备 g-N-MM-Cnet 催化剂，模板剂是由钛酸异丙酯水解产生的二氧化钛。量取一定体积的 TTIP 和 1.05g P123 置于 20mL 玻璃瓶中搅拌 5 ~ 8h 使两者完全混合形成透明溶液 A。在 100mL 烧杯中加入 32mL 乙醇和一定量的盐酸，搅拌后形成含有盐酸的乙醇溶液 B。把溶液 A 逐渐滴加到含有盐酸的乙醇溶液 B 中，搅拌 10min 后加入一定量的蒸馏水（蒸馏水与 TTIP 的体积比为 1∶1），室温下继续搅拌 30min 后，置于 40℃ 油浴锅中反应 12h（持续搅拌）。然后加入一定质量的二聚氰胺（DCDA），在 60℃ 下搅拌蒸干，然后置于氮气马弗炉中于 800℃ 下煅烧 1h。自然冷却至室温后，在 20% HF 水溶液搅拌 12h 后，用蒸馏水和乙醇反复洗涤后置于 60℃ 烘箱中烘干即可得到 N-MM-Cnet 催化剂。

不同比表面积、孔容、氮含量的碳材料制备过程同上，在上述合成方法基础上通过改变钛酸异丙酯（TTIP）和二聚氰胺（DCDA）的量制备氮掺杂多孔网状碳材料（表 4-1）。样品蒸干后置于氮气马弗炉中于 800℃ 下煅烧 1h。自然冷却至室温，在 20% HF 水溶液中搅拌 12h 后，用蒸馏水和乙醇反复洗涤后烘干即可得到 N-MM-Cnet 催化剂。

表 4-1　N-MM-Cnet 碳材料的反应条件

样品名称	V_{TTIP}/mL	V_{H_2O}/mL	V_{HCl}/mL	m_{DCDA}/g
N-MM-Cnet-1	4.5	4.5	0.72	3.5
N-MM-Cnet-2	5	5	0.8	4.2
N-MM-Cnet-3	5.5	5.5	0.88	4.9
N-MM-Cnet-4	6	6	0.96	5.6

4.3　结果与讨论

4.3.1　N-MM-Cnet 材料的形貌及结构表征

制备过程中，通过调控 TTIP 和 P123 的量得到白色前驱体，把白色前驱体置于煅烧 1h 得到不同的 TiN@ Cnet 复合材料，图 4-2 是得到不同 TiN@ Cnet 复合材料的 XRD 谱图。所有样品在 2θ=25.6°处均有一个峰，对应的是少数层石墨烯的（002）衍射峰。除此之外，在 2θ 角为 10°~80°范围内还存在 5 个明显衍射峰，其中在 2θ 角分别为 36.7°、42.7°、62°、74.5°、78.5°位置处出现的衍射峰，分别对应于立方相 TiN（NaCl-type structure，JCPDS No. 38-1420）结构中的（111）、（200）、（220）、（311）以及（222）晶面。

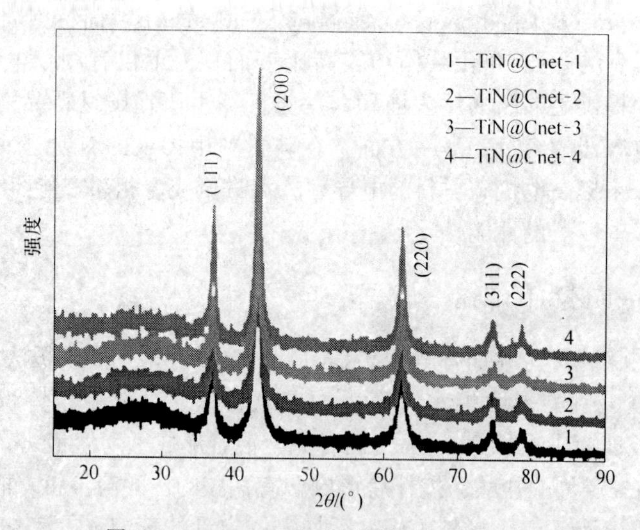

图 4-2　TiN@ Cnet 复合材料的 XRD 谱图

制备的 N-MM-Cnet 碳材料的 XRD 谱图中（图 4-3）有两个明显的特征衍射峰。其中 2θ=25.6° 对应的是少数层石墨烯的（002）衍射峰，2θ=42.7° 对应于石墨的（100）衍射峰，表明了合成的碳材料中有含有石墨碳结构[22]。

从场发射扫描电子显微镜图 4-4 中可以看到，制备的碳材料是由不规则的纳米线连接而成的三维网状结构。通过比较在合成过程中加入不同量的钛酸异丙酯和二聚氰胺得到的碳材料，可以观察到其形貌没有发生明显变化，因此在下一步对其性能讨论的过程中，将忽略形貌对不同样品电化学性能的影响。

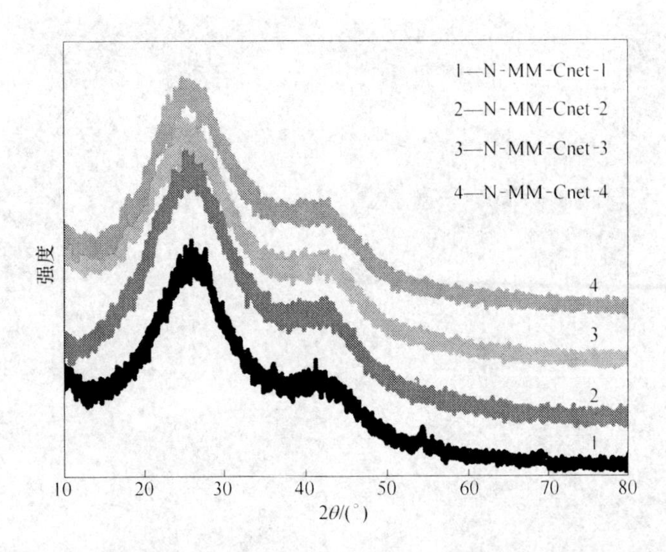

图 4-3 除去 TiN 后得到的氮掺杂微孔/介孔碳材料的 XRD 谱图

图 4-4 氮掺杂微孔/介孔碳材料的 SEM 图

(a) N-MM-Cnet-1; (b) N-MM-Cnet-2; (c) N-MM-Cnet-3; (d) N-MM-Cnet-4

透射电子显微镜（TEM）和高分辨透射电子显微镜（HRTEM）是研究材料表面和微观结构的重要手段之一。图 4-5 是制备的所有 N-MM-Cnet 材料的透射电镜图片。从图中可以看出，所有 N-MM-Cnet 材料均含有一定量的孔，并且可看到高度透明的纹理以及褶皱交叉连接的形貌，视野中没有明显的颗粒物存在。

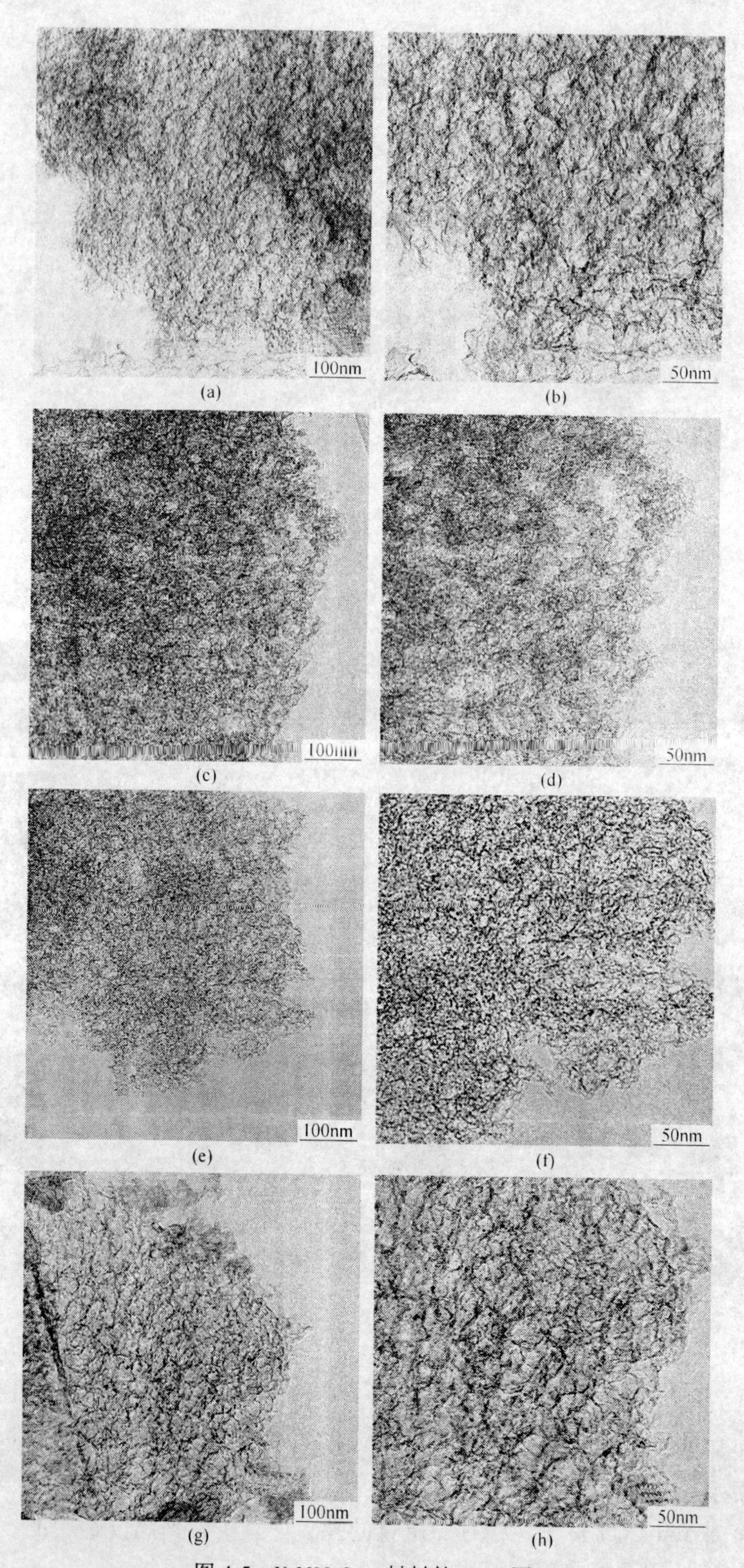

图 4-5　N-MM-Cnet 材料的 TEM 图

(a)，(b) N-MM-Cnet-1；(c)，(d) N-MM-Cnet-2；(e)，(f) N-MM-Cnet-3；(g)，(h) N-MM-Cnet-4

以制备的N-MM-Cnet-3碳材料为例，对制备的碳材料的微观结构进行详细的探讨。从图4-6（a）中可以更清晰地看出，所制备的碳材料是由不同尺寸的碳纳米线组成的三维网状结构。从透射电镜中可以看出（图4-6（b）~（d）），N-MM-Cnet-3碳材料中含有不同孔径的介孔结构和微孔结构。这是由于煅烧后生成的TiN被腐蚀掉造成的，说明TiN可以作为制备微孔/介孔网状碳材料的有效模板剂。从高分辨透射电镜谱图中（图4-6（c）和（d））可以看出，N-MM-Cnet-3碳材料即具有有序的石墨碳结构，也具有无序的结构，可以为离子或者电子的吸附/嵌入提供缺陷/活性位点[23]。

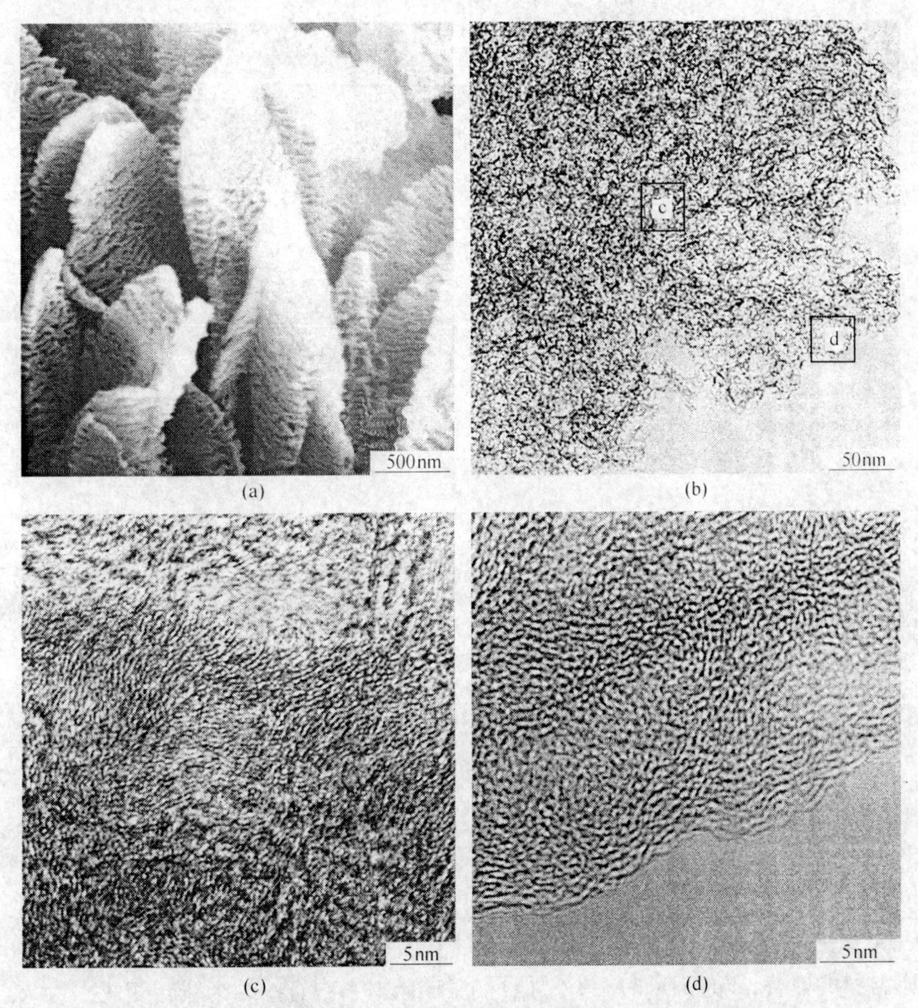

图4-6　N-MM-Cnet-3材料的扫描电镜图和透射电镜图

（a）SEM图；（b）TEM图；（c），（d）HRTEM图，分别对应于（b）图的c和d区域

碳材料作为超级电容器的电极材料，其容量主要取决于碳材料的比表面积和孔结构[24]。为了表征N-MM-Cnet材料的孔结构特征，我们进行了氮气吸附-脱附曲线测试，结果如图4-7（a）~（c）所示。根据IUPAC分类标准[25]，N-MM-Cnet材料的吸附-脱附等温线表现出Ⅰ型和Ⅳ等温线的组合特征。在低压范围内，所制备的N-MM-Cnet材料的呈现相对宽的“膝盖”，表明N-MM-Cnet材料中存在微孔结构[26]。吸附-脱附等温线中呈现的回滞环表明N-MM-Cnet材料中含有介孔结构。从孔径分布图中（图4-7（b）和

(d)) 可以看出，所有 N-MM-Cnet 材料的微孔径分布主要集中在 0. 73nm 附近，材料 N-MM-Cnet 中含有的介孔孔径主要集中在 2. 76nm 和 15. 95nm 附近。

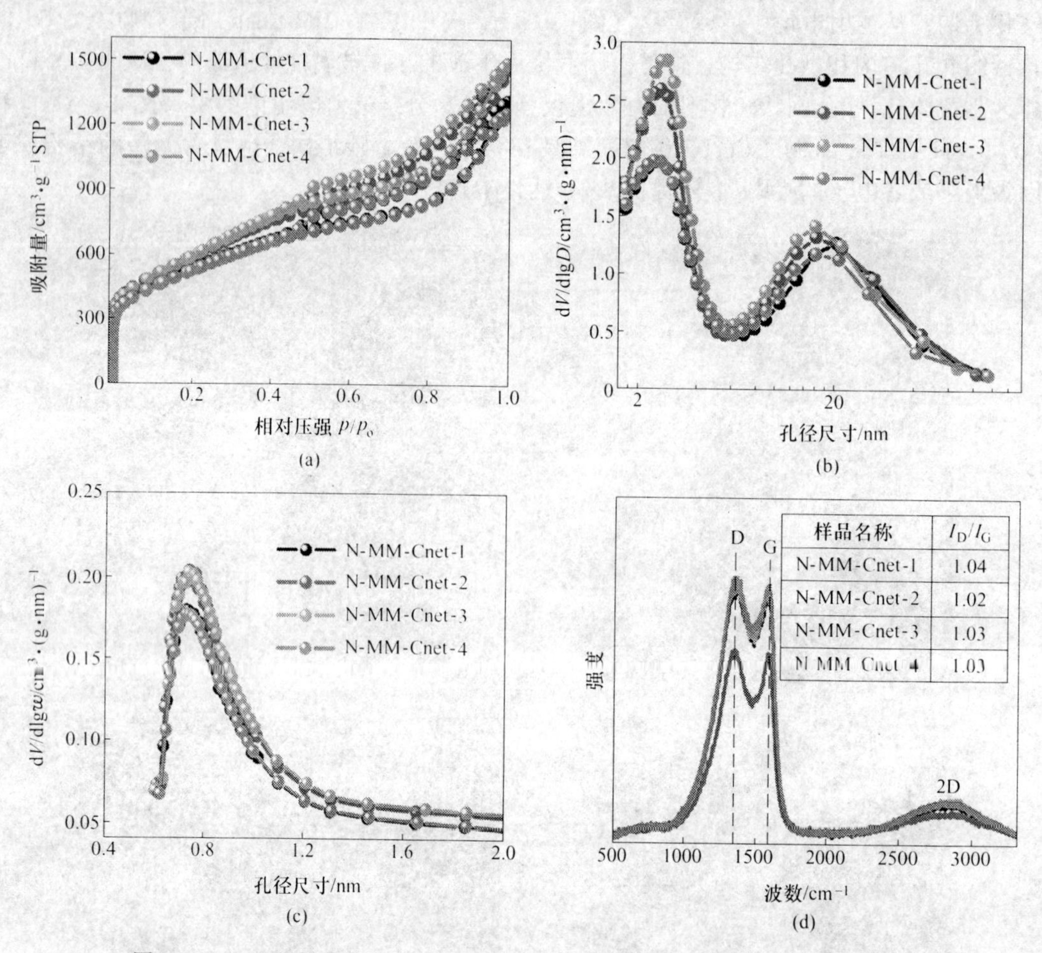

图 4-7　(a) 氮掺杂微孔/介孔碳材料的 N_2 吸附-脱附曲线；(b)，(c) 为 N-MM-Cnet 材料的介孔和微孔孔径分布图；(d) N-MM-Cnet 材料的拉曼谱图

根据测得 N_2 吸附-脱附实验结果，得到的 N-MM-Cnet 碳材料的比表面积和孔容大小，见表 4-2。首先，N-MM-Cnet 材料的比表面积和孔容随着 DCDA 和 TTIP 的增加逐渐增加，加入过多 DCDA 和 TTIP 降低了 N-MM-Cnet 材料的比表面积和孔容。可能是由于二聚氰胺也是一种制备碳材料的原料，随着 DCDA 的增加，制备的碳材料中有些纳米线转变成了片状，从而降低了碳材料的比表面积。与制备的其他 N-MM-Cnet 材料相比，N-MM-Cnet-3 材料具有最高的比表面积和孔容，分别高达 2144. 08m^2/g 和 2. 46cm^3/g。综上所述，可以通过调节合成过程中加入的 DCDA 和 TTIP 的量得到不同比表面积和孔容的碳材料。在 N-MM-Cnet-3 材料中微孔孔容高达 0. 85cm^3/g，介孔孔容为 1. 61cm^3/g，适用于超级电容器中。

为了进一步了解制备的碳材料的微观结构，我们进行了拉曼测试，得到的谱图如图 4-7 (d) 所示。图中 G 峰为样品中石墨化碳的特征峰，G 峰代表一阶的散射 E_{2g} 振动模式，用来表征 C 的 sp^2 键的结构，反映材料的对称性和有序性。而 D 峰则是 sp^2 杂化的碳材料中缺陷的特征峰，其相对强度是结晶结构紊乱程度的反映，这些缺陷位包括石墨烯的结构缺陷和引入杂原子后出现的杂原子缺陷。从图 4-7（d）中可以看出，得到的不同 N-MM-Cnet 材料的 I_D/I_G 几乎没有发生明显变化，说明制备的所有 N-MM-Cnet 材料中均包含了有序的石墨结构，也含有一部分的无序碳结构。

表 4-2 N-MM-Cnet 材料的比表面积和孔径分布

样品名称	$S_{total}/m^2 \cdot g^{-1}$	$S_{micro}/m^2 \cdot g^{-1}$	$V_{total}/cm^3 \cdot g^{-1}$	$V_{micro}/cm^3 \cdot g^{-1}$
N-MM-Cnet-1	1880.03	1272.73	1.76	0.71
N-MM-Cnet-2	2114.04	1497.05	2.09	0.84
N-MM-Cnet-3	2144.08	1438.06	2.27	0.85
N-MM-Cnet-4	1860.00	1248.44	1.68	0.69

注：总的比表面积（S_{total}）和微孔比表面积（S_{micro}）分别可以通过 Brumauer-Emmett-Teller 曲线和 *V-t* 曲线得到。介孔比表面积（S_{meso}）可以通过（S_{total}）减去 S_{micro} 计算得到。

XPS 分析方法是研究纳米材料表面相关元素化学态的有效手段之一。为分析所得样品的元素组成，对 N-MM-Cnet 材料表面进行了 XPS 分析，如图 4-8 所示。XPS 检测结果表明，只有 C、N、O 三种元素存在于 N-MM-Cnet 材料中（图 4-6（a）），除此之外，无其他杂质元素的峰出现，三种元素在碳材料中的含量列于表 4-3 中。

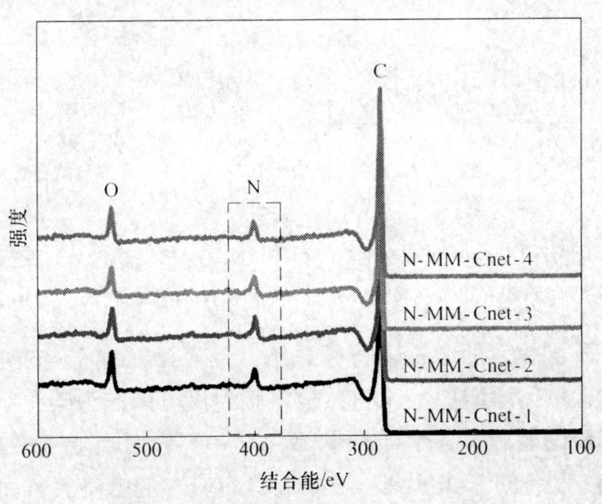

图 4-8 N-MM-Cnet 材料的 XPS 谱图

通过使用 XPSPEAK 软件分别对 N1s 精细谱图进行分峰，如图 4-9 所示。N-MM-Cnet 材料中 N1s 的精细结构谱图可以分为三种类型的氮，其结合能分别为 398.5eV、400.1eV 和 401.0eV，分别对应于吡啶氮（N-6）、吡咯氮（N-5）和石墨氮（N-Q，graphitic N）[27]。N-5 是指带有两个 p 电子并与 π 键体系共轭的氮原子，是一种五元环的氮。N-6 是指位于石墨面边缘的氮原子，该原子除了给共轭 π 键体系提供一个电子外，还含有一对孤对电子，是一种位于边缘的六元环的氮。N-Q 是位于石墨内部的氮原子，也是一种六元环的氮。由此可见，氮原子掺入到了碳材料的晶格中，由于 N 原子的引入，可能产生赝电容，提高电容器的容量[28]。除此之外，Q-N 可以作为电子受体或者通过吸引质子或者电子来提高电极碳材料的电导率，促进氮或者相邻官能团氧化还原反应，从而进一步提高超级电容器的性能。

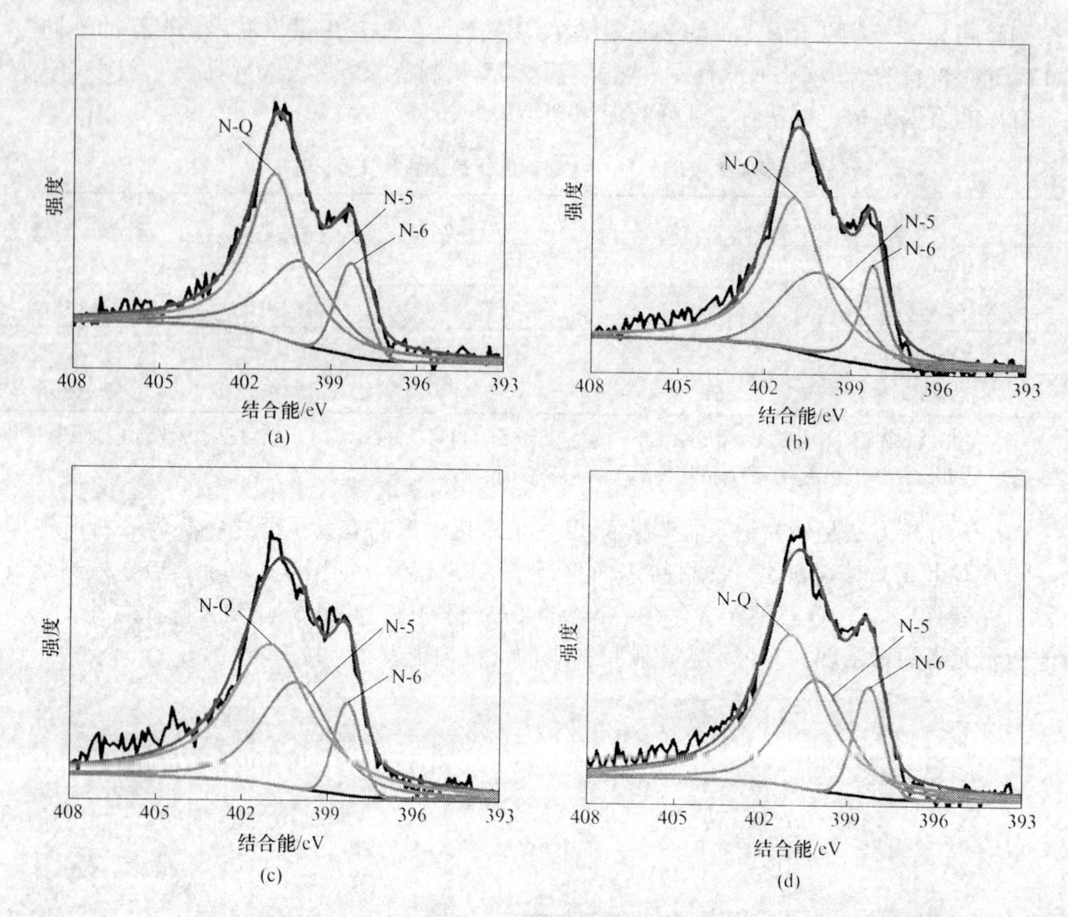

图 4-9　N-MM-Cnet 材料中 N1s 的精细谱图

(a) N-MM-Cnet-1；(b) N-MM-Cnet-2；(c) N-MM-Cnet-3；(d) N-MM-Cnet-4

对各种碳材料中不同元素的含量进行了总结，见表 4-3，随着钛酸异丙酯和二聚氰胺量的增加，N 元素的含量逐渐增加。说明二聚氰胺不仅可以作为碳源制备碳材料，也可以作为制备氮掺杂碳材料的氮源。各个样品中都含有一定量的吡啶氮、吡咯氮以及石墨氮。从表 4-3 中可以看出，制备的 N-MM-Cnet-3 材料具有较多的吡咯氮，而吡啶氮和石墨氮在 N-MM-Cnet 材料中的含量小于在其他材料中的含量。

表 4-3　根据 XPS 数据得到的 N-MM-Cnet 材料的化学组分　(%)

样品名称	各元素的成分			在 N1s 中所占的百分比		
	C	N	O	N-Q	N-5	N-6
N-MM-Cnet-1	87.36	6.82	5.82	52.98	34.31	12.71
N-MM-Cnet-2	87.57	7.34	5.09	56.27	28.77	14.96
N-MM-Cnet-3	85.16	8.25	6.6	44.91	46.48	8.61
N-MM-Cnet-4	85.18	8.37	6.45	54.60	33.52	11.88

为了分析制备的 N-MM-Cnet 材料的组分以及 N 是否掺杂到碳材料中，对 N-MM-Cnet 进行了 XPS 表征。通过使用 XPSPEAK 软件分别对各个 N-MM-Cnet 材料中 C1s 精细谱图

进行分峰，如图 4-10 所示。在 284.5 eV 的小峰归属于 sp^2 C—C 即石墨碳，表明制备的材料中存在石墨，与 HRTEM、拉曼测试结果一致。其他峰归属于 C—N、C—O、C ═O，进一步表明 N 和 O 元素也掺入到了碳材料的晶格中。对各种碳材料中不同元素中不同化学键种类的含量进行了总结，见表 4-4。

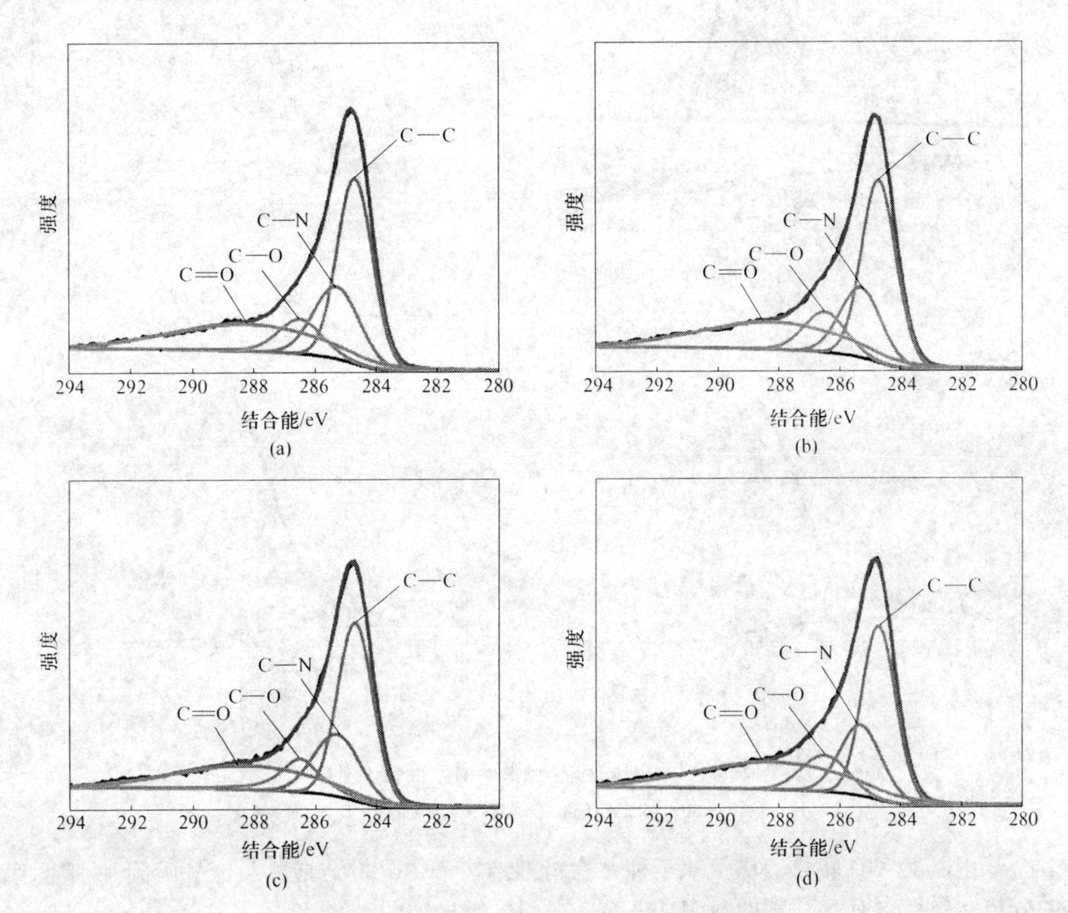

图 4-10 N-MM-Cnet 材料中 C1s 的精细谱图

(a) N-MM-Cnet-1；(b) N-MM-Cnet-2；(c) N-MM-Cnet-3；(d) N-MM-Cnet-4

表 4-4 根据 XPS 数据得到的 N-MM-Cnet 材料中不同化学键占各自元素的含量 (%)

样品名称	在 C1s 中所占的百分比				在 O1s 中所占的百分比	
	C—C	C—N	C—O	C ═O	—O—或—OH	C ═O
N-MM-Cnet-1	41.89	21.15	10.75	26.21	62.36	37.64
N-MM-Cnet-2	41.53	19.15	11.73	27.59	65.87	34.13
N-MM-Cnet-3	44.28	19.62	10.28	25.82	69.90	30.10
N-MM-Cnet-4	43.84	20.10	12.14	23.92	64.47	35.53

为了分析制备的 N-MM-Cnet 材料中氧元素的存在形式，通过使用 XPSPEAK 软件分别对不同 N-MM-Cnet 材料中 O1s 精细谱图进行分峰，如图 4-11 所示。只有两个峰存在，分别在 531.6eV 以及 532.8eV 处，分别归属于 C ═O 键和—O—键（或者—OH 键）。

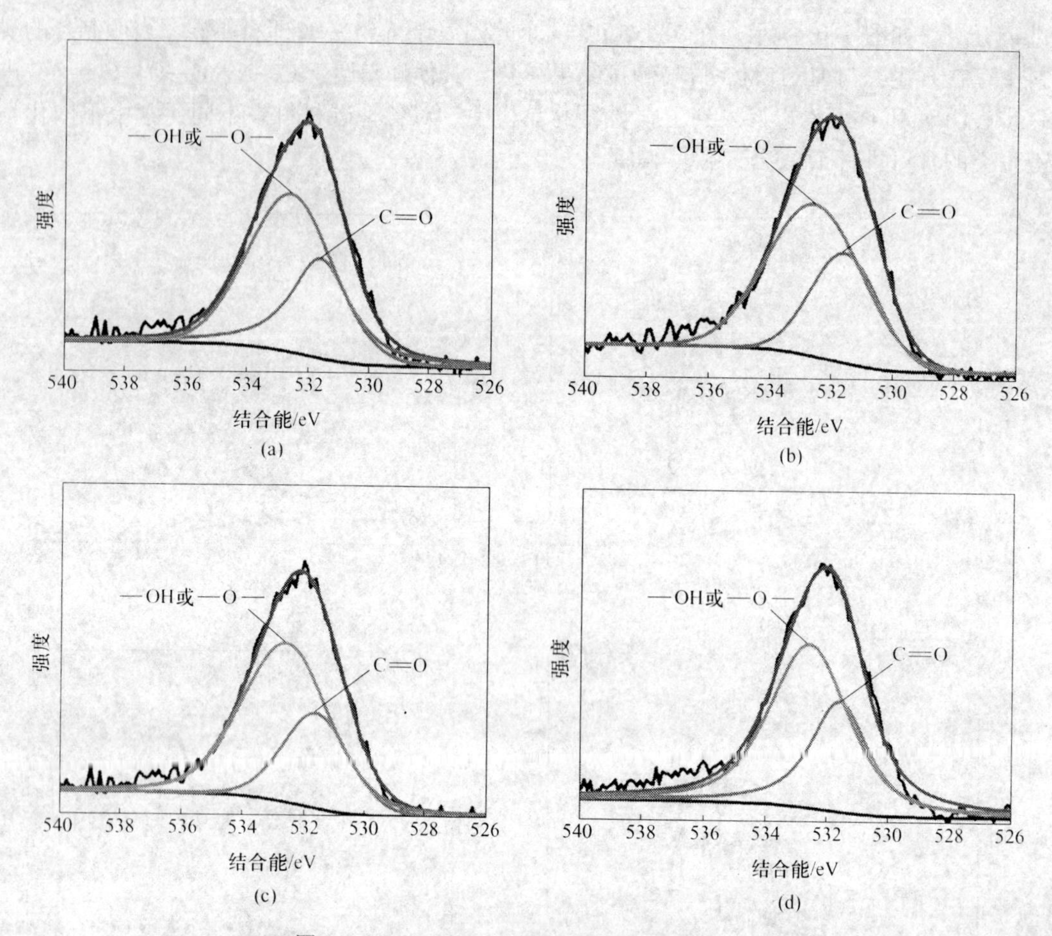

图 4-11　N-MM-Cnet 材料中 O1s 的精细谱图

(a) N-MM-Cnet-1；(b) N-MM-Cnet-2；(c) N-MM-Cnet-3；(d) N-MM-Cnet-4

基于以上 XPS 谱图、碳氮氧三种元素精细结构谱图分析结果以及氮气吸附-脱附曲线的分析结果，含有 N 元素的 N-MM-Cnet-3 材料的结构如图 4-12 所示。

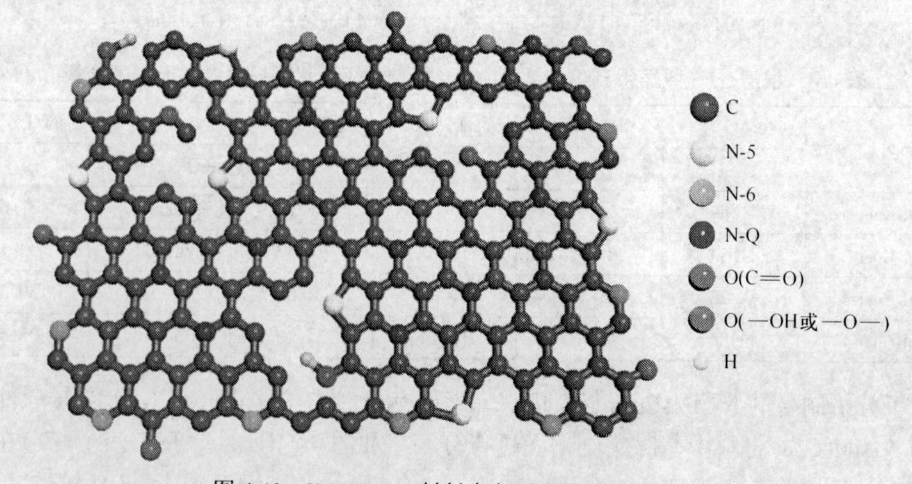

图 4-12　N-MM-Cnet 材料中杂原子的模型示意图

4.3.2 g-N-MM-Cnet 材料的电化学性能

通过以上对各种 N-MM-Cnet 材料的形貌、结构等分析表明，制备的 N-MM-Cnet 材料具有较高的比表面积和较大的孔容，含有丰富的氮元素，可以用来作为超级电容器的电极材料。采用循环-伏安法（CV）和恒电流计时法（CC）来检测 N-MM-Cnet 材料的电化学性能。理想的双电层电容器（EDLC）的电流能在电压扫描方向转变的瞬间做出响应，因此对应的循环-伏安（CV）曲线应呈标准的矩形，但是在实际体系中，电荷在碳材料孔隙内部的分布是分散的，从而造成了分散电容效应的出现，主要是由于电解液在碳基体孔隙内部的传输速度不同和电解液电阻的存在导致电拒降的出现引起的。分散电容的存在使得 N-MM-Cnet 材料的电流响应速度变慢，从而使 CV 曲线偏离标准的矩形。

首先采用三电极体系对 N-MM-Cnet 样品在 H_2SO_4电解液中进行 CV 测试。在-0.2~0.8V 电压区间内，根据循环伏安法测得的所有 N-MM-Cnet 材料的循环-伏安曲线如图 4-13 所示。所有 N-MM-Cnet 材料的 CV 曲线形状均为有轻微失真的准矩形形状，这可能是由于碳材料中引入 N 原子，在 0.5mol/L H_2SO_4电解液中，产生了赝电容引起的[29]。随着扫速的增加，CV 曲线的面积逐渐增大，其形状基本保持不变。表明 N-MM-Cnet 材料具有良好的充放电特性和倍率性。并且从图 4-13 中可以看出，在相同的扫速下，随着 DCDA 和 TTIP 量的增加，制备的 N-MM-Cnet 材料的 CV 曲线面积先增大后降低，N-MM-Cnet-3 材料具有最大的面积，变化趋势与比表面积的变化趋势一致。

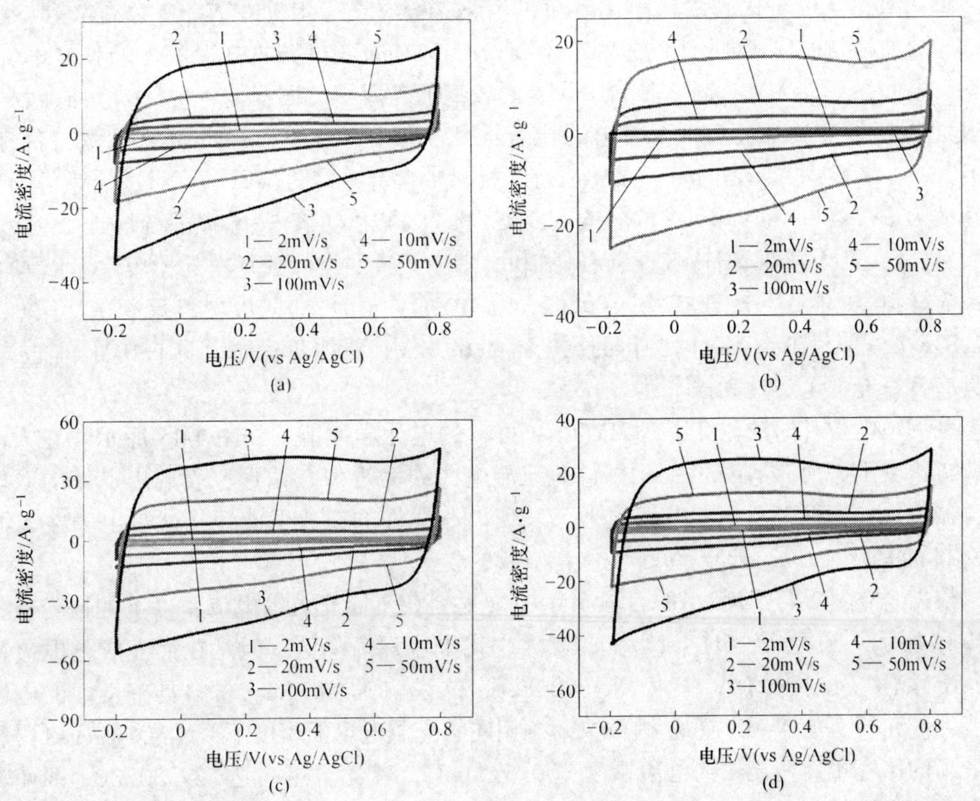

图 4-13 在不同扫速下（2~100mV/s 之间），氮掺杂微孔/介孔网状碳材料的循环-伏安曲线

（a）N-MM-Cnet-1；（b）N-MM-Cnet-2；（c）N-MM-Cnet-3；（d）N-MM-Cnet-4

为了更直观地看出不同扫速下，不同 N-MM-Cnet 材料比电容的差别。根据循环-伏安曲线（图 4-13），利用公式（2-3）计算出所有 N-MM-Cnet 材料的比容量，如图 4-14 所示。在同一扫速下，N-MM-Cnet 材料的比容量随着 DCDA 和 TTIP 量的增加先增大后减小，N-MM-Cnet-3 材料具有最大的比电容，这和比表面积的变化趋势一致，表明 N-MM-Cnet 碳材料的比电容和比表面积之间存在直接相关性。

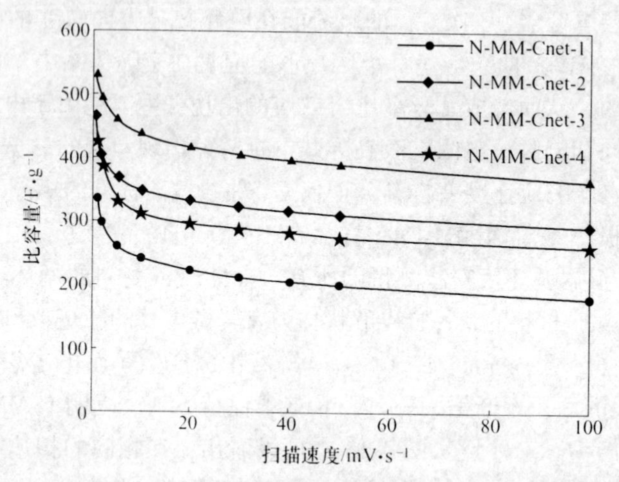

图 4-14　在不同扫速下，氮掺杂微孔/介孔网状碳材料的比容量曲线

掺入氮原子也是提高碳材料比容量的有效方法之一。比如，N-MM-Cnet-2 和 N-MM-Cnet-3 两种材料的比表面积相差很小，但是 N-MM-Cnet-3 材料的电容量高于 N-MM-Cnet-2 材料，这归结于 N-MM-Cnet-3 材料中含有的较高的氮原子。同样的，N-MM-Cnet-4 材料的比表面积接近于 N-MM-Cnet-1 材料的比表面积，但是 N-MM-Cnet-4 材料的电容高于 N-MM-Cnet-1 材料，主要是因为 N-MM-Cnet-4 材料中含有更多的氮原子。通过计算得到，在扫速为 1mV/s 和 2mV/s 时，N-MM-Cnet-3 材料的比电容量可以达到 525. 52F/g 和 493. 44F/g，高于其他 N-MM-Cnet 碳材料和文献中报道的类似碳材料的比容量。以 N-MM-Cnet-3 材料为例，当扫速扩大 100 倍，为 100mV/s 时，其比电容量仍然可以达到 364. 83F/g，是其在 1mV/s 时测得的比电容的 69. 4%，更加明确地说明了 N-MM-Cnet-3 材料具有良好充放电特性和倍率性。

利用恒电位计时法研究了 N-MM-Cnet 材料的电化学性能，如图 4-15 所示。在大电流充放电密度下，所有 N-MM-Cnet 材料的充放电曲线为近似三角形，表现出良好的双电层电容器特性。在低电流充放电密度下，表现出非线性的充放电曲线，这是由于在 N-MM-Cnet 材料中引入 N 原子，产生了赝电容引起的。

根据公式（2-4）计算出所有 N-MM-Cnet 材料在不同充放电电流密度下的比容量，如图 4-16 所示。随着充放电电流密度的增大，比电容逐渐降低。但是在大充放电电流密度下，N-MM-Cnet 材料的比电容仍高于 200F/g，这说明 N-MM-Cnet 材料具有良好的电容保持能力。在所有的 N-MM-Cnet 材料中，在相同的充放电电流密度下，N-MM-Cnet-3 材料具有最高的比容量。在充放电电流密度为 0. 5A/g 时，其比容量高达 537. 30F/g。即使充放电电流密度增大到 10A/g 时，其比容量仍然可以达到 371. 50F/g。N-MM-Cnet-3 材料的比容量高于合成的其他碳材料和文献中目前报道的氮掺杂多孔碳材料的比容量，这个结果和

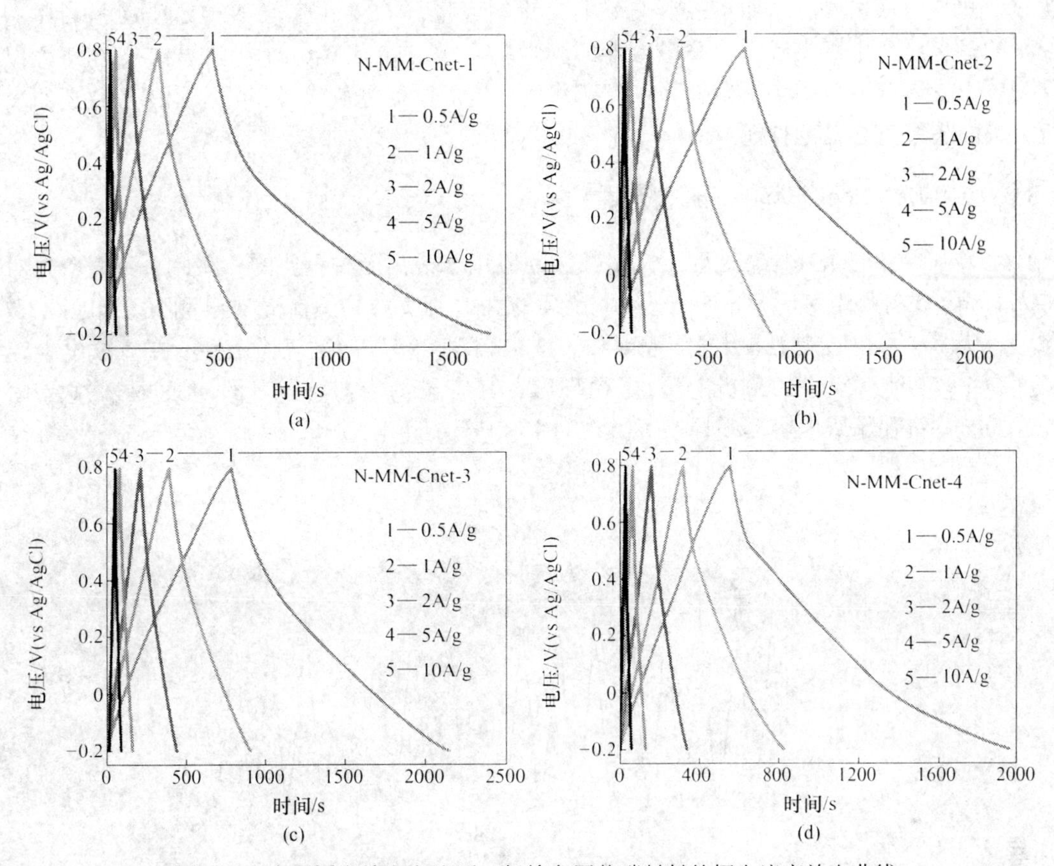

图 4-15 在不同充放电电流下，氮掺杂网状碳材料的恒电流充放电曲线

CV 的结果一致。通过与其他 N-MM-Cnet 材料对比，N-MM-Cnet-3 材料的高比电容归结于其高比表面积和相对丰富的 N 含量。

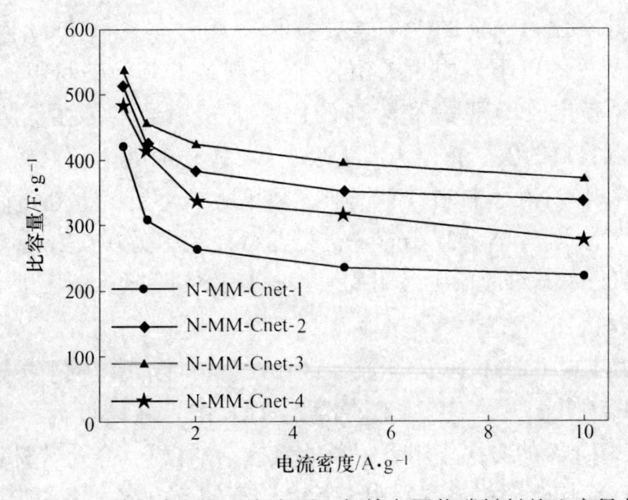

图 4-16 在不同充放电电流密度下，氮掺杂网状碳材料的比容量曲线

通过以上研究证明，制备的 N-MM-Cnet 材料的电容主要来源于以下几方面[30]：(1) 孔径尺寸较大的介孔作为电解液传输/扩散的快速通道，有利于孔径尺寸较小的微孔可以

快速地和电解液接触，从而增强双电层电容器的容量；（2）由于在 N-MM-Cnet 材料中 N 原子的引入，产生赝电容，提高电容器的容量；（3）在 N-MM-Cnet 材料中掺入的 N 可以作为电子受体或者吸引中子，提高电荷迁移率，这可以促进氮或者相邻官能团氧化还原反应，提高超级电容器的性能。

4.3.3　g-N-MM-Cnet 材料的循环稳定性

超级电容器的循环稳定性对于大多数实际应用来说是至关重要的。在此，我们单独对 N-MM-Cnet-3 材料组装的 SC 单元进行了持续的大电流负载的恒流充放电测试，如图 4-17 所示。从图中可以直观地看出，N-MM-Cnet-3 也表现出超好的循环稳定性。在充放电电流密度为 5A/g 时，经过 10000 圈充放电循环后，其容量约为初始容量的 98. 8 %。这为 N-MM-Cnet 材料在超级电容器中提供了潜在的实际应用价值。

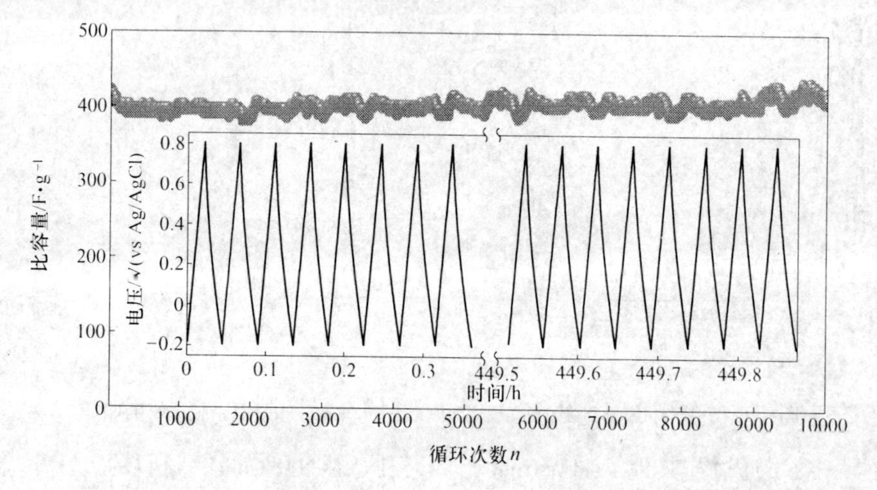

图 4-17　在充放电电流密度为 5A/g 时，N-MM-Cnet-3 材料的充放电循环曲线

交流阻抗是衡量电化学性能的一项重要指标。从图 4-18 中可以看出，N-MM-Cnet-3 材料具有最低的串联等效电阻，约为 1. 3Ω，低于制备的其他碳材料。这可能是由于 N-MM-Cnet-3 材料中含有比较丰富 N 和较高的比表面积引起的。在低频区，其相位角为 −82°，接近于理想电容器的值。相位角大于 45°（负值）时处于相对较高的频率区域，证明了制备的氮掺杂微孔/介孔碳材料具有快速充放电的电容行为。在电阻和电抗的振幅相同时（相位角在−45°附近），N-MM-Cnet-3 材料的特征频率为 0. 55Hz，高于文献中报道的其他活性炭（0. 05Hz）。其对应的弛豫时间（$t_0 = 1/f_0$）低于 1. 8s，进一步说明了制备的氮掺杂微孔/介孔碳材料的优越性[31]。

表 4-5 为目前为止报道的在 H_2SO_4 电解液中，碳材料以及杂原子掺杂的碳材料的电化学性能。很明显可以看出，用 TTIP 水解产生的 TiO_2 作为硬模板剂，使用三嵌段化合物 P123 作为碳源，在 DCDA 的协同作用下制备的氮掺杂的微孔/介孔碳材料具有较高的比表面积，作为电极材料应用于超级电容器中，具有较高的比电容。进一步说明了多级孔结构以及掺入杂原子可以提高碳材料的电化学性能，为超级电容器的发展提供基础。

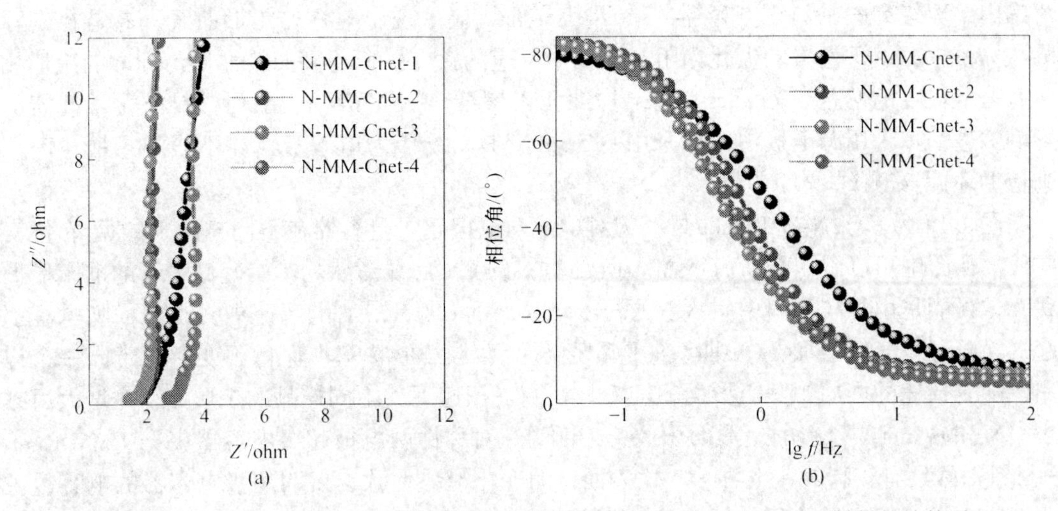

图 4-18 (a) N-MM-Cnet 材料在高频区的能斯特曲线；(b) N-MM-Cnet 材料的波特图

表 4-5 目前文献中报道的在 H_2SO_4 电解液中碳材料以及杂原子掺杂的碳材料的电化学性能

样品名称	比表面积 /$m^2 \cdot g^{-1}$	电解液 /$mol \cdot L^{-1}$	电流密度 /$A \cdot g^{-1}$	比容量 /$F \cdot g^{-1}$	参考文献
N-MM-Cnet	2144	0.5H_2SO_4	0.5	537	本研究
多孔碳纳米片	1890	1H_2SO_4	<0.5	<140	[32]
多孔碳纳米纤维	468.9	0.5H_2SO_4	0.2	104	[33]
氮掺杂碳	442	1H_2SO_4	—	204.8	[34]
富含氮的 CNTs/碳	352	1H_2SO_4	0.05	167.0	[35]
CNTs/N-碳	—	1H_2SO_4	—	100	[36]
碳纳米管	228.6	0.5H_2SO_4	1	100	[37]
3D 多孔 rGO 膜	—	1H_2SO_4	1	206	[38]
EM-CCG 膜	—	1H_2SO_4	0.1	192	[39]
SSG 膜	—	1H_2SO_4	0.1	215	[40]
MB-衍生的 ACs	2151	1H_2SO_4	0.2	265	[41]
HMCS	2144	1H_2SO_4	0.25	210	[14]
氮掺杂碳	1606	1H_2SO_4	5	289	[42]
PCNW2	1642	1H_2SO_4	1	291	[43]
石墨烯水凝胶	—	1H_2SO_4	2	243	[44]
活化的石墨烯	1315	1H_2SO_4	0.05	240	[45]
氮掺杂多孔石墨烯/碳	1882.3	1H_2SO_4	—	405	[46]
活化的石墨烯	2557.3	H_2SO_4	0.1	264	[47]
CO_2-活化的石墨烯	829	1H_2SO_4	—	278.5	[48]

4.3.4 两电极（对称性）超级电容器

采用两电极体系，在不同的扫描速率下进行循环-伏安测试。在电极材料的工作电压范围内，理想的碳基超级电容器的循环-伏安曲线应呈现出对称的矩形曲线，氮是在实际测试体系中，由于电极的极化内阻和法拉第反应的存在，所得到曲线往往与标准的矩形相比有一定程度的偏差。为了研究孔结构和元素掺杂对 N-MM-Cnet 系列材料电化学性能的影响，进一步采用两电极体系，采用 0.5mol/L H_2SO_4 作为电解液，在不同的扫描速率下进行循环-伏安测试。

图 4-19 为基于 N-MM-Cnet 材料的对称性两电极超级电容器在不同扫速下的循环-伏安曲线。从图中可以看出，所有 N-MM-Cnet 材料的 CV 曲线形状均为有轻微失真的准矩形形状，这可能是由于碳材料中引入 N 原子，在 0.5mol/L H_2SO_4 电解液中，产生了赝电容引起的。随着扫速的增加，CV 曲线的面积逐渐增大，其形状基本保持不变。对于同一个样品，随着扫速的增加，其矩形面积增大。在同一扫速下，不同样品的矩形面积先增大后减小，N-MM-Cnet-3 材料的矩形面积最大，说明在对称性两电极超级电容器中，N-MM-Cnet-3 材料仍然具有较高的比电容。与比表面积的变化趋势一致，说明超级电容器的电容量主要取决于材料的比表面积，与在三电极体系中测得的结果一致。

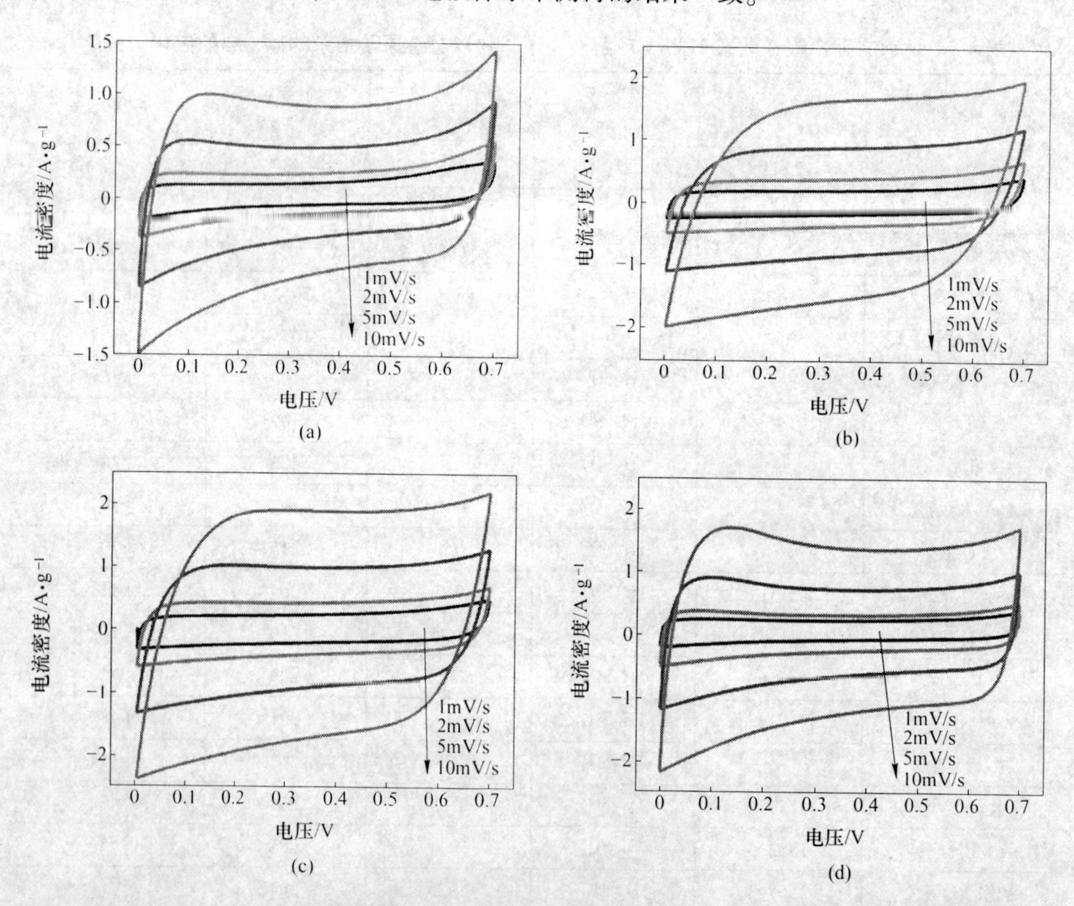

图 4-19　在不同扫速下，氮掺杂网状碳材料在对称性两电极电容器中的循环-伏安曲线

（电解液：0.5mol/L H_2SO_4 水溶液）

（a）N-MM-Cnet-1；（b）N-MM-Cnet-2；（c）N-MM-Cnet-3；（d）N-MM-Cnet-4

为了进一步探讨 N-MM-Cnet 系列材料的电容性能，采用两电极体系，在不同的电流

密度下进行恒电流充放电测试，即利用恒电位计时法研究了 N-MM-Cnet 材料在对称性两电极超级电容器中的电化学性能，如图 4-20 所示。在大电流充放电密度下，所有 N-MM-Cnet 材料的充放电曲线为近似三角形，表现出良好的双电层电容器特性。但是电压降较大，可能是由于组装的超级电容器的内电阻较大引起的。在低电流充放电密度下，表现出非线性的充放电曲线，这是由于在 N-MM-Cnet 材料中引入 N 原子，产生了赝电容引起的。在同一充放电电流密度下，与其他样品相比，N-MM-Cnet-3 材料具有最大的比电容，其结果与在三电极中测得的结果一致。

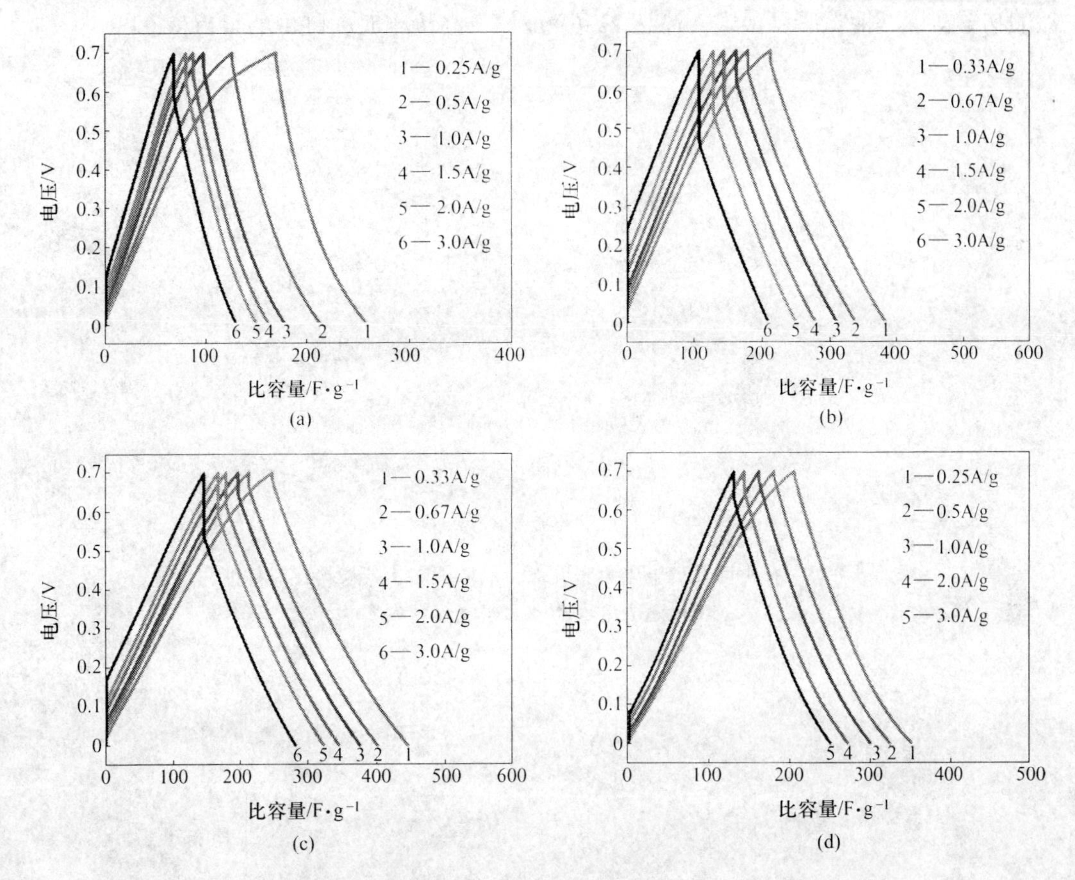

图 4-20　在不同充放电电流下，氮掺杂网状碳材料在对称性两电极超级电容器中的恒电流充放电曲线

(a) N-MM-Cnet-1；(b) N-MM-Cnet-2；(c) N-MM-Cnet-3；(d) N-MM-Cnet-4

此外，根据恒电流充放电曲线中的放电过程曲线，通过公式计算得到了超级电容的比容量，如图 4-21 所示。由图 4-21 可知，随着电流密度的增加，比电容均有减小的趋势。具体来讲，可能是由以下两个原因造成的：第一，在较大电流密度下，正负离子扩散引起的浓差极化变大；第二，在高电流密度下，由于空间局限性离子只能扩散进入一部分碳材料的微孔中，比表面积的利用率降低。

从图 4-21 中可以看出，在相同的充放电电流密度下，随着二聚氰胺和 TTIP 量的增加，制备的 N-MM-Cnet 材料的比电容先增大后减小，N-MM-Cnet-3 材料的比电容最高，比电容变化趋势同三电极测得的比电容变化趋势。在 0.5A/g 的充放电电流密度下，N-MM-

Cnet-3 材料的比电容高达 456. 17F/g，N-MM-Cnet-1 材料、N-MM-Cnet-2 材料、N-MM-Cnet-4 材料的比电容分别是 224F/g、337. 33F/g 和 308. 67F/g。虽然随着充放电电流密度的增加，比电容逐渐下降，在大电流充放电密度 10A/g 下，N-MM-Cnet-3 材料组装成的超级电容器的单电极比电容仍然高达 320F/g。

为了更好地研究基于 N-MM-Cnet 材料的超级电容器的电化学性能，对器件的能量密度和功率密度进行计算，如图 4-22 所示。采用 N-MM-Cnet 材料组装成的电容器的功率密度随着能量密度的增加而减小。与其他材料相对比，使用 N-MM-Cnet-3 材料组装成的电容器的功率密度和能量密度最大，高达 22. 6Wh/kg，高于当时文献中的报道值。

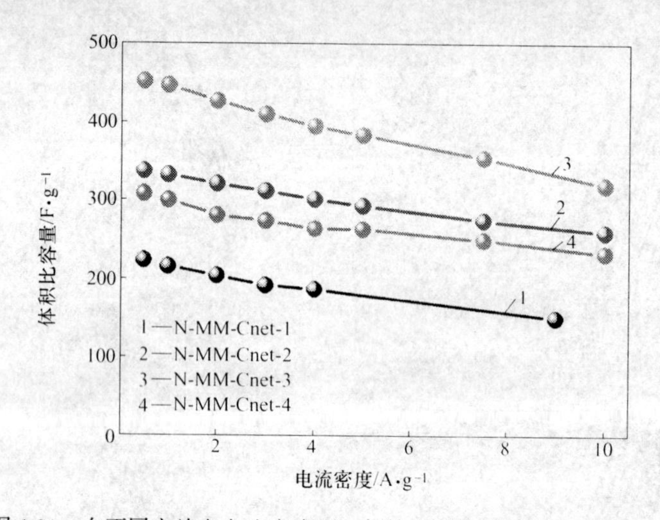

图 4-21　在不同充放电电流密度下，氮掺杂网状碳材料在对称性两电极超级电容器中的比电容衰减图

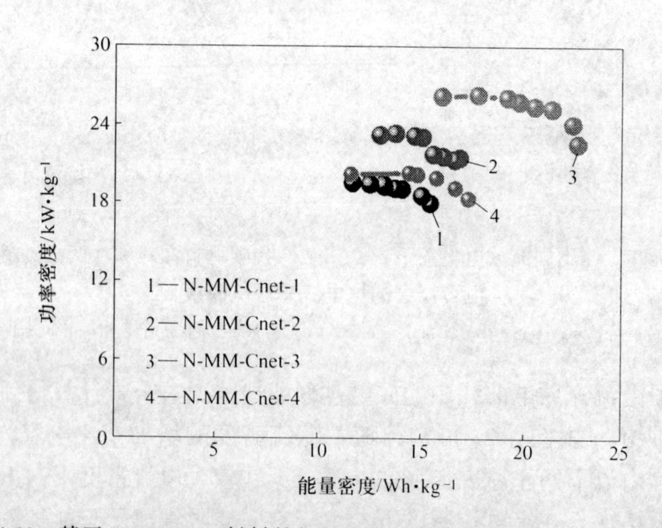

图 4-22　基于 N-MM-Cnet 材料的超级电容器能量密度与功率密度的关系

4. 4　本章小结

本章所使用样品的合成方法是在第 3 章合成方法的基础上进行了调控，合成了 N 掺

杂微孔/介孔网状碳材料，并将其作为电极材料应用于超级电容器中。

（1）在第3章合成方法的基础上，通过调控原料 DCDA 和 TTIP 的量，制备出含氮丰富的、具有高比表面积和孔容的微孔/介孔碳材料。

（2）通过对制备的氮掺杂微孔/介孔网状碳材料的电化学性能测试，证明了制备的网状碳材料具有很高的比容量，其高的比容量主要来源于以下几方面：（1）孔径尺寸较大的介孔作为电解液传输/扩散的快速通道，使孔径尺寸较小的微孔快速地和电解液接触，增强双电层电容器的容量；（2）由于在 N-MM-Cnet 材料中 N 原子的引入，产生赝电容，提高电容器的容量；（3）在 N-MM-Cnet 材料中掺入的 N 原子可以作为电子受体或者吸引中子，提高电荷迁移率，促进氮或者相邻官能团氧化还原反应，从而进一步提高超级电容器的性能。

参考文献

[1] Du X, Hao X, Wang, Z, et al. Electroactive ion exchange materials: current status in synthesis, applications and future prospects [J]. *Journal of Materials Chemistry A*, 2016, 4 (17): 6236~6258.

[2] Chen S, Xing W, Duan J, et al. Nanostructured morphology control for efficient supercapacitor electrodes [J]. *Journal of Materials Chemistry A*, 2013, 1 (9): 2941~2954.

[3] Yang Z, Ren J, Zhang, Z, et al. Recent Advancement of Nanostructured Carbon for Energy Applications [J]. *Chemical Reviews*, 2015, 115 (11): 5159~5223.

[4] Deng, Y, Xie Y, Zou K, et al. Review on recent advances in nitrogen-doped carbons: preparations and applications in supercapacitors [J]. *Journal of Materials Chemistry A*, 2016, 4 (4): 1144~1173.

[5] Shi Q, Liang, H, Feng D, et al. Porous carbon and carbon/metal oxide microfibers with well-controlled pore structure and interface [J]. *Journal of the American Chemical Society*, 2008, 130 (15): 5034~5035.

[6] Jiang J, Liu J, Zhou W, et al. CNT/Ni hybrid nanostructured arrays: synthesis and application as high-performance electrode materials for pseudocapacitors [J]. Energy & Environmental Science, 2011, 4 (12): 5000~5007.

[7] Zheng X, Lv W, Tao, Y, et al. Oriented and interlinked porous carbon nanosheets with an extraordinary capacitive performance [J]. *Chemistry of Materials*, 2014, 26 (23): 6896~6903.

[8] Wu E C, Zhang S, Hauser C A E. Self-assembling peptides as cell-interactive scaffolds [J]. Advanced Functional Materials, 2012, 22 (3): 456~468.

[9] Kong L, Chen W. Ionic Liquid Directed mesoporous carbon nanoflakes as an effiencient electrode material [J]. Scientific Reports, 2015, 5: 18236.

[10] Teng W, Wu Z, Fan J, et al. Amino-functionalized ordered mesoporous carbon for the separation of toxic microcystin-LR [J]. *Journal of Materials Chemistry A*, 2015, 3 (37): 19168~19176.

[11] Luo C, Xu Y, Zhu Y, et al. Selenium@ mesoporous carbon composite with superior lithium and sodium storage capacity [J]. ACS Nano, 2013, 7 (9): 8003~8010.

[12] Yang J, Wang Y X, Chou S L, et al. Yolk-shell silicon-mesoporous carbon anode with compact solid electrolyte interphase film for superior lithium-ion batteries [J]. *Nano Energy*, 2015, 18: 133~142.

[13] Zhai Y, Dou Y, Zhao D, et al. Carbon materials for chemical capacitive energy Storage [J]. *Advanced Materials*, 2011, 23 (42): 4828~4850.

[14] Wen Y, Wang B, Huang C, et al. Synthesis of phosphorus-doped graphene and its wide potential window in aqueous supercapacitors [J]. *Chemistry-A European Journal*, 2015, 21 (1): 80~85.

[15] Yang S J, Antonietti M, Fechler N. Self-Assembly of metal phenolic mesocrystals and morphosynthetic transformation toward hierarchically porous carbons [J]. *Journal of the American Chemical Society*, 2015, 137 (25): 8269~8273.

[16] Kim M H, Kim K B, Park S M, et al. Hierarchically structured activated carbon for ultracapacitors [J]. *Scientific Reports*, 2016: 6: 21182.

[17] Wu X, Jiang L, Long C, et al. From flour to honeycomb-like carbon foam: Carbon makes room for high energy density supercapacitors [J]. *Nano Energy*, 2015, 13: 527~536.

[18] Zhou J, Lian J, Hou L, et al. Ultrahigh volumetric capacitance and cyclic stability of fluorine and nitrogen Co-doped carbon microspheres [J]. *Nature Communications*, 2015, 6: 8503.

[19] Zhou Y, Leng Y, Zhou W, et al. Sulfur and nitrogen self-doped carbon nanosheets derived from peanut root nodules as high-efficiency non-metal electrocatalyst for hydrogen evolution reaction [J]. *Nano Energy*, 2015, 16: 357~366.

[20] Wang H, Zhang C, Liu Z, et al. Nitrogen-doped graphene nanosheets with excellent lithium storage properties [J]. *Journal of Materials Chemistry*, 2011, 21 (14): 5430~5434.

[21] Kang D Y, Moon J H. Lithographically defined three-dimensional pore-patterned carbon with nitrogen doping for high-performance ultrathin supercapacitor applications [J]. *Scientific Reports*, 2014, 4: 5392.

[22] Miao Q, Wang L, Liu Z, et al. Magnetic properties of N-doped graphene with high Curie temperature [J]. Scientific Reports, 2016, 6: 21832.

[23] Zhang Y, Mori T, Ye J, et al. Phosphorus-doped carbon nitride solid: enhanced electrical conductivity and photocurrent generation [J]. *Journal of the American Chemical Society*, 2010, 132 (18): 6294~6295.

[24] Jiang L, Sheng L, Long C, et al. Densely packed graphene nanomesh-carbon nanotube hybrid film for ultra-high volumetric performance supercapacitors [J]. *Nano Energy*, 2015, 11: 471~480.

[25] Du, X, Zhao W, Wang Y, et al. Preparation of activated carbon hollow fibers from ramie at low temperature for electric double-layer capacitor applications [J]. *Bioresource Technology*, 2013, 149: 31~37.

[26] Guo J, Zhang J, Jiang F, et al. Microporous carbon nanosheets derived from corncobs for lithium-sulfur batteries [J]. *Electrochimica Acta*, 2015, 176: 853~860.

[27] Li, Y, Wang G, Wei T, et al. Nitrogen and sulfur co-doped porous carbon nanosheets derived from willow catkin for supercapacitors [J]. *Nano Energy*, 2016, 19: 165~175.

[28] Zheng F, Yang Y, Chen Q. High lithium anodic performance of highly nitrogen-doped porous carbon prepared from a metal-organic framework [J]. *Nature Communications*, 2014, 5: 5261.

[29] Song L T, Wu Z Y, Liang H W, et al. Macroscopic-scale synthesis of nitrogen-doped carbon nanofiber aerogels by template-directed hydrothermal carbonization of nitrogen-containing carbohydrates [J]. Nano Energy, 2016, 19: 117~127.

[30] Zheng Y, Li Z, Xu J, et al. Multi-channeled hierarchical porous carbon incorporated Co_3O_4 nanopillar arrays as 3D binder-free electrode for high performance supercapacitors [J]. *Nano Energy*, 2016, 20: 94~107.

[31] Zhu Z, Jiang H, Guo S, et al. Dual tuning of biomass-derived hierarchical carbon nanostructures for supercapacitors: the role of balanced meso/microporosity and Graphene [J]. Scientific Reports, 2015, 5: 15936.

[32] Fuertes A B, Sevilla M, Hierarchical microporous/mesoporous carbon nanosheets for high-performance Supercapacitors [J]. *ACS Applied Materials & Interfaces*, 2015, 7 (7): 4344~4353.

[33] Liu Y, Zhou J, Chen L, et al. Highly flexible freestanding porous carbon nanofibers for electrodes materials of high-performance all-carbon supercapacitors [J]. *ACS Applied Materials & Interfaces*, 2015, 7 (42): 23515~23520.

[34] Hulicova D, Yamashita J, Soneda Y, et al. Supercapacitors prepared from melamine-based Carbon [J]. *Chemistry of Materials*, 2005, 17 (5): 1241~1247.

[35] Lota G, Lota K, Frackowiak E. Nanotubes based composites rich in nitrogen for supercapacitor application [J]. *Electrochemistry Communications*, 2007, 9 (7): 1828~1832.

[36] Béguin F, Szostak K, Lota G, et al. A self-supporting electrode for supercapacitors prepared by one-step pyrolysis of carbon nanotube/polyacrylonitrile blends [J]. *Advanced Materials*, 2005, 17 (19): 2380~2384.

[37] Kang D Y, Moon J H. Carbon nanotube balls and their application in supercapacitors [J]. *ACS Applied Materials & Interfaces*, 2014, 6 (1): 706~711.

[38] Yuan C Z, Zhou L, Hou L R. Facile fabrication of self-supported three-dimensional porous reduced graphene oxide film for electrochemical capacitors [J]. *Materials Letters*, 2014, 124: 253~255.

[39] Yang X, Cheng C, Wang Y, et al. Liquid-mediated dense integration of graphene materials for compact capacitive energy storage [J]. *Science*, 2013, 341 (6145): 534~537.

[40] Yang X, Zhu J, Qiu L, et al. Bioinspired effective prevention of restacking in multilayered graphene films: towards the next generation of high-performance supercapacitors [J]. *Advanced Materials*, 2011, 23 (25): 2833~2838.

[41] Yin J, Zhu Y, Yue X, et al. From environmental pollutant to activated carbons for high-performance supercapacitors [J]. *Electrochimica Acta*, 2016, 201: 96~105.

[42] Gao F, Qu J, Zhao Z, et al. Nitrogen-doped activated carbon derived from prawn shells for high-performance supercapacitors [J]. *Electrochimica Acta*, 2016, 190: 1134~1141.

[43] Wang B, Qiu J, Feng H, et al. KOH-activated nitrogen doped porous carbon nanowires with superior performance in supercapacitors [J]. *Electrochimica Acta*, 2016, 190: 229~239.

[44] Chen L, Bai H, Huang Z, et al. Mechanism investigation and suppression of self-discharge in active electrolyte enhanced supercapacitors [J]. *Energy & Environmental Science*, 2014, 7 (5): 1750~1759.

[45] Seredych M, Koscinski M, Sliwinska-Bartkowiak M, et al. Charge storage accessibility factor as a parameter determining the capacitive performance of nanoporous carbon-based supercapacitors [J]. *ACS Sustainable Chemistry & Engineering*, 2013, 1 (8): 1024~1032.

[46] Ning X, Zhong W, Li S, et al. High performance nitrogen-doped porous graphene/carbon frameworks for supercapacitors [J]. *Journal of Materials Chemistry A*, 2014, 2 (23): 8859~8867.

[47] Yun Y S, Cho S Y, Shim J, et al. Microporous carbon nanoplates from regenerated silk proteins for supercapacitors [J]. *Advanced Materials*, 2013, 25 (14): 1993~1998.

[48] Yun S, Kang S O, Park S, et al. CO_2-activated, hierarchical trimodal porous graphene frameworks for ultrahigh and ultrafast capacitive behavior [J]. *Nanoscale*, 2014, 6 (10): 5296~5302.

5 使用超分子自组装模板剂制备 TiO_2 空心材料及电催化性能研究

5.1 概述

微米级和纳米级空心结构材料具有高的比表面积、低密度和独特的光学和电子特征等引起了广泛的关注[1,2]。这些特点使材料具有更广泛的应用，包括催化[3]、太阳能电池[4,5]、锂-氧电池[6]、光学成像[7]和药物输送[8]等。特别是在电催化和光催化方面的应用，纳米空心和微米级材料不仅可以提供较大的活性面积、降低扩散电阻、提高传质效率，而且可以使高度分散的反应介质具有优良的可重复性[9,10]。纳米空心和微米结构材料的薄壁有利于电子传输到表面的活性位点参与反应[11]，作为高效率的光催化剂在水解和人工光合作用中具有很大的应用潜力[12]。

尽管很多人致力于用无模板法合成空心结构材料[13~15]，但是模板法已经被公认为是一种有效和可控的合成方法来合成空心结构材料[16]。通常模板法分为两类：硬模板法和软模板法。单分散的硅球、碳球、聚合物、金属和金属氧化物通常作为硬模板制备空心结构材料[17~19]。但是在使用硬模板法合成所需的材料过程中，通常需要加入表面活性剂。软模板法是使用乳液液滴、乳胶和气泡等模板合成空心结构材料[20~22]。然而由于液滴凝结和奥斯特瓦尔德熟化等方法合成的空心材料过程中容易凝聚，用软模板法很难合成具有均一和小尺寸结构的空心结构材料。传统的硬模板和软模板都被认为是牺牲剂模板，因为在后处理（如高温煅烧、化学刻蚀等）过程中[23]，这些模板被除去，这个过程明显提高了合成空心结构材料的费用，限制大规模合成的应用[24,25]。因此，需要开发新型生物具有可控形貌和表面官能团的模板剂用来合成空心结构材料，通过回收模板剂来降低合成成本。

超分子自组装之所以可以替代传统的模板用来合成空心结构材料，是因为超分子自组装化合物表面具有丰富的官能团，这些官能团有利于模板剂和其他物质链接得到复合材料[26]。控制非共价键组装成的具有特定无机组分的小分子，有利于形成具有良好尺寸和形状的有序结构。超分子或者大分子之间的弱相互作用有利于在合成空心结构材料过程中除去模板剂，并且可实现超分子模板的可重复性。在这些情况下，超分子或者大分子通常被作为模板应用于多孔材料或者薄膜的合成[27]。

半导体 TiO_2 是一种常用的催化剂，由于其具有优异的氧化能力、化学稳定性、成本低和无毒等优点，被广泛地应用在催化领域。然而，TiO_2 材料是一种禁带宽度较宽，并且光生载流子复合较快的材料，限制了其在实际催化中的应用。大量实验表明，一方面可以通过在 TiO_2 材料上复合金属氧化物和贵金属单质，抑制光生电子-空穴对的复合，提高电子效率利用率。另一方面也可以通过在 TiO_2 晶格中掺入金属离子和非金属，通过引入新的能级，提高光的利用率，降低光生载流子的复合。TiO_2材料被广泛地应用在光催化领域，但是在电催化领域中的应用较少，可能是由于其具有较高的超电势。因此可以通过对TiO_2材料进行优化尺寸、掺杂过渡金属等方式降低超电势，提高动力学反应速率，从而提高其在电催化领域中的应用范围。

在本章中，使用三聚氰酸和三聚氰胺为单体，通过超分子自主装形成三聚氰酸-三聚氰胺化合物，这种化合物表面带有丰富的—NH_2或者—OH官能团，被用作硬模板剂来合成空心结构材料（以TiO_2为例）[28]。通过调控超分子自组装模板剂的尺寸来调控TiO_2空心结构材料的尺寸和厚度，并且这个方法也适用于合成不同过渡金属掺杂的TiO_2空心结构材料，过渡金属钴离子的掺杂不仅可以提高催化剂的活性位点，还提高了TiO_2材料的动力学反应速率，从而提高了催化剂的电催化活性。

5.2 TiO_2空心材料的制备

5.2.1 TiO_2空心材料的制备流程图

三聚氰酸和三聚氰胺之所以被我们选为超分子自组装模板剂是因为它具有可控的形貌，丰富的表面官能团和刚性结构[29]。最近 Thomas 等人科研团队和 Antonietti 等人科研团队用三聚氰酸和三聚氰胺合成了花状的自组装化合物[30,31]。由于三聚氰胺具有丰富的—NH_2官能团，三聚氰酸具有丰富的—OH 官能团，在一定条件下很容易发生自组装生成三聚氰酸-三聚氰胺复合物（简称 CM 化合物），进一步煅烧形成具有多孔结构的氮化碳（C_3N_4）材料。

使用表面具有丰富的—NH_2官能团的三聚氰胺以及表面具有丰富的—OH 官能团的三聚氰酸为原料制备空心结构材料的过程如图 5-1 所示，分为三步：（1）通过超分子自组装方法，使用三聚氰酸和三聚氰胺为单体合成 CM 模板剂；（2）采用溶胶-凝胶方法在 CM 模板剂表面复合 TiO_2；（3）在大量的水中或者热水中（大约 80℃）通过透析的方法除去和回收模板。也就是说，CM 化合物在一定程度上可以实现循环利用，降低成本。所有的这些特征说明 CM 化合物作为模板剂在空心结构材料的合成中具有很大的潜力。

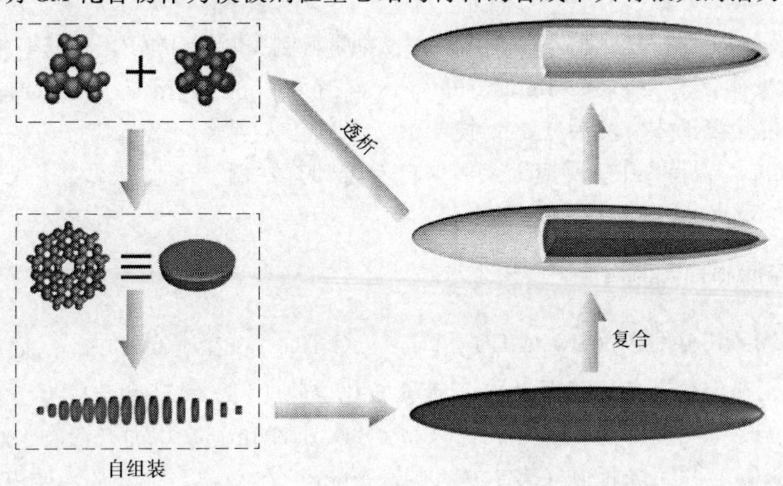

图 5-1 使用三聚氰酸-三聚氰胺超分子自组装化合物作为硬模板合成空心结构材料

5.2.2　三聚氰酸-三聚氰胺及对比模板剂的制备

合成三聚氰酸-三聚氰胺复合物（cyanuric acid-melamine complex，简称 CM）：一定量的三聚氰胺和三聚氰酸分别完全溶解于 A 和 B 溶剂中（表 5-1）。搅拌大约 2h，待固体完全溶解后，这两种溶液混合，在室温下静止 10min 得到白色沉淀。把这些混合物在液氮中冻成冰后放在冷冻干燥机中冻干就可以得到梭形的三聚氰酸-三聚氰胺化合物。通过调节三聚氰胺和三聚氰酸的量和比例可以得到不同尺寸的 CM 化合物。通过调节不同溶剂，也可以得到花状形状和圆盘形状的三聚氰酸-三聚氰胺化合物。在水溶液中加入 PVP 作为溶剂可以得到花状形状的三聚氰酸-三聚氰胺化合物。

合成 SiO_2 纳米球：根据经典的 Stöber's 方法合成 SiO_2 纳米球[32]。用移液枪量取 1mL 原硅酸四乙酯，用 10mL 量筒量取 7.5mL 质量分数为 28%的氨水溶液和 18mL 水，加入 120mL 无水乙醇中。混合溶液在 25℃下反应 24h 后产生白色沉淀。这些白色沉淀通过离心方法收集，然后分别使用蒸馏水和乙醇洗涤三次后置于烘箱中烘干，即可得到 SiO_2 纳米球。

表 5-1　合成三聚氰酸-三聚氰胺化合物的实验条件

样品名称	$m_{melamine}$	V_A	$m_{cyanuric\ acid}$	V_B
CM-4μm	1.2g	50mLH_2O	1.5g	100mLH_2O
CM-6μm	1.0g	50mLH_2O	1.25g	100mLH_2O
CM-8μm	0.8g	50mLH_2O	1.0g	50mLH_2O
CM-10μm	0.6g	50mLH_2O	0.75g	100mLH_2O
花状三聚氰胺-三聚氰酸复合材料	1.2g	50mLH_2O+0.2gPVP	1.5g	100mLH_2O+0.2gPVP
圆盘状三聚氰胺-三聚氰酸复合材料	1.2g	50mLH_2O+50mLCH_3CH_2OH	1.5g	100mLH_2O+100mLCH_3CH_2OH
	1.2g	50mLH_2O+50mLCH_3COCH_3	1.5g	100mLH_2O+100mLCH_3COCH_3

合成碳球：通过使用间苯二酚和甲醛溶液为原料制备单分散的碳球[33]。在制备过程中：称取 0.2g 间苯二酚、0.28mLHCHO 加入含有 0.1mLNH_3 溶液、8mLCH_3CH_2OH 和 20mLH_2O 的混合溶液中。然后在 30℃搅拌下 24h 后转入到聚四氟乙烯反应釜中，置于烘箱中，在 180℃下保持 24h。反应结束后，自然冷却至室温，离心、洗涤、烘干，最后在氮气保护下，600℃马弗炉中煅烧 1h。

5.2.3　TiO_2 空心材料的制备

合成 e-CM-NRs@TiO_2（SiO_2@TiO_2 和 Carbon@TiO_2）：在本实验中，我们用典型的溶胶-凝胶法分别在上述制备的三聚氰酸-三聚氰胺化合物，SiO_2 小球和碳球上负载 TiO_2，称取一定量的模板（三聚氰酸-三聚氰胺化合物，SiO_2 小球和碳球）加入含有 100mL 乙醇和 0.5mL 水的 150mL 圆底烧瓶中（表 5-2），超声 2min 后在室温下搅拌 1h，待模板全部单分散于溶剂中，然后将一定量的钛酸四丁酯在 5min 内缓慢地滴加到含模板剂的溶液中，置于40℃油浴锅中搅拌24h。反应后，在室温下陈化24h，然后在50℃烘箱中烘干。最后，把烘干后的样品置于透析膜中放在大量的水中进行透析以除去模板。这个方法也适用于过渡金属掺杂的TiO_2空心结构，在合成过程中加入一定量的过渡金属盐（M/(Ti+M)的摩尔比为5%），如NH_4VO_3、$CoSO_4 \cdot 7H_2O$、$MnSO_4 \cdot H_2O$、$(NH_4)_6MO_7O_{24} \cdot 4H_2O$和$Ni(NO_3)_2$。

表5-2 合成CM complex@TiO_2，SiO_2@TiO_2以及C@TiO_2复合物的实验条件

样品名称	$m_{nanotemplates}$	$V_{tetrabutyl\ titanate}$
e-CM-NRs@TiO_2-13nm	0.75g	0.5mL
e-CM-NRs@TiO_2-23nm	0.75g	1.0mL
e-CM-NRs@TiO_2-34nm	0.75g	1.5mL
花状CM@TiO_2复合材料	1.0g	0.5mL
圆盘状CM@TiO_2复合材料	1.0g	0.5mL
SiO_2@TiO_2	0.5g	0.5mL
Carbon@TiO_2	0.5g	2.0mL

5.3 结果与讨论

5.3.1 CM化合物的表征

由于三聚氰胺表面具有丰富的—NH_2官能团，三聚氰酸表面具有丰富的—OH官能团，它们很容易发生自组装反应形成CM化合物。通过调控反应溶剂、三聚氰酸和三聚氰胺的投料比以及三聚氰胺和三聚氰酸在溶液中的浓度，可以得到不同形貌和尺寸的三聚氰酸-三聚氰胺化合物（简称CM化合物）。

如图5-2所示，三聚氰酸和三聚氰胺在水溶剂中形成梭形CM化合物，在水和聚乙烯吡咯烷酮的混合溶剂中形成花状的三聚CM化合物，在水和乙醇、水和丙酮的溶剂中分别得到不同尺寸圆盘状的CM化合物。这是由于三聚氰胺表面的—NH_2官能团、三聚氰酸表面的—OH官能团和不同溶剂有不同的相互作用产生的。

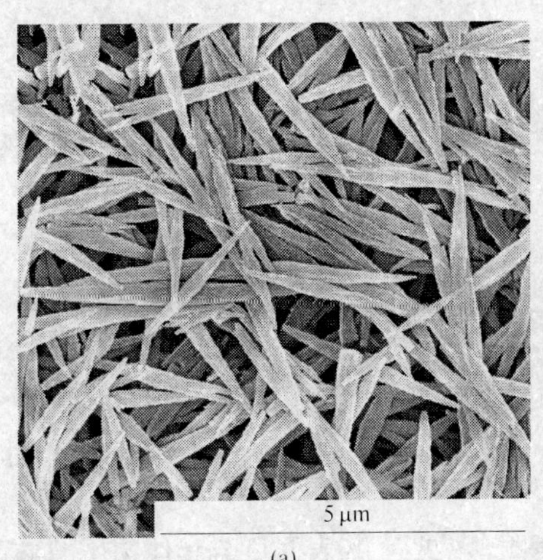

(a)

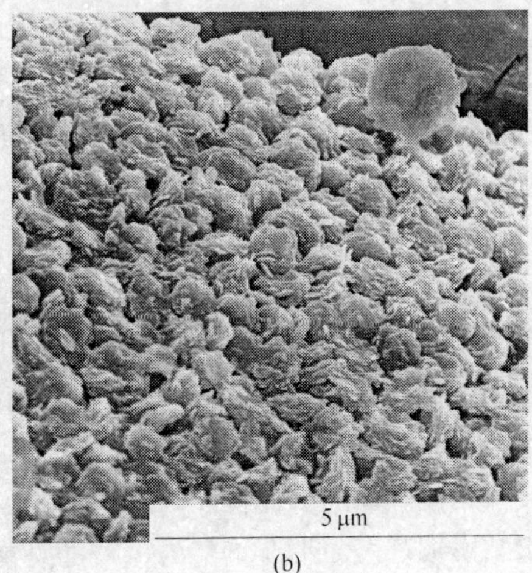

(b)

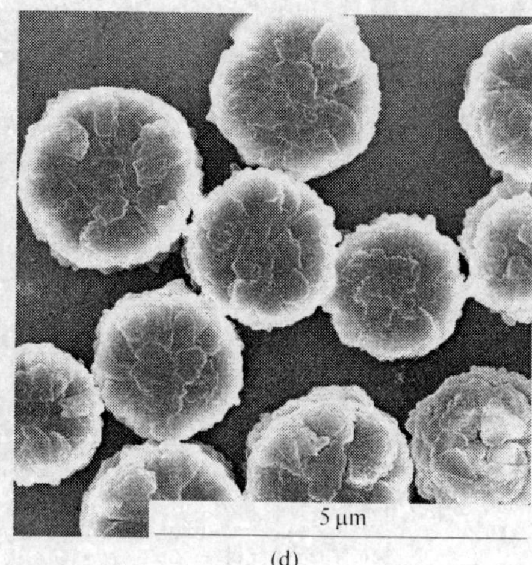

图 5-2 在不同溶剂中合成的 CM 化合物的 SEM 图

(a) 水溶液中；(b) 水和乙醇混合溶液中；(c) 水和 PVP 混合溶液中；(d) 水和丙酮混合溶液中

以梭形 CM 化合物为例，通过调节三聚氰酸和三聚氰胺的质量比来调节 CM 化合物的尺寸大小（图 5-3（a）~（d））。当三聚氰酸和三聚氰胺的质量比从 4：5 增加到 7：5 时，CM 化合物的形貌没有发生变化，尺寸明显发生变化。当三聚氰酸和三聚氰胺的质量比从 4：5 增加到 5：5 时，尺寸明显增大，并且表面变得粗糙，有块状颗粒出现。当三聚氰酸和三聚氰胺的质量比从 5：5 增加到 7：5 时，样品的尺寸稍微减小。由此可以看出，三聚氰酸和三聚氰胺单体的质量比，不影响自组装化合物的形貌。可以通过调节两者不同的质量比，得到不同尺寸的 CM 化合物。

由于三聚氰酸和三聚氰胺在水溶剂中的溶解度有限，为了得到较小尺寸的模板剂，以三聚氰酸和三聚氰胺的质量比为 4：5 为例，调节三聚氰酸和三聚氰胺在水溶剂中的浓度可以得到尽可能小尺寸的模板剂（图 5-3（e）~（h））。随着三聚氰酸和三聚氰胺的浓度降低，梭形 CM 化合物的长度和直径（指的是最长和最粗位置的长度和直径）逐渐从 4μm 增大到 10μm。综合上述结论，在三聚氰酸和三聚氰胺质量比为 4：5、三聚氰胺在水中的浓度为 0.024g/mL 时，可以得到最小尺寸的 CM 化合物。

在最佳比例和最佳浓度下，通过简单混合三聚氰酸和三聚氰胺的水溶液可以得到大量的 CM 化合物（图 5-4）。这些 CM 化合物与小批量合成的 CM 化合物相比，其形貌和尺寸等均没有发生变化，说明这种方法适合合成大批量的模板剂，可为大量合成空心结构材料提供丰富的可循环使用的模板剂。

5.3.2 CM 化合物@ TiO_2 材料的表征

分别采用 Stöber 法制备的 SiO_2 球以及使用间苯二酚和甲醛溶液为原料制备单分散的碳球的 SEM 图如图 5-5 所示。制备的 SiO_2 球和碳球表面光滑，采用 Stöber 法制备的 SiO_2 球尺寸较小，球的直径在 190nm 左右。而使用间苯二酚和甲醛溶液为原料制备单分散的碳球颗粒尺寸较大，球的直径在 350nm 左右。

自组装模板剂表面带有丰富的可调的官能团，是能在其表面负载其他物质的最重要因素。CM 自组装化合物是符合这个条件的良好的模板剂。如图 5-6（a）所示，CM 化合物

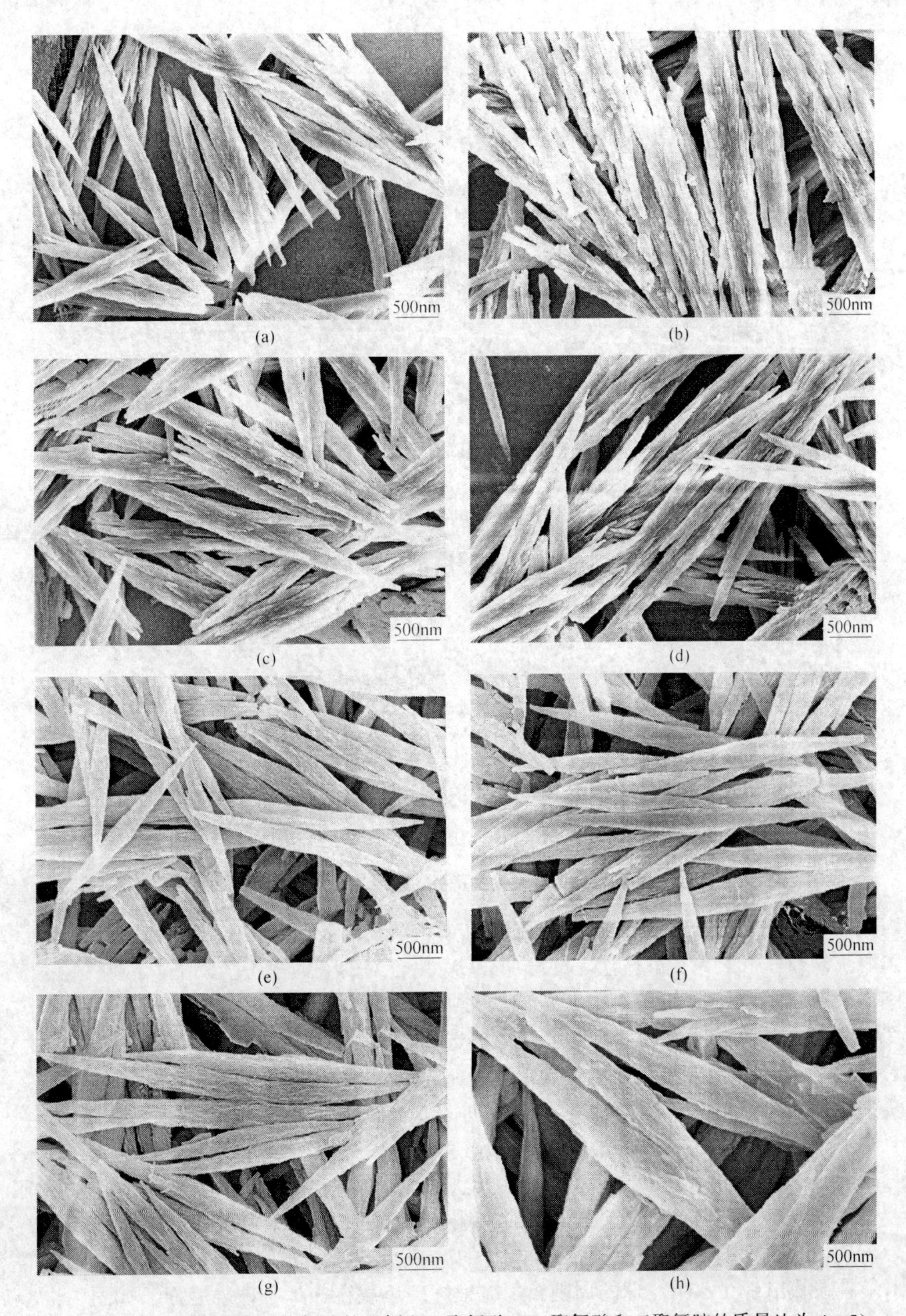

(a) (b) (c) (d) (e) (f) (g) (h)

图 5-3 调节三聚氰酸和三聚氰胺的比例和三聚氰酸（三聚氰酸和三聚氰胺的质量比为 4∶5）在水溶液中的浓度得到的不同尺寸梭形 CM 化合物的 SEM 图

(a) 4∶5；(b) 5∶5；(c) 6∶5；(d) 7∶5；(e) 0.024g/mL；(f) 0.020g/mL；(g) 0.016g/mL；(h) 0.012g/mL

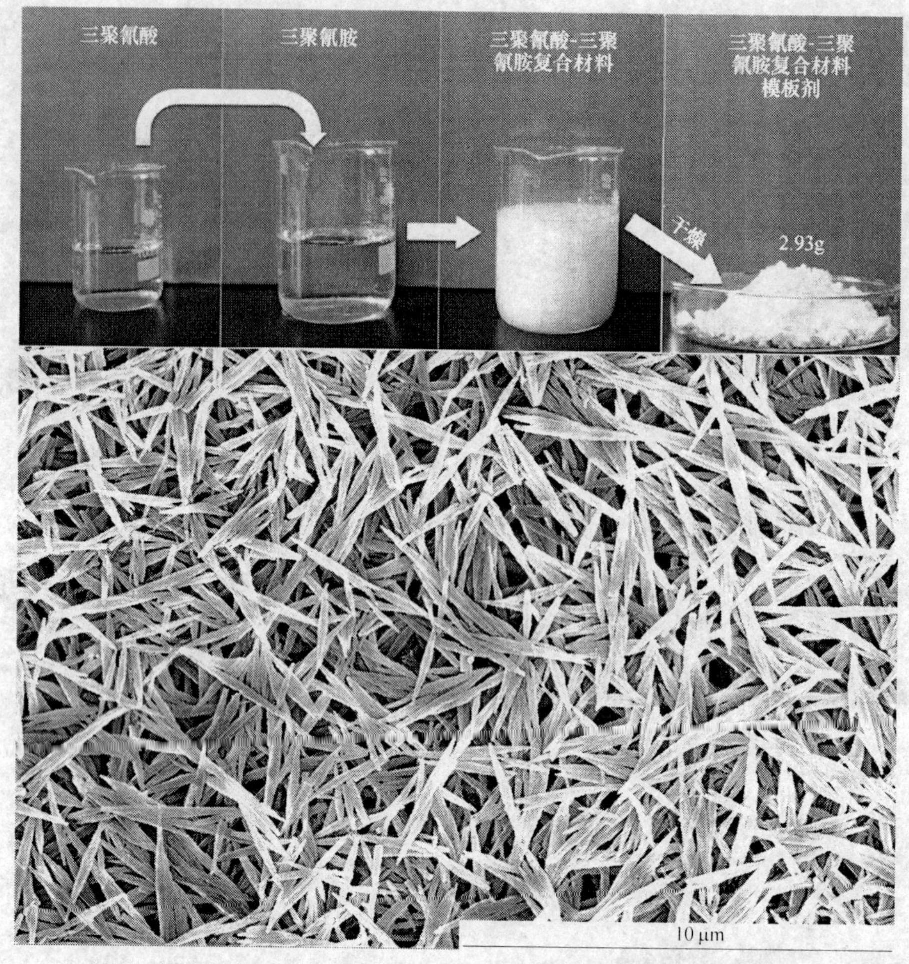

图 5-4　使用三聚氰胺和三聚氰酸制备 CM 化合物合成过程相片和 SEM 图

的表面 Zeta 电位呈现负值，使 TTIP 很容易在 CM 模板剂表面发生水解形成 TiO_2 外壳。并且随着三聚氰胺和三聚氰酸质量比的增加，CM 化合物的表面电位值降低。因此当三聚氰胺和三聚氰酸的质量比为 4∶5 时，合成的 CM 化合物表面具有更多的负电荷，有利于表面 TiO_2 空心结构材料的形成。这种复合物被选为模板剂，是由于可以不用表面进行功能化，直接用来合成 e-CM-NRs@TiO_2 核壳结构材料，如图 5-5（c）所示。

使用模板剂合成 TiO_2 空心结构材料，如图 5-6（d）和（f）所示。用 Stöber 法合成 SiO_2 纳米球的直径大约在 210nm，表面比较光滑。不经过表面修饰时在外表面负载 TiO_2 只能导致在 SiO_2 纳米球附近聚集一些不规则形状的 TiO_2 颗粒，如图 5-6（d）和（f）所示，主要是由于 SiO_2 纳米球表面没有丰富的官能团，钛酸四丁酯很难在其表面发生水解。

若使用 SiO_2 小球作为模板剂，用相同的合成方法在 SiO_2 小球表面负载 TiO_2 外壳，TiO_2 呈颗粒状出现在 SiO_2 小球的周围，不能很好地负载在 SiO_2 小球外表面。如图 5-6（g）所示，通过使用间苯二酚和甲醛溶液作为原料合成的单分散的碳球的直径在 300nm 左右。不经过表面修饰在碳小球外表面负载 TiO_2 外壳，虽然部分 TiO_2 能负载在碳球的外表面，但是 TiO_2 外壳壁较厚，且容易发生破裂。综上所述，自组装 CM 化合物是一种良好的合成空心结构材料的模板剂。

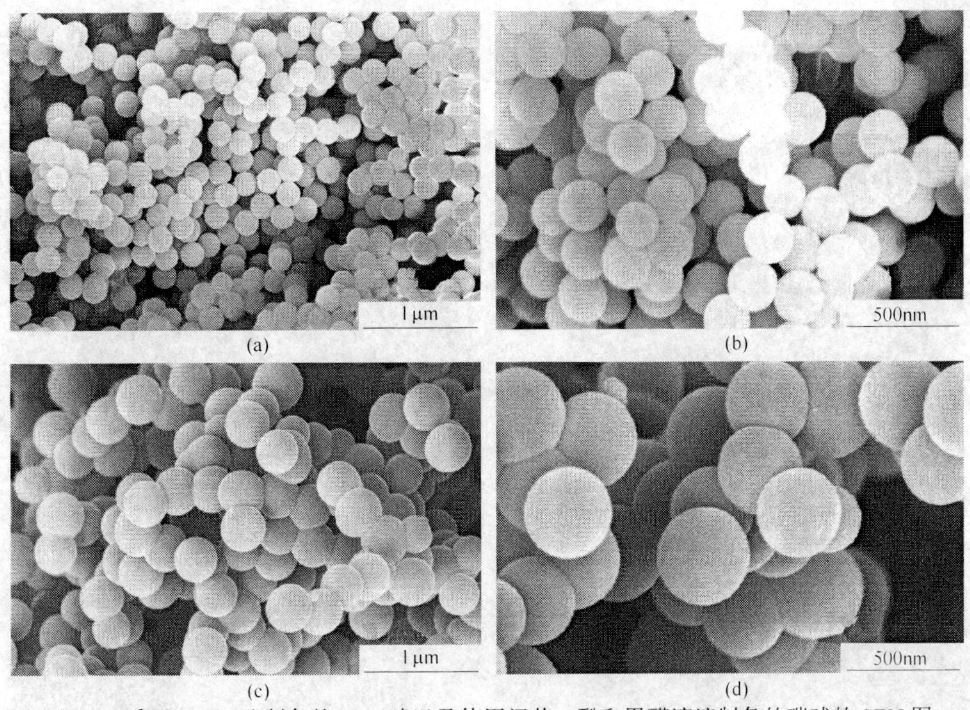

图 5-5 采用 Stöber 法制备的 SiO_2 球以及使用间苯二酚和甲醛溶液制备的碳球的 SEM 图

(a)，(b) 使用 Stöber 法制备的 SiO_2 球的 SEM 图；(c)，(d) 和制备的碳球的 SEM 图

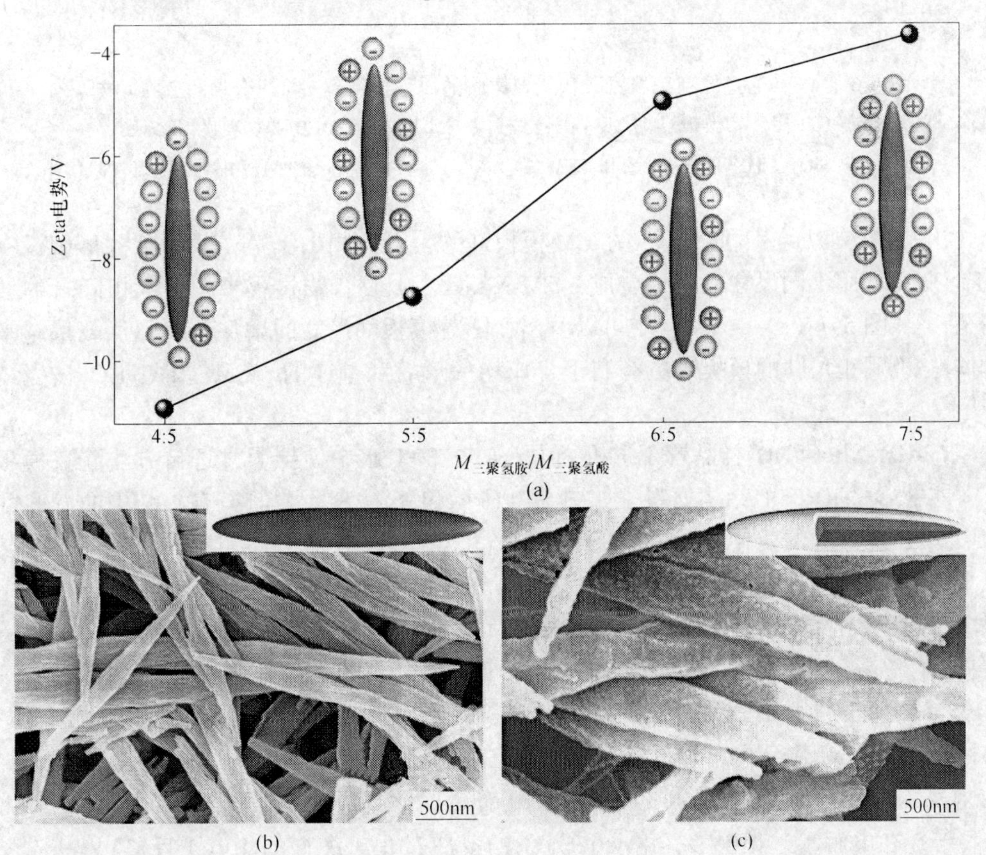

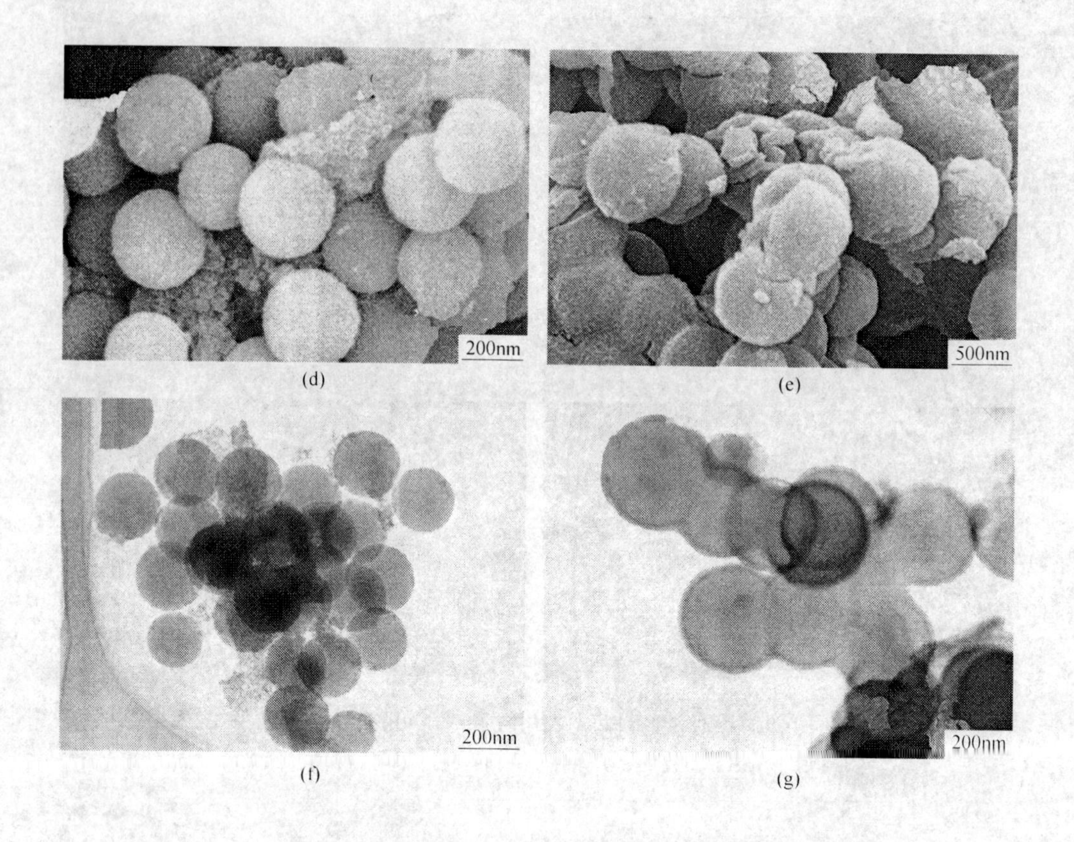

图 5-6 (a) 通过控制三聚氰酸和三聚氰胺的质量比得到 CM 化合物的 Zeta 电势；(b) CM 化合物模板剂的 SEM 图；(c) e-CM-NRs@ TiO_2 复合材料的 SEM 图；(d)，(f) SiO_2@ TiO_2 的 SEM 图和 TEM 图；(e)，(g) carbon@ TiO_2 的 SEM 图和 TEM 图

如图 5-7 (a) ~ (h) 所示，在 CM 模板剂的表面负载 TiO_2 后，模板剂的形貌没有发生任何变化。用不同尺寸的模板合成 e-CM-NRs@ TiO_2 复合物过程中，加入相同量的钛酸四丁酯，从图 5-7 (a) ~ (d) 中可以看出，随着模板剂尺寸的增加，表面负载量越来越不均匀，说明小尺寸的模板剂更有利于合成均一形貌和壁厚的 e-CM-NRs@ TiO_2 核壳结构材料。

把 e-CM-NRs@ TiO_2 样品置于透析袋中，放在 80℃ 水中搅拌通过透析方法除去模板剂后，可以得到 TiO_2 空心结构材料，如图 5-7 (i) 和 (l) 所示。TiO_2 空心结构的壁厚并没有因为模板剂尺寸的变化发生明显变化。

除了用梭形的 CM 化合物作为模板剂合成 e-CM-NRs@ TiO_2 核壳材料外。还可以用其他形貌的 CM 化合物作为模板剂，在其表面负载 TiO_2 材料（图 5-8)。负载 TiO_2 前后，形貌均没有发生变化，但是由于花状和圆盘状 CM 化合物的表面不平，表面上负载少量的 TiO_2，除去模板后得不到形貌均一、完整的 TiO_2 空心结构材料。因此在以下的工作中，我们用梭形的 CM 化合物作为模板剂来合成空心催化剂。

作为良好的光催化剂和电催化剂，TiO_2 被广泛地应用于光解水和电解水的催化领域[34,35]。在电解水过程中，氧化水生成 O_2 的反应过程是缓慢的 4 电子反应过程[36]，很

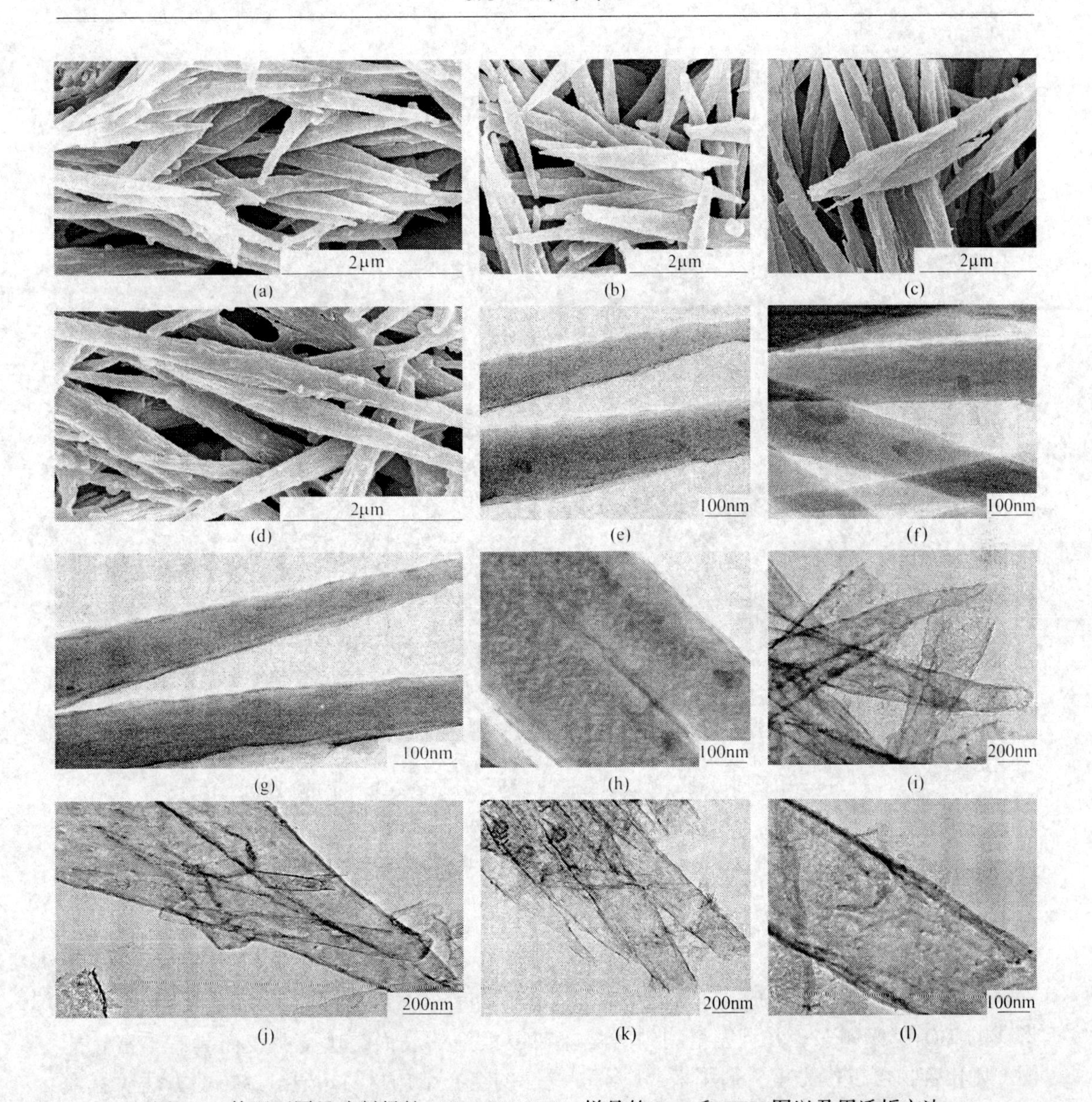

图 5-7 使用不同尺寸制得的 e-CM-NRs@ TiO_2样品的 SEM 和 TEM 图以及用透析方法除去模板剂后得到不同尺寸空心结构材料的 TEM 图

(a), (e), (i) CM-4μm; (b), (f), (j) CM-6μm; (c), (g), (k) CM-8μm; (d), (h), (l) CM-10μm;

大程度上限制了 TiO_2材料在水分解反应的应用，通过调节材料的比表面积、孔径、结构能可以提高 TiO_2材料的反应速率。

由于电催化剂和光催化剂在析氧反应过程中具有较高的超电势和较低效率仍然限制其实际应用[37]。因此，人们致力于研究如何增加催化剂的电荷转移效率和降低超电势，如应用 TiO_2催化剂提升析氧反应的活性[38]。根据文献报道，更好地控制 TiO_2结构材料的尺寸和壁厚是提高电子转移效率最直接的方法。半导体结构材料的尺寸直接关系到载流体的自由迁移路径和长度，通常其尺寸在 10~30nm 之间为最佳[39,40]。

由于自组装 CM 化合物表面带有丰富的氨基官能团，优于传统的模板剂，可以用来合

图 5-8　用不同形貌的模板剂制备的 CM 化合物@ TiO_2 样品的 SEM 图
（复合 TiO_2 材料后，样品的形貌保持不变）
（a）梭形；（b）圆盘状；（c）花状；（d）圆盘状 CM 模板剂

成不同壁厚的空心结构材料。首先通过调节 TiO_2 空心结构材料的壁厚来优化析氧反应的活性。在合成 e-CM-NRs@ TiO_2 过程中，通过加入不同量的钛酸四丁酯来控制 TiO_2 空心结构材料的壁厚，如图 5-9 所示。从图中可以看出，随着钛酸四丁酯量的增加，模板剂表面形成的 TiO_2 越来越多，并且完全均匀的覆盖在模板剂的表面。这说明表面具有丰富官能团 CM 化合物可以作为模板剂用来合成不同壁厚的空心结构材料。通过透析的方法除去模板剂后得到的 TiO_2 空心结构催化剂如图 5-9（g）~（i）所示。TiO_2 空心结构材料的壁厚随着钛酸四丁酯量的增加越来越厚，这些材料的壁厚分别为 13nm、23nm 和 34nm。

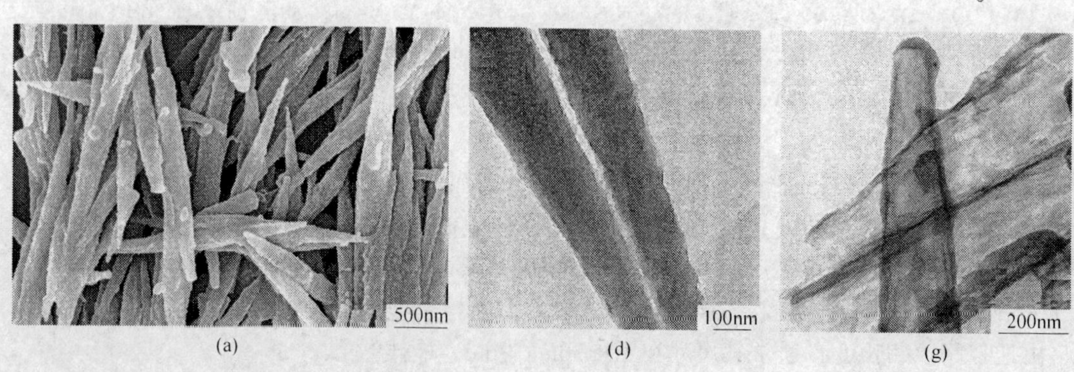

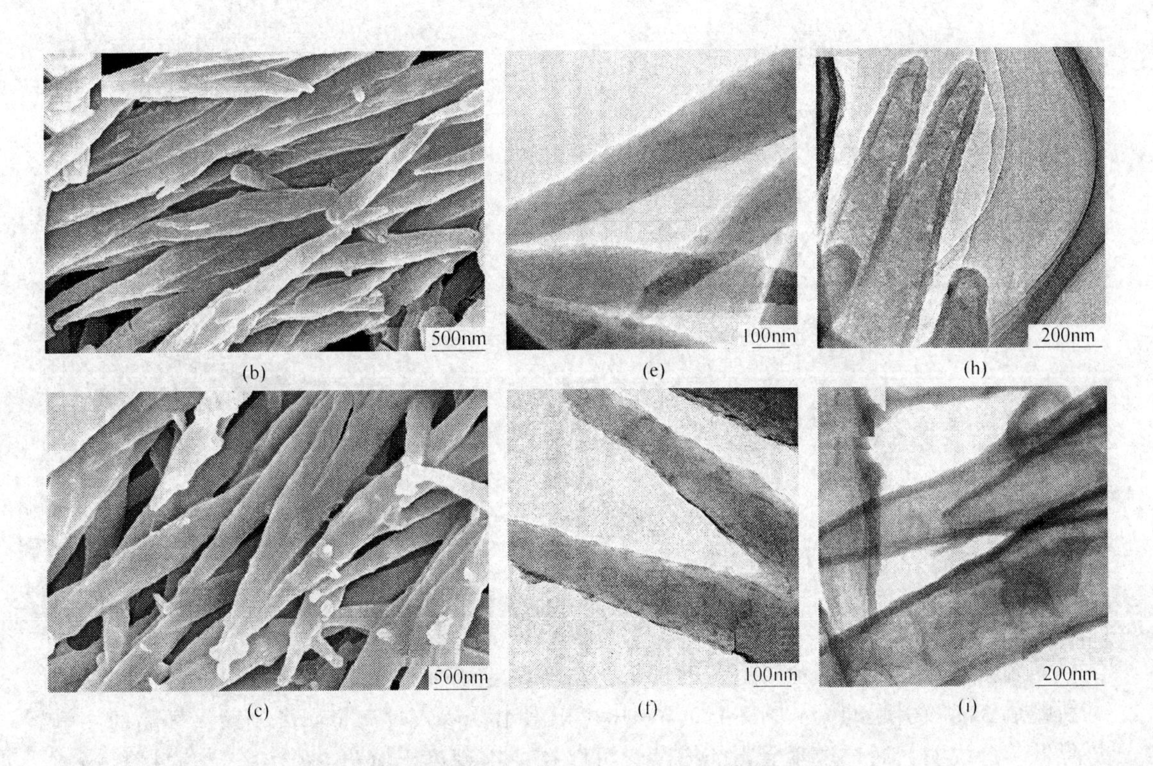

图 5-9 具有不同 TiO_2 外壳厚度的 e-CM-NRs@ TiO_2 样品的 SEM 和 TEM 图，以及除去模板剂后相应的 TiO_2 空心结构材料的 TEM 图

5.3.3 TiO_2 空心材料的电催化性能

通过图 5-10（a）紫外-可见吸收光谱图中可以看出，TiO_2 空心结构材料的吸收带边随着壁厚的增加发生蓝移。为了评价不同厚度的 TiO_2 空心结构材料的析氧反应活性，TiO_2 空心结构材料和 P25 的析氧反应活性通过使用玻碳电极，在 1mol/L KOH 电解液中进行测试。如图 5-10（b）所示，所有样品的线性扫描曲线表明，和 P25 相比，所制备的 TiO_2 空心材料具有较低的超电势，并且当 TiO_2 空心结构材料的壁厚为 23nm（标记为 TiO_2-23nm）时，具有最低的超电势。由于较厚的 TiO_2 空心结构材料具有更高的 HOMO 能级，可以降低析氧反应的超电势。然而，由于 TiO_2 的低电导率，阻碍电子在空心结构材料的壁中进行传输。TiO_2-23nm 材料可以有效地平衡两者，被选定为以下所有实验和测试的最佳空心结构催化剂。

5.3.4 CM 化合物@ TiO_2 材料（过渡金属离子掺杂 TiO_2）的性能

众所周知，在 TiO_2 材料中掺入杂原子，可以通过引入杂质能级提高 TiO_2 材料的可见光催化效率和电催化效率，并且超分子自组装 CM 模板剂在水溶液中很容易合成，为大量的合成 TiO_2 空心结构材料提供了可能性，如图 5-11 所示。这种方法也适用于在 TiO_2 材料中掺杂过渡金属离子。掺杂过渡金属离子后，复合材料的形貌没有发生变化。

通过图 5-12（a）中可以看出，掺入过渡金属离子后，样品的吸收带边向长波方向发

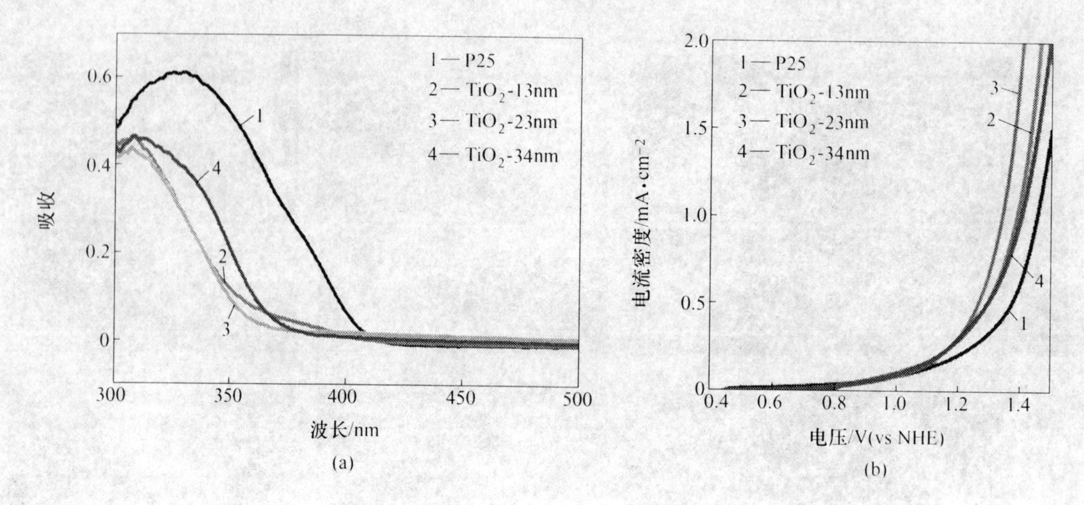

图 5-10　具有不同外壳厚度的 TiO_2 空心结构材料的紫外-可见吸收光谱图（催化剂负载量为 0.336mg/cm²，电解液为 1mol/L KOH）（a）以及 LSV 曲线（b）

生移动。可能是由于过渡金属离子的掺杂，在 TiO_2 空心结构材料的导带和价带中间形成了新的杂质能级引起的。从图 5-12（b）中可以看出，掺入过渡金属离子后，样品的超电势降低。这说明，通过过渡金属的掺杂，可以在一定程度上降低 TiO_2 空心结构材料的超电势，提高氧析出催化反应的活性和动力学反应速率。

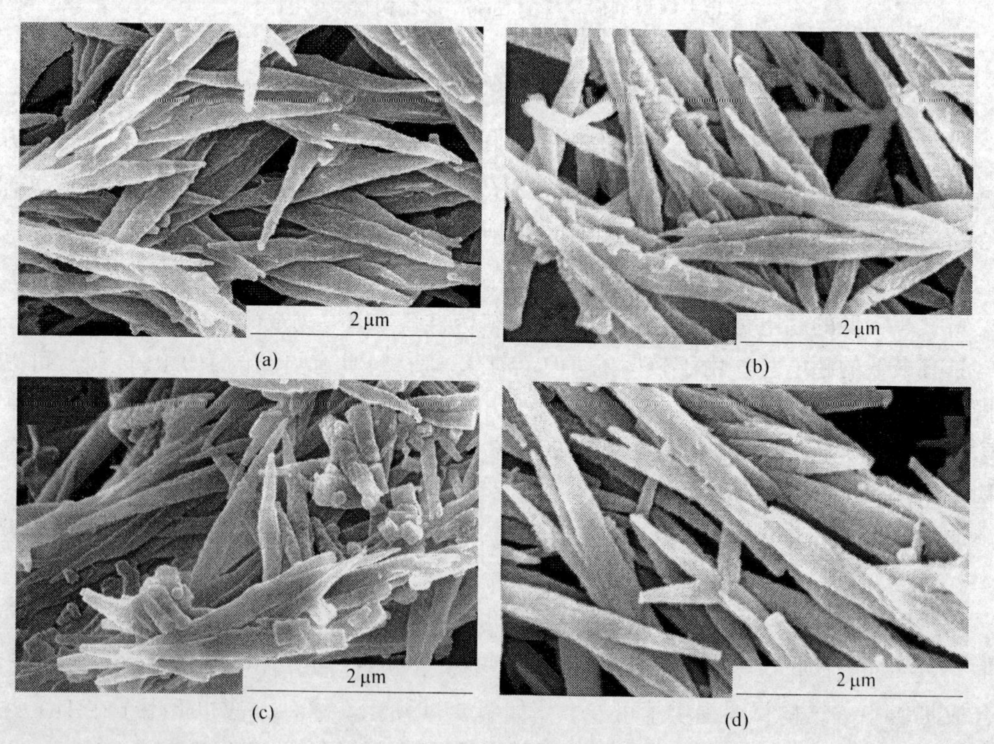

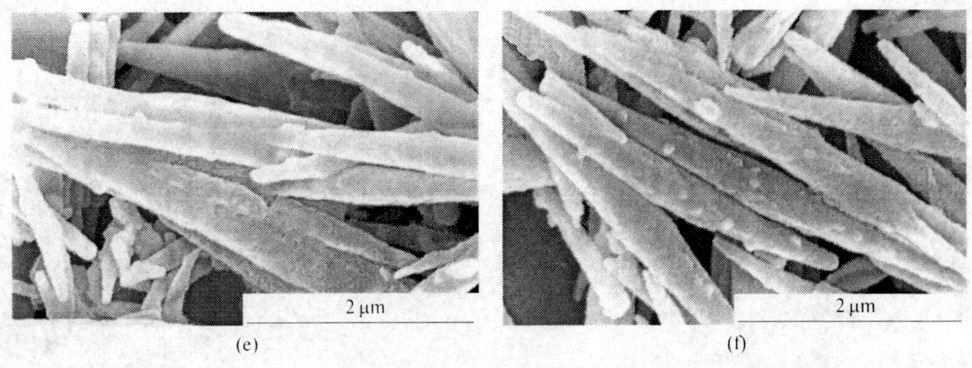

图 5-11　e-CM-NRs@ TiO_2材料（过渡金属离子掺杂 TiO_2）的 SEM 图

（a）TiO_2；（b）V 掺杂 TiO_2；（c）Co 掺杂 TiO_2；（d）Mn 掺杂 TiO_2；（e）Mo 掺杂 TiO_2；（f）Ni 掺杂 TiO_2

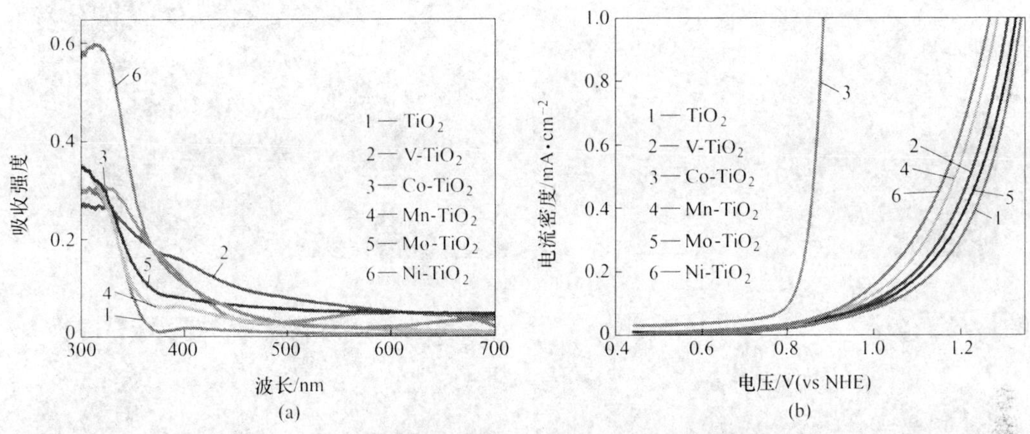

图 5-12　e-CM-NRs@ TiO_2材料（过渡金属离子掺杂 TiO_2）的

紫外-可见吸收光谱（a）和 OER 电催化活性（b）

5.3.5　TiO_2和过渡金属掺杂 TiO_2空心结构材料的性能表征

从图 5-13 中可以看出，经过 400℃温度下煅烧 3h 除去模板剂后，TiO_2和过渡金属离子掺杂的 TiO_2空心结构材料的形貌均呈空心管状，管壁都非常薄，大约在 20nm。说明掺杂的过渡金属离子基本上没有改变 TiO_2空心结构材料的形貌。这种方法适合于制备过渡金属离子掺杂的 TiO_2空心结构材料。

经过 400℃煅烧后得到的 TiO_2和过渡金属掺杂 TiO_2空心结构材料的 XRD 图如图 5-14 所示，从图中可以看出，经过 400℃温度下煅烧 3h 除去模板剂后，TiO_2和过渡金属离子掺杂的 TiO_2空心结构材料均属于锐钛矿相 TiO_2空心结构材料。虽然过渡金属的掺杂量达到 5%，但是没有其他杂质峰的出现，这说明除了 TiO_2之外可能没有其他物质生成。也可能是 XRD 的检测灵敏度较低。并且从图 5-14（b）中可以看出，Co 和 V 掺杂的 TiO_2空心结构材料的（101）峰发生移动，这是由 Co 和 V 离子的半径略小于 Ti^{4+}引起的。

众所周知，在 TiO_2晶格中引入过渡金属离子可以提高 TiO_2材料在析氧反应（OER）中的电催化活性。可能是因为过渡金属离子的掺杂可以引入附加的子带隙改变 TiO_2的电子结构，增强 TiO_2的光催化活性和降低电催化反应的超电势[41]。是否把过渡金属离子成

图 5-13　经过 400℃煅烧后得到的 TiO_2 和过渡金属掺杂 TiO_2 空心结构材料的 SEM 图
（a）TiO_2-400；（b）V-TiO_2-400；（c）Co-TiO_2-400；（d）Mn-TiO_2-400；（e）Mo-TiO_2-400；（f）Ni-TiO_2-400

功地引入到 TiO_2 材料的晶格中引起 TiO_2 材料电子结构的变化，可以通过紫外-可见吸收光谱、XPS 等表征手段证明。

通过图 5-15（a）紫外光谱图中可以看出，掺入过渡金属离子后，样品的吸收从紫外光区明显的扩展到了可见光区。可能是由于过渡金属离子的掺杂，在 TiO_2 空心结构材料的导带和价带中间可能形成的新的杂质能级引起的。价带的电子受到光激发，首先跃迁到杂质能级，进一步在光的激发下，电子从杂质能级跃迁到导带，因此在 TiO_2 空心结构材料中掺入其他过渡金属离子，可以使 TiO_2 空心结构材料的吸收延伸到可见光区。与其他过渡金属离子掺杂相比较，Co 掺杂的 TiO_2 材料在 500～700nm 之间有个明显的吸收峰，这个可能是由于 Co 离子的 d-d 跃迁造成的。

从图 5-15（b）中可以看出，掺入过渡金属离子后，TiO_2 空心结构材料的超电势降

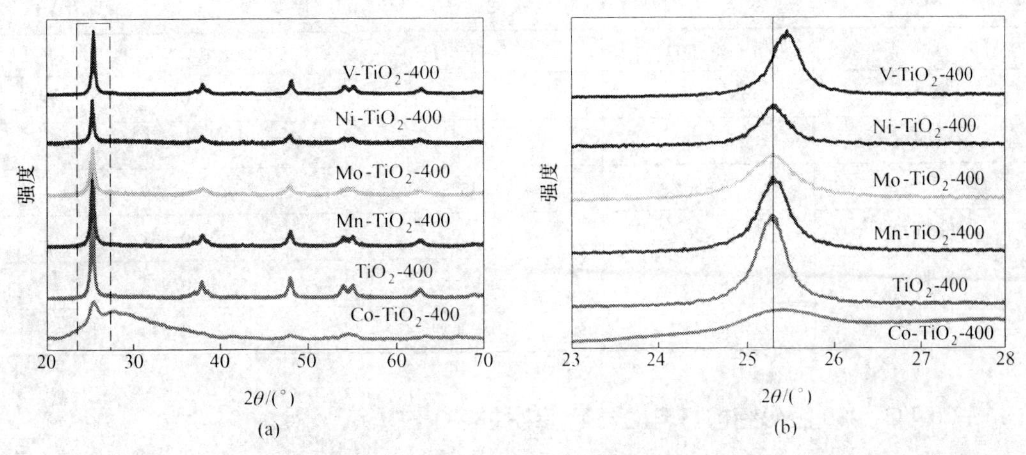

图 5-14 经过 400℃煅烧后得到的 TiO_2 和过渡金属掺杂 TiO_2 空心结构材料的 XRD 图

低。这说明，通过过渡金属的掺杂，可以在一定程度上降低 TiO_2 材料的超电势，提高析氧反应的活性。与其他过渡金属相比，掺入 Co 离子后，TiO_2 材料的超电势明显降低。不同过渡金属掺杂 TiO_2 材料的超电势从小到大依次是：Co-TiO_2 < Ni-TiO_2 < Mn-TiO_2 < V-TiO_2 < Mo-TiO_2 < TiO_2。

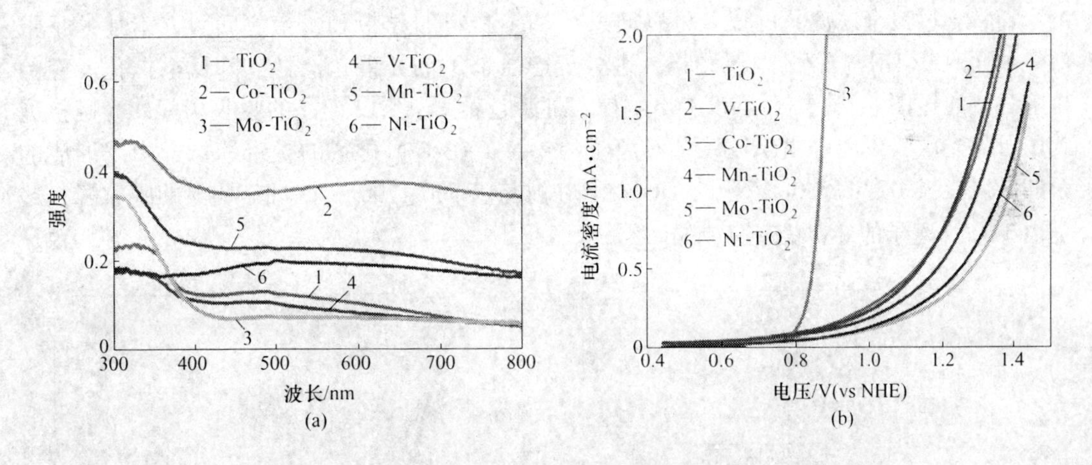

图 5-15 经过 400℃煅烧后得到的 TiO_2 和过渡金属掺杂 TiO_2 空心结构材料的紫外-可见吸收光谱图（a）和 OER 电催化性能的 LSV 曲线（b）

通过上述实验结果证明，过渡金属离子的掺杂在一定程度上可以降低材料在析氧反应中的超电势，见表 5-3。经过煅烧后，各个样品的超电势也降低，并且煅烧温度越高，氧析出反应的超电势越低，这是因为煅烧过程可以提高样品的结晶度，结晶度的增加可以消除材料的一部分表面缺陷致使晶格趋于完整，在一定程度上增加样品的活性，提高电子的传输效率。综合图 5-12（b）和图 5-15（b）所示，和其他贵金属掺杂的性能相比，Co 掺杂的 TiO_2 材料具有最好的 OER 活性、最低的超电势。经过 400℃煅烧后，Co 离子掺杂 TiO_2 材料的超电势只有 0.425，低于当时文献中报道的其他 TiO_2 材料的超电势。

表 5-3　合成 TiO_2 和过渡金属掺杂 TiO_2 的超电势　(V)

样品	超电势（0℃）	超电势（200℃）	超电势（400℃）
TiO_2	0.986	0.917	0.709
Co-TiO_2	0.463	0.509	0.425
V-TiO_2	0.936	0.852	0.829
Mn-TiO_2	0.926	0.932	0.881
Mo-TiO_2	0.916	0.975	0.972
Ni-TiO_2	0.925	0.966	0.949

5.3.6　Co-TiO_2-400 空心结构材料优异电催化性能的来由

为了得到 Co-TiO_2-400 和 TiO_2-400 材料的比表面积和孔径的分布图，我们进行了等温吸附-脱附曲线的测试，如图 5-16（a）所示。根据吸附数据曲线计算出 TiO_2-400 和 Co-TiO_2-400 材料的孔径在 3.8~11.8nm 之间。Co-TiO_2-400 材料的比表面积为 65.7m^2/g，略大于 TiO_2-400（52.7m^2/g）。证明用 CM 化合物作为模板剂合成的 TiO_2 为具有孔结构的空心结构材料。

通常，过渡金属离子的掺杂可以通过在 TiO_2 材料的导带和价带之间引入附加的子带隙，从而改变 TiO_2 材料的电子结构，进一步增强 TiO_2 的光催化活性和降低电催化反应的超电势。通过图 5-16（b）可以看出，掺入过渡金属离子后，样品的吸收从紫外光区扩展到了可见光区，可能是由于过渡金属离子的掺杂，在 TiO_2 材料的导带和价带中间形成的新的杂质能级引起的。Co 掺杂的 TiO_2 材料在波长为 500~700nm 之间有明显的吸收峰，这是由于 Co^{2+} 离子的 d-d 跃迁造成的。

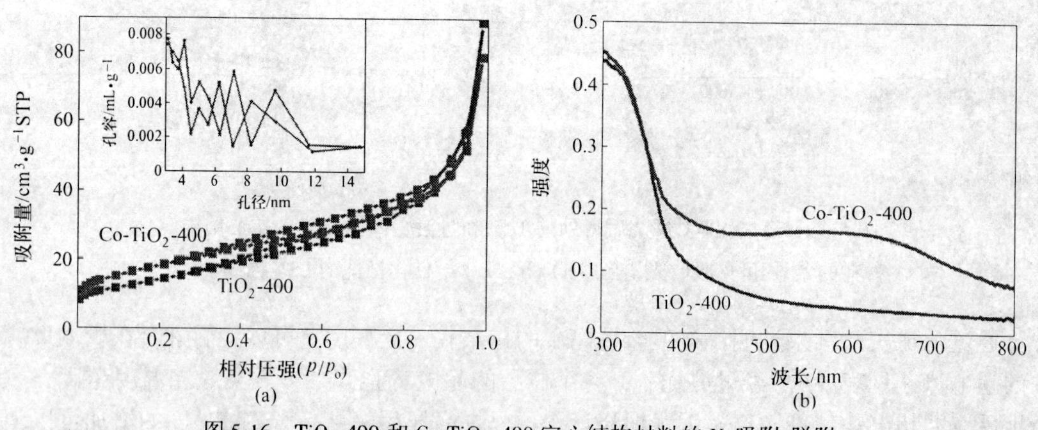

图 5-16　TiO_2-400 和 Co-TiO_2-400 空心结构材料的 N_2 吸附-脱附等温曲线（a）和紫外-可见吸收光谱（b）

从图 5-17（a）和（d）所示的透射电镜中可以看出，Co-TiO_2-400 和 TiO_2-400 材料都是壁厚大约为 20nm 左右的空心结构材料。从 HRTEM 图中可以看出，与 TiO_2 材料（图 5-17（b））相比，Co-TiO_2-400 材料（图 5-17（e））的结晶度稍微降低。从 HRTEM 图中可以看出（图 5-17（c）和（f）），TiO_2-400 材料的晶型没有发生变化，均是锐钛矿相

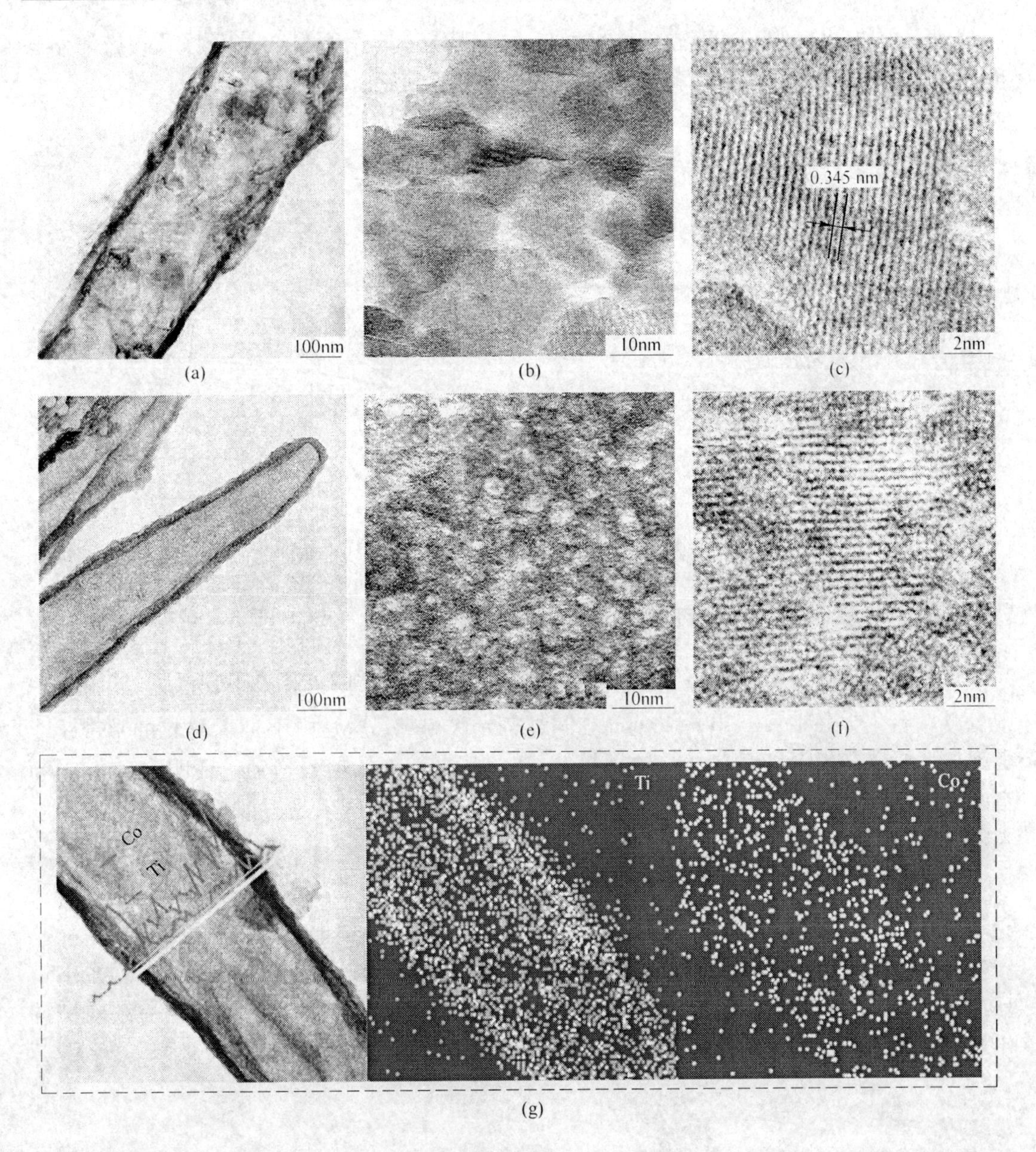

图 5-17 (a)~(c) TiO_2-400 空心材料的 TEM 图、HRTEM 图；(d)~(f) Co-TiO_2-400 空心材料的 TEM 图和 HRTEM 图；(g) Co-TiO_2-400 空心结构材料中 Ti 和 Co 元素的分布图

TiO_2空心结构材料。电子能谱面扫描（Mapping）以及线扫结果显示（图 5-17（g）和（f））过渡金属 Co 离子均匀地分布在 TiO_2空心结构材料中。

当电流密度为 0.5mA/cm^2 时，Co-TiO_2-400 空心结构材料的超电势为 0.425V，远远低于纯 TiO_2-400 样品的超电势，并且 Co-TiO_2-400 空心结构材料的超电势低于目前文献报道过的所有 TiO_2催化剂的超电势值（0.488V）[42]。说明 Co-TiO_2-400 空心结构材料具有较高的反应活性。

塔菲尔（Tafel）曲线是一种将催化动力学过程放大的说明图，直接反映动力学的反应速率。一般情况下，塔菲尔斜率（Tafel-slope）越低，催化反应速率越快。如图 5-18

（b）所示，与 TiO_2-400 空心结构材料相比，Co-TiO_2-400 空心材料具有超低的塔菲尔斜率，这说明，Co^{2+}的掺杂可以提高 TiO_2 材料的动力学反应速率。

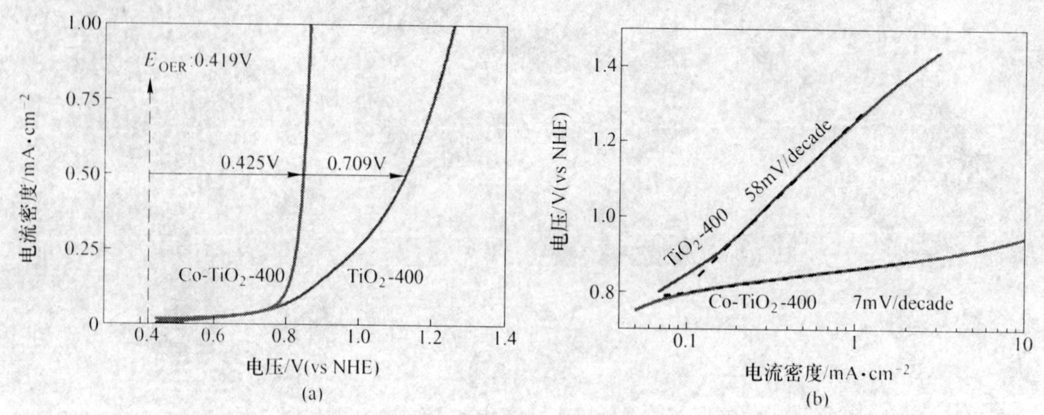

图 5-18 （a）TiO_2-400 和 Co-TiO_2-400 空心结构材料的 LSV 曲线；（b）TiO_2-400 和 Co-TiO_2-400 空心结构材料的塔菲尔曲线

5.3.7 Co-TiO_2-400 空心结构材料的光催化性能的研究

TiO_2-400 和 Co-TiO_2-400 空心结构材料的表面光电压谱图如图 5-19 所示。从图 5-19 中可以看出，所有样品在 300～400nm 之间都有光伏响应，这是由于 TiO_2 材料的带带跃迁引起的。掺入在 TiO_2-400 空心结构材料 Co 离子后，光电压信号增强，证明 Co-TiO_2-400 空心结构材料中的 Co 离子能有效地提高光生电子-空穴的分离效率，抑制其复合，有利于光生电子在 TiO_2-400 空心结构材料中的迁移。

为了研究掺入 Co 离子后的 TiO_2 空心结构材料光催化活性，进行了光解水制氢实验。图 5-20 为 Co-TiO_2-400 空心结构材料的光解水产氢的测试结果。在紫外光激发下，Co-TiO_2-400 空心结构材料的产氢性能优于 TiO_2-400 空心结构材料和 P25。在反应时间为 5h 时，50mg Co-TiO_2-400 空心结构材料的产氢量高达 6.11mmol，而 TiO_2-400 空心结构材料和 P25 的产氢量分别为 1.38mmol 和 1.13mmol。

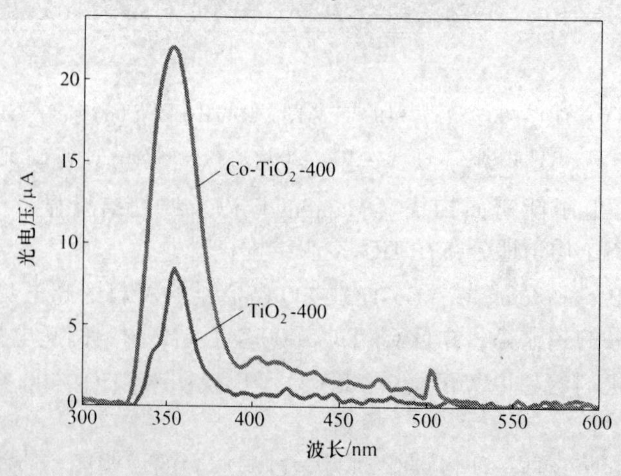

图 5-19 TiO_2-400 和 Co-TiO_2-400 空心结构材料的表面光电压谱图

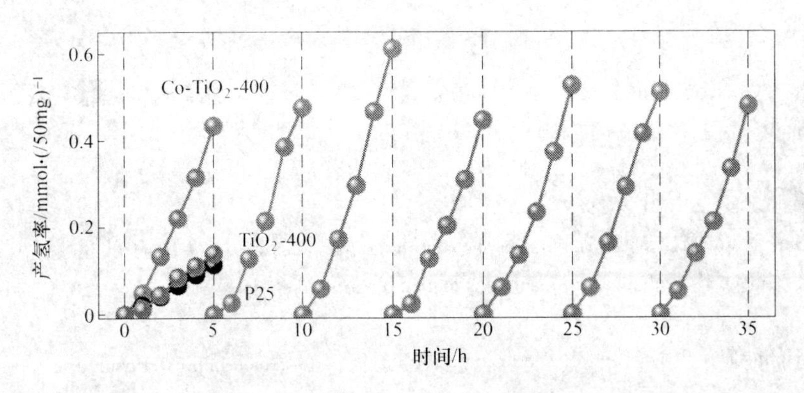

图 5-20　TiO_2-400、Co-TiO_2-400 空心结构材料和 P25 的光解水制氢曲线以及 Co-TiO_2-400 空心结构材料的光解水制氢循环稳定性曲线

此外，对 Co-TiO_2-400 空心结构材料进行了循环性实验，以每 5h 为一个循环，经过 7 个循环 35h 连续催化实验后，其产氢量仍然不低于 6.11mmol/(50mg · 5h)，说明 Co-TiO_2-400 空心结构材料具有优异的化学稳定性。Co 离子的掺入可以提高光生电子-空穴的分离效率，有利于光生电子在光催化剂中的迁移，使更多的电子和空穴传输到光催化剂的表面参与光催化反应。

5.4　本章小结

本章以 CM 化合物为模板剂制备了 TiO_2 和过渡金属掺杂的 TiO_2 空心结构材料。分析了不同溶剂、三聚氰酸和三聚氰胺比例对 CM 化合物形貌的影响，并选用尺寸较小的梭形的 CM 化合物为模板制备了 TiO_2 和过渡金属掺杂的 TiO_2 空心结构材料。选用电解水产氧和光解水产氢两个催化模型反应，深入研究了空心结构材料的壁厚和过渡金属离子的掺杂对催化剂活性的影响。

(1) 以三聚氰酸和三聚氰胺为原料，分别在水、水/PVP 混合溶剂、水/乙醇混合溶剂、水/丙酮的混合溶剂中发生自组装，得到梭形、花状和圆盘状三聚氰酸-三聚氰胺化合物（简称 CM 化合物）。

(2) 选用形貌较小的梭形 CM 化合物作为模板剂制备 TiO_2 和过渡金属掺杂的 TiO_2 空心结构材料。通过调控模板剂和钛酸四丁酯的量，可以得到不同壁厚的 TiO_2 空心结构材料。掺入过渡金属离子后，TiO_2 空心结构材料的形貌、尺寸、比表面积等没有发生明显变化。

(3) 通过研究 TiO_2 空心结构材料的壁厚对电催化性能的影响，发现壁厚为 23nm 时，具有较高的电催化活性。掺入 Co 离子能明显提高催化剂的电催化活性，在 400℃下煅烧，可以提高催化剂的结晶度，降低催化剂内部的缺陷，提高 TiO_2 材料的动力学反应速率和电催化活性。

(4) 考察了 TiO_2-400、Co-TiO_2-400 空心结构材料和 P25 催化剂在光解水中的催化性能，发现 Co 离子的掺杂明显提高了催化剂的产氢量。这是由于 Co-TiO_2-400 空心结构材料中的 Co 离子能有效地提高光生电子-空穴的分离效率，抑制其复合，有利于光生载流子在空心结构材料中迁移。

参考文献

[1] Sieb N R, Wu N C, Majidi E, et al. Hollow metal nanorods with tunable dimensions, Porosity, and Photonic Properties [J]. *ACS Nano*, 2009, 3 (6): 1365~1372.

[2] Lou X W, Archer L A, Yang Z. Hollow micro-/nanostructures: synthesis and applications [J]. *Advanced Materials*, 2008, 20 (21): 3987~4019.

[3] Bai F, Sun Z, Wu H, et al. Templated photocatalytic synthesis of well-defined platinum hollow nanostructures with enhanced catalytic performance for methanol oxidation [J]. *Nano Letters*, 2011, 11 (9): 3759~3762.

[4] Bao C, Huang H, Yang J, et al. The maximum limiting performance improved counter electrode based on a porous fluorine doped tin oxide conductive framework for dye-sensitized solar cells [J]. *Nanoscale*, 2013, 5 (11): 4951~4957.

[5] Wu X, Lu G Q, Wang L. Dual-functional upconverter-doped TiO_2 hollow shells for light scattering and near-infrared sunlight harvesting in dye-sensitized solar cells [J]. *Advanced Energy Materials*, 2013, 3 (6): 704~707.

[6] Yao Y, McDowell M T, Ryu, I, et al. Interconnected silicon hollow nanospheres for lithium-ion battery anodes with long cycle life [J]. *Nano Letters*, 2011, 11 (7): 2949~2954.

[7] Wu H, Zhang S, Zhang J, et al. A hollow-core, magnetic, and mesoporous double-shell nanostructure: in situ decomposition/reduction synthesis, bioimaging, and drug-delivery properties [J]. *Advanced Functional Materials*, 2011, 21 (10): 1850~1862.

[8] Wei W, Ma G H, Hu G, et al. Preparation of hierarchical hollow $CaCO_3$ particles and the application as anticancer drug carrier [J]. *Journal of the American Chemical Society*, 2008, 130 (47): 15808~15810.

[9] Wang D, Hisatomi T, Takata T, et al. Core/shell photocatalyst with spatially separated Co-catalysts for efficient reduction and oxidation of water [J]. *Angewandte Chemie International Edition*, 2013, 52 (43): 11252~11256.

[10] Liu R, Mahurin, S M, Li C, et al. Dopamine as a carbon source: the controlled synthesis of hollow carbon spheres and yolk-structured carbon nanocomposites [J]. *Angewandte Chemie International Edition*, 2011, 50 (30): 6799~6802.

[11] Okada T, Miyamoto K, Sakai T, et al. Encapsulation of a polyoxometalate into an organosilica microcapsule for highly active solid acid catalysis [J]. *ACS Catalysis*, 2014, 4 (1): 73-78.

[12] Ye T N, Xu M, Fu W, et al. The crystallinity effect of mesocrystalline $BaZrO_3$ hollow nanospheres on charge separation for photocatalysis [J]. *Chemical Communications*, 2014, 50 (23): 3021~3023.

[13] Jana S, Chang J W, Rioux R M. Synthesis and modeling of hollow intermetallic Ni-Zn nanoparticles formed by the kirkendall effect [J]. *Nano Letters*, 2013, 13 (8): 3618~3625.

[14] Han F D, Bai Y J, Liu R, et al, Template-free synthesis of interconnected hollow carbon nanospheres for high-performance anode material in lithium-ion batteries [J]. *Advanced Energy Materials*, 2011, 1 (5): 798~801.

[15] Wang Z, Zhou L, Lou X W. Metal oxide hollow nanostructures for lithium-ion batteries [J]. *Advanced Materials*, 2012, 24 (14): 1903~1911.

[16] Li X H, Zhang D H, Chen J S. Synthesis of amphiphilic superparamagnetic ferrite/block copolymer hollow submicrospheres [J]. *Journal of the American Chemical Society*, 2006, 128 (26): 8382~8383.

[17] Qiao Z A, Guo B, Binder A J, et al, Controlled synthesis of mesoporous carbon nanostructures via a "silica-assisted" strategy [J]. *Nano Letters*, 2013, 13 (1): 207~212.

[18] Liu H, Qu J, Chen Y, et al. Hollow and cage-bell structured nanomaterials of noble metals [J]. *Journal of the American Chemical Society*, 2012, 134 (28): 11602-11610.

[19] Ha T L, Kim J G, Kim S M, et al. Reversible and cyclical transformations between solid and hollow nanostructures in confined reactions of manganese oxide and silica within nanosized spheres [J]. *Journal of the American Chemical Society*, 2013, 135 (4): 1378~1385.

[20] Wang B, Chen J S, Wu, H B, et al. Quasiemulsion-templated formation of α-Fe_2O_3 hollow spheres with enhanced lithium storage properties [J]. *Journal of the American Chemical Society*, 2011, 133 (43): 17146~17148.

[21] White R J, Tauer K, Antonietti M, et al. Functional hollow carbon Nanospheres by latex templating [J]. *Journal of the American Chemical Society*, 2010, 132 (49): 17360~17363.

[22] Chen X, Wu Y, Su B, et al. Terminating marine methane bubbles by superhydrophobic sponges [J]. *Advanced Materials*, 2012, 24 (43): 5884~5889.

[23] Wang Y, Su X, Lu, S, Shape-controlled synthesis of TiO_2 hollow structures and their application in lithium batteries [J]. *Journal of Materials Chemistry*, 2012, 22 (5): 1969~1976.

[24] Fechler N, Fellinger T P, Antonietti M. "Salt Templating": A simple and sustainable pathway toward highly porous functional carbons from ionic liquids [J]. *Advanced Materials*, 2013, 25 (1): 75~79.

[25] Tian P, Ye J, Xu N, et al. A magnesium carbonate recyclable template to synthesize micro hollow structures at a large scale [J]. *Chemical Communications*, 2011, 47 (43): 12008~12010.

[26] Zhou Y, Yan D. Supramolecular self-assembly of amphiphilic hyperbranched polymers at all scales and dimensions: progress, characteristics and perspectives [J]. *Chemical Communications*, 2009, (10): 1172~1188.

[27] Guo L, Wang Y. Monolithic membranes with designable pore geometries and sizes via retarded evaporation of block copolymer supramolecules [J]. *Macromolecules*, 2015, 48 (10): 8471~8479.

[28] Han L N, Ye T N, Lv L B, et al. Supramolecular nano-assemblies with tailorable surfaces: recyclable hard templates for engineering hollow nanocatalysts [J]. *Science China Materials*, 2014, 57 (1): 7~12.

[29] Mathias J P, Simanek E E, Whitesides G M. Self-Assembly through Hydrogen Bonding: Peripheral Crowding-A New Strategy for the Preparation of Stable Supramolecular Aggregates Based on Parallel, Connected CA3. cntdot. M3 Rosettes [J]. *Journal of the American Chemical Society*, 1994, 116 (10): 4326~4340.

[30] Jun Y S, Lee E Z, Wang X, et al. From melamine-cyanuric acid supramolecular aggregates to carbon nitride hollow spheres [J]. *Advanced Functional Materials*, 2013, 23 (29): 3661~3667.

[31] Shalom M, Inal S, Fettkenhauer C, et al. Improving carbon nitride photocatalysis by supramolecular preorganization of monomers [J]. *Journal of the American Chemical Society*, 2013, 135 (19): 7118~7121.

[32] Stöber W, Fink A, Bohn E. Controlled growth of monodisperse silica spheres in the micron size range [J]. *Journal of Colloid and Interface Science*, 1968, 26 (1): 62~69.

[33] Liu J, Qiao S Z, Liu H, et al. Extension of the stöber method to the preparation of monodisperse resorcinol-formaldehyde resin polymer and carbon spheres [J]. *Angewandte Chemie International Edition*, 2011, 50 (26): 5947~5951.

[34] Zou, X X, Li G D, Guo M Y, et al. Heterometal alkoxides as precursors for the preparation of porous Fe- and Mn-TiO_2 photocatalysts with high efficiencies [J]. *Chemistry-A European Journal*, 2008, 14 (35): 11123~11131.

[35] Kong M , Li Y, Chen X, et al. Tuning the relative concentration ratio of bulk defects to surface defects in TiO_2 nanocrystals leads to high photocatalytic efficiency [J]. *Journal of the American Chemical Society*, 133 (41): 16414~16417.

[36] Li Y F, Selloni A. Mechanism and activity of water oxidation on selected surfaces of pure and Fe-doped NiO_x [J]. *ACS Catalysis*, 2014, 4 (4): 1148~1153.

[37] Chen S, Duan J, Jaroniec M, et al. Three-dimensional N-doped graphene hydrogel/NiCo double hydroxide electrocatalysts for highly efficient oxygen evolution [J]. *Angewandte Chemie International Edition*, 2013, 52 (51): 13567~13570.

[38] Li Y F, Liu Z P, Liu L, et al. Mechanism and activity of photocatalytic oxygen evolution on titania anatase in aqueous surroundings [J]. *Journal of the American Chemical Society*, 2010, 132 (37): 13008~13015.

[39] Sun J, Zhang J, Zhang M, et al. Bioinspired hollow semiconductor nanospheres as photosynthetic nanoparticles [J]. *Nature Communications*, 2012: 1139.

[40] Li Y F, Liu Z P. Particle size, shape and activity for photocatalysis on titania anatase nanoparticles in aqueoussurroundings [J]. *Journal of the American Chemical Society*, 2011, 133 (39): 15743~15752.

[41] Pfrommer J, Lublow M, Azarpira A, et al. A molecular approach to self-supported cobalt-substituted ZnO materials as remarkably stable electrocatalysts for water oxidation [J]. *Angewandte Chemie International Edition*, 2014, 53 (20): 5183~5187.

[42] Liu B, Chen H M, Liu C, et al. Large-scale synthesis of transition-metal-doped TiO_2 nanowires with controllable overpotential [J]. *Journal of the American Chemical Society*, 2013, 135 (27): 9995~9998.

6 Co^{2+} 掺杂 TiO_2 纳米颗粒的电催化性能研究

6.1 概述

能源问题是国民经济非常重要的问题，是一个国家或地区国民经济持续发展和社会进步的重要保障。目前全球的石油储量约为 1345 亿吨，而现在全世界每年的燃油消耗量在 30 亿吨以上，显而可见，全球的石油资源再有 40 年左右就会枯竭。统计资料表明，全球约三分之一的能源用于交通，环境污染也越来越严重，气候逐渐变暖，所以必须寻找无污染的新能源代替石油能源。发展电动汽车是减少大气污染和节约石油能源的根本办法。

可逆锌-空气电池使用价格低廉的碱作为电解液，并且具有价格低、无污染和理论容量高（1090Wh/kg）等优点[1~4]。但是锌-空气电池商业化使用仍然面临着以下困难：(1) 急需开发一种具有高效率氧气还原反应（OER）和析氧反应（OER）活性的多功能电催化剂[5,6]；(2) 减少电催化反应的超电势[7]；(3) 增加电极材料的循环稳定性使锌-空气电池可以长时间循环使用[8,9]；(4) 降低成本[9]。

锌-空气电池通常由空气电极、隔膜、金属锌以及外部结构组成。根据锌-空气电池中使用的极片数目，常用的锌-空气电池体系主要有三电极锌-空气电池和两电极锌-空气电池两种结构，如图 6-1 所示。在三电极锌-空气电池中，包含两个空气电极（即涂有催化剂的电极），在充放电过程中，其中一个空气电极上发生氧化反应，而另外一个空气电极上发生还原反应，这种三电极体系的锌-空气电池循环性能好，但是结构复杂。与三电极体系的锌-空气电池相比较，两电极锌-空气电池只有一个空气电极，在充放电过程中，该空气电极上的催化剂既可以发生氧化反应，也发生还原反应。显而易见，两电极金属空气电池结构简单，但是目前存在稳定性差等缺点限制了其商业化应用。怎样调控催化剂使其既

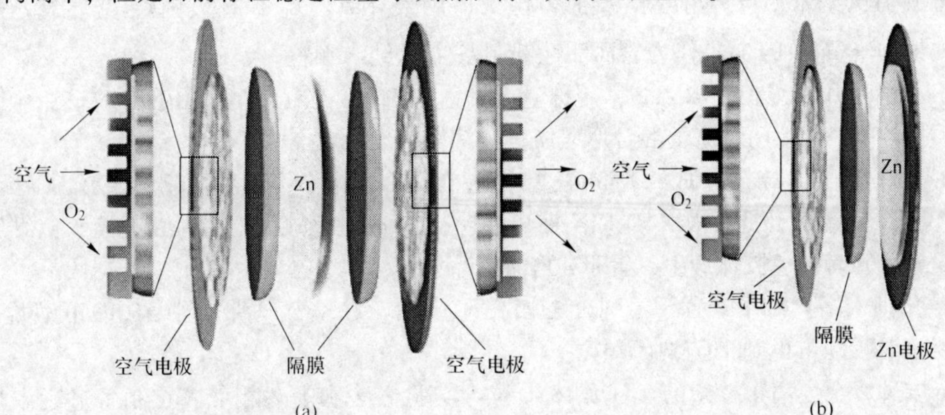

图 6-1 三电极锌-空气电池（a）和两电极锌-空气电池（b）结构示意图

具有优异的氧还原性质，同时也具有良好的氧析出催化活性，是解决这一问题的关键技术。

目前，应用在锌-空气电池阴极上的电催化剂大多是 Pt、Pt-Ru 合金，成本高，在实际使用中稳定性差[10,11]。最新研究表明碳纳米材料（如碳纳米管，石墨烯，N、B、S 或 P 掺杂的碳材料）[12,13]，锂钴氧化物，钴锰层状双氢氧化合物等具有效率高、价格低等优点，可以用来取代贵金属电催化剂[14,15]。除此之外，构筑 C-CoPAN900 复合材料、Co_3O_4/NVC 复合材料和 MnO_2/Co_3O_4杂化材料可以在一定程度上提高氧还原反应和析氧反应的催化活性[16~18]。然而，在锌-空气电池两电极体系中，这些非贵金属电催化通常稳定性差，在经过 OER-ORR 循环后，活性降低。因此，急需开发一种具有高 ORR 和 OER 活性、超级稳定的非贵金属催化剂应用在两电极的锌-空气电池上。

作为一种传统的催化剂，TiO_2材料的应用范围越来越广。由于 TiO_2材料具有非常好的稳定性、优越的安全性、良好的循环稳定性、高效率、价格低廉和能量密度高等优点，被作为电极材料应用在锂-氧电池和铝-氧电池上[19,20]。除此之外，很多人也在致力于研究 TiO_2纳米材料作为光催化剂在光解水和人工光合作用中的应用。TiO_2材料的形貌、比表面积、带隙结构和电荷迁移率都是决定其光催化反应活性和储存能量的关键因素[21,22]。尽管以前报道过 TiO_2纳米材料在电催化和光催化反应中具有很高的催化活性，但是目前还没有把 TiO_2纳米材料作为具有 OER 和 ORR 反应的多功能电催化剂应用在锌-空气电池上[23,24]。因此，为了实现 TiO_2材料可以作为多功能催化剂在金属-空气电池上的应用，需要合成具有高电催化性能的 TiO_2材料。

在本章中，我们制备了具有优异多功能（既具有优异的氧还原性能，也具有良好的氧析出催化活性）性能的 TiO_2纳米颗粒电催化剂，并把它制成工作电极应用在两电极锌-空气电池上[25]。用相同的溶胶-凝胶方法合成了 Co 离子掺杂的 TiO_2纳米颗粒材料，反应过程中使用的 P123 三嵌段共聚物一方面作为表面活性剂，另一方面用来控制 TiO_2纳米颗粒的尺寸。我们发现 TiO_2纳米颗粒中掺入的 Co 离子可以抑制金红石相二氧化钛的生长，提高材料的 OER-ORR 活性和稳定性。

6.2　催化剂的制备

合成 TiO_2纳米颗粒：用溶胶-凝胶方法，使用聚环氧乙烷-聚环氧丙烷-聚环氧乙烷三嵌段共聚物（简称 P123）作为表面活性剂制备 TiO_2纳米颗粒。

（1）分别用移液枪量取 4mL，用称量天平称取 1.053g P123 置于 10mL 玻璃瓶中，在室温下搅拌 5~8h 使两者完全混合形成淡黄色溶液 A。

（2）在 100mL 烧杯中加入 32mL 乙醇和 0.583mL 盐酸，搅拌后形成溶液 B。

（3）在室温下，把溶液 A 加入溶液 B 中搅拌 10min，然后加入 4mL 蒸馏水，继续搅拌 30min 后，有白色胶体产生，置于 40℃ 油浴锅中反应 12h。

（4）倒入培养皿中，置于通风橱中自然晾干后，在空气马弗炉中 550℃ 下煅烧 3h，冷却至室温后即可得到 TiO_2纳米颗粒。

合成过渡金属离子掺杂的 TiO_2纳米颗粒：实验方法和上述相似，在制备过程中加入的 4mL 水改成加入含有一定量过渡金属的 4mL 水溶液，具体制备过程如下：用溶胶-凝胶方法，使用聚环氧乙烷-聚环氧丙烷-聚环氧乙烷三嵌段共聚物（简称 P123）作为表面活性剂制备 TiO_2 纳米颗粒。

（1）分别用移液枪量取 4mL，用称量天平称取 1.053g P123 置于 10mL 玻璃瓶中，在室温下搅拌 5~8h 使两者完全混合形成淡黄色溶液 A。

（2）在 100mL 烧杯中加入 32mL 乙醇和 0.583mL 盐酸，搅拌后形成溶液 B。

（3）在室温下，把溶液 A 加入溶液 B 中搅拌 10min，然后加入含有一定浓度的过渡金属化合物的 4mL 蒸馏水，继续搅拌 30min 后，有白色胶体产生，置于 40℃ 油浴锅中反应 12h。

（4）倒入培养皿中，置于通风橱中自然晾干后，在空气马弗炉中 550℃ 下煅烧 3h，冷却至室温后即可得到过渡金属离子掺杂的 TiO_2 纳米颗粒。

6.3　结果与讨论

6.3.1　Co^{2+} 掺杂 TiO_2 纳米颗粒形貌表征

根据第 5 章的实验结果证明，与其他过渡金属掺杂 TiO_2 材料的电催化性能相比，TiO_2 材料中掺入 Co 离子可以明显提高 TiO_2 纳米材料的电催化活性，降低氧析出催化反应的超电势，提高电催化动力学反应速率。因此本章中我们通过调控掺入的 Co 离子的量来进一步优化 TiO_2 纳米材料的电催化活性、动力学反应速率以及电化学稳定性。

TiO_2 及 Co 掺杂 TiO_2 材料的 SEM 图片如图 6-2 所示。从图中可以看出，所有样品均为颗粒状，并且随着 Co 掺入量的增加，TiO_2 纳米颗粒的尺寸逐渐降低，当 Co 的掺入量为 5%时，其颗粒尺寸最小，继续增加 Co 的掺入量，TiO_2 纳米颗粒的尺寸稍微增加。

图 6-2　不同 Co 掺杂量的 TiO_2 纳米颗粒的扫描电镜图

（a）0%；（b）1%；（c）2.5%；（d）5%；（e）、（f）7.5%

不同 Co 掺杂量的 TiO_2 纳米颗粒的透射电镜图如图 6-3 所示。由图可知，用溶胶-凝胶

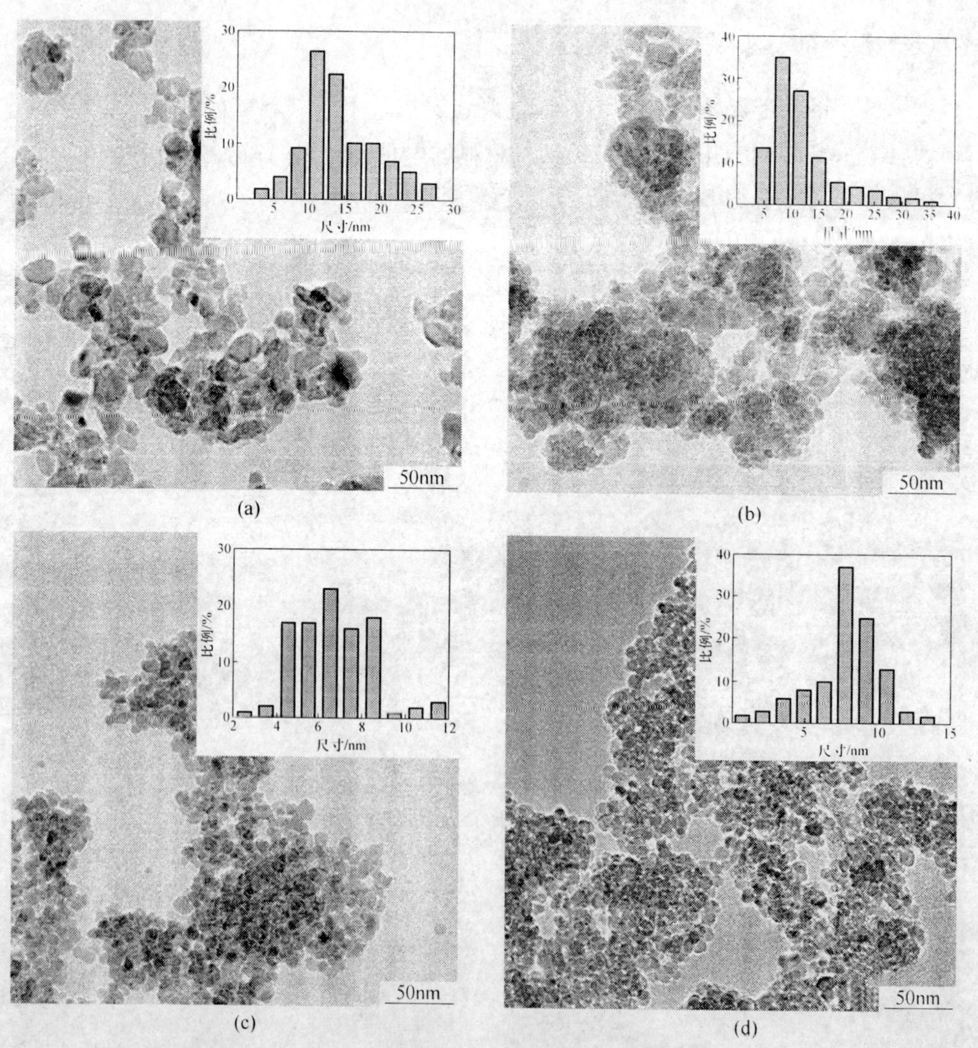

图 6-3　不同 Co 掺杂量的 TiO_2 纳米颗粒的透射电镜图

（插图为根据 TEM 图统计得到的 TiO_2 以及 Co 掺杂纳米颗粒的粒径分布图）

（a）0%；（b）1%；（c）5%；（d）7.5%

方法制备的 TiO_2 材料为尺寸较大、形状不规则的纳米颗粒，颗粒的平均尺寸约为14.5nm。在 TiO_2 纳米颗粒中掺入的 Co 离子的量为 1%时，纳米颗粒的尺寸较大。但是随着 Co 离子掺入量的增加，纳米颗粒尺寸逐渐减小。当 Co 离子的掺杂量达到 5%时，形成了形状比较规则的纳米颗粒，颗粒的平均尺寸约为 6.4nm。当 Co 离子的掺杂量达到 7.5%时，纳米颗粒尺寸稍微增大，颗粒平均尺寸增加至 8.2nm 左右，可能是由于掺入的 Co 离子的量过多，在 TiO_2 材料表面形成了 Co 的化合物引起的。因此，Co 的掺杂量为 5%时，得到尺寸最小的 TiO_2 纳米颗粒，其测试结果与 SEM 图一致。

图 6-4 为 TiO_2 和 Co 掺杂 TiO_2 纳米颗粒的吸附-脱附等温曲线，可以得到两者的比表

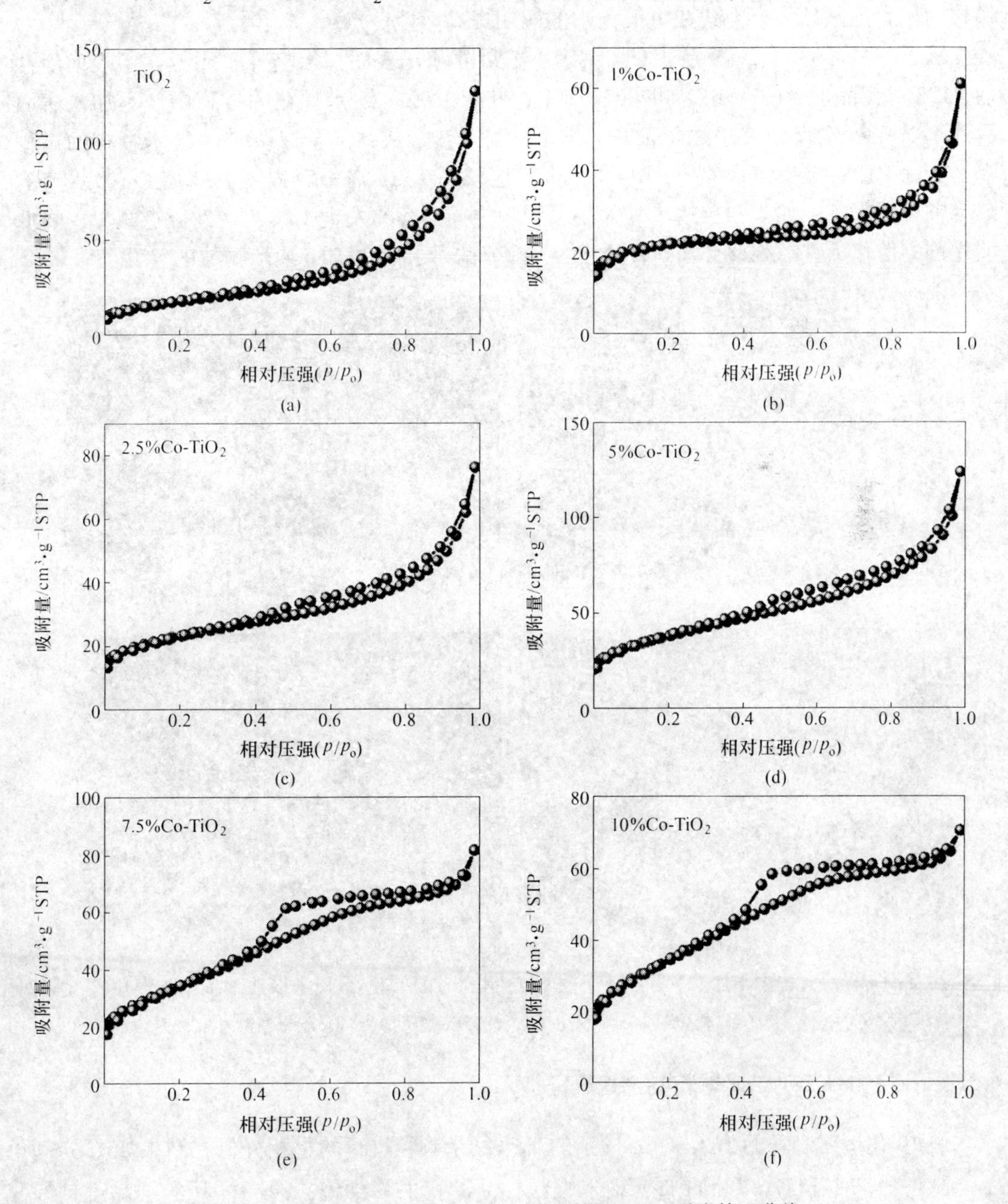

图 6-4 TiO_2 和 Co 离子掺杂 TiO_2 纳米颗粒的 N_2 吸脱附等温曲线

面积和孔径分布图。TiO_2纳米颗粒的吸附-脱附等温线是标准的Ⅳ曲线，并呈现明显的 H1 型滞后环。当 Co 离子的掺杂量小于 5%时，Co 离子掺杂的 TiO_2纳米颗粒的吸附-脱附曲线类型没有发生变化。当 Co 离子的掺杂量高于 7.5%时，Co 离子掺杂的 TiO_2纳米颗粒的吸附-脱附曲线类型转变为标准的Ⅴ型曲线。结合图 6-2 和图 6-3 可以看出，纯 TiO_2纳米颗粒的尺寸平均为 14.5nm，比表面积为 $62m^2/g$，随着 Co 离子掺杂量的增加，催化剂的颗粒粒径逐渐减小，比表面积逐渐增大，当 Co 掺杂量为 5%时，催化剂的颗粒粒径达到最小为 6.4nm，比表面积最大达到 $130m^2/g^1$，当 Co 的掺杂量高于 5%时，比表面积降低，其测试结果与 TEM 得到的结果一致。由此可以看出，Co 离子的掺入量为 5%时，TiO_2纳米颗粒的比表面积最大，为其在电催化中的应用提高活性位点。

除了考察 Co 离子的掺杂对 TiO_2纳米颗粒尺寸和比表面积影响外，还考察了表面活性剂 P123 对样品形貌的影响。如图 6-5 所示，在合成 TiO_2纳米颗粒的过程中，不加入表面活性剂 P123，会得到尺寸更大的 TiO_2纳米颗粒。在合成钴离子掺杂 TiO_2纳米颗粒的过程中不加入 P123，样品的颗粒尺寸小于 5nm，这说明 P123 在一定程度上调控 Co 掺杂 TiO_2纳米颗粒的尺寸。如果颗粒的尺寸太小，颗粒之间更容易发生聚集，活性位点减少，降低催化剂的催化活性。因此，通过加入 P123 调节钴离子掺杂 TiO_2纳米颗粒的尺寸。

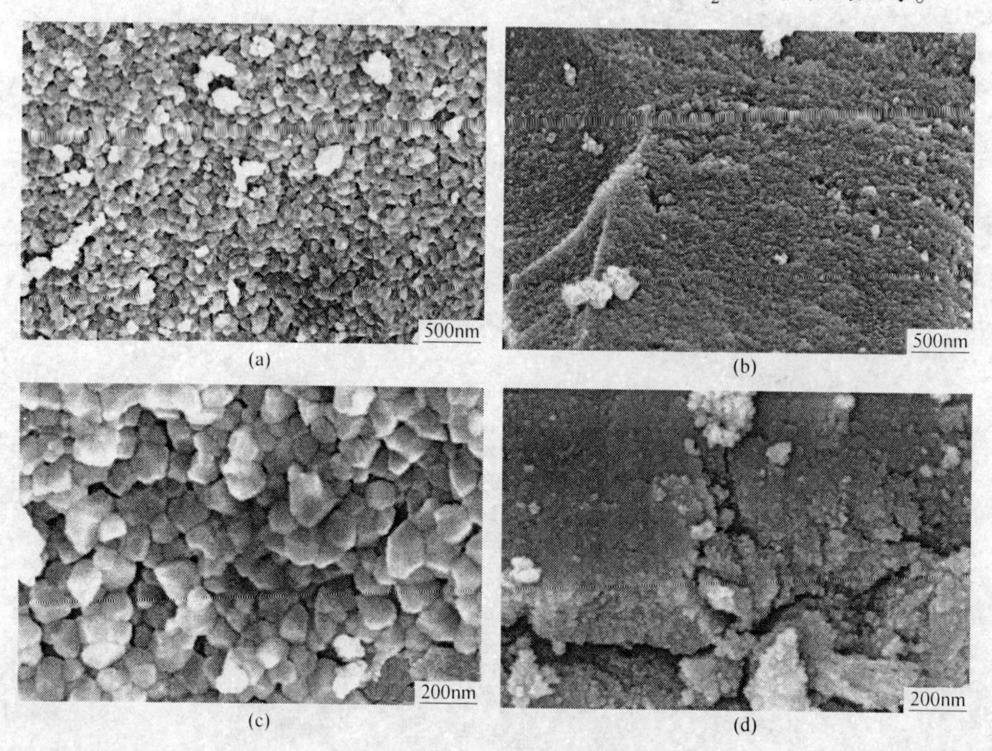

图 6-5　在制备样品过程中不加入三嵌段共聚物 P123 得到的 TiO_2和 Co 离子掺杂 TiO_2纳米颗粒的 SEM 图

(a)，(c) TiO_2 纳米颗粒的 SEM 图；(b)，(d) Co 离子掺杂 TiO_2 纳米颗粒的 SEM 图

6.3.2　Co^{2+}掺杂 TiO_2纳米颗粒的结构表征

通过 XRD 对制备的 TiO_2和 Co 掺杂的 TiO_2纳米颗粒进行的物相分析，结果如图 6-6 所示。制备的 TiO_2和 Co 掺杂的 TiO_2纳米颗粒样品的衍射峰尖锐，说明样品的结晶度良好。

从纯 TiO_2 纳米颗粒的 XRD 谱图中可以看出，经过 550℃煅烧后，既有锐钛矿相二氧化钛的衍射峰存在，也有金红石相二氧化钛的衍射峰存在。当 Co 的掺杂量大于 2.5%时，没有产生金红石相二氧化钛，所有 Co 掺杂 TiO_2 纳米颗粒的衍射峰与锐钛矿相 TiO_2 的标准谱图完全一致（JCPDS 卡片 No. 21-1272），说明掺入的钴可以抑制金红石相二氧化钛的生成。可能是由于掺入的 Co 离子半径大于 Ti^{4+} 离子的半径，导致形成晶格松弛、密度较小的锐钛矿相 TiO_2（金红石相 TiO_2 的密度是 4.26g/cm^3，锐钛矿相 TiO_2 的密度是 3.84g/cm^3）[26]。并且从 XRD 谱图中可以看出，当 Co 的掺杂量增加到 7.5%时，除了锐钛矿 TiO_2 晶型以外，没有单质钴、钴氧化物，或者含有钴复合物的 XRD 衍射峰出现，可能是由于 XRD 检测灵敏度太低，检测不出 Co 的化合物。

同时我们也考察了三嵌段共聚物 P123 对二氧化钛晶型的影响，如图 6-6（b）所示。所有样品中，除了二氧化钛的锐钛矿和金红石相二氧化钛的衍射峰之外，没有其他杂质峰出现。在合成过程中不加 P123，金红石相二氧化钛和锐钛矿相二氧化钛的比例增大，这说明在合成过程中加入 P123，在一定程度上可以抑制金红石相 TiO_2 纳米颗粒的生成。同样在制备 Co 掺杂 TiO_2 纳米颗粒过程中不加入 P123，只掺入 Co 离子，在衍射角为 27.5°出现的微弱峰对应于金红石相二氧化钛的（110）晶面。进一步说明了聚环氧乙烷-聚环氧丙烷-聚环氧乙烷三嵌段共聚物的引入可以抑制金红石相二氧化钛的生成。除此之外，钴离子的掺杂也可以抑制金红石相 TiO_2 纳米颗粒的生成，并且三嵌段共聚物 P123 和 Co 离子的掺杂可以完全抑制金红石相二氧化钛的生成，两者缺一不可。

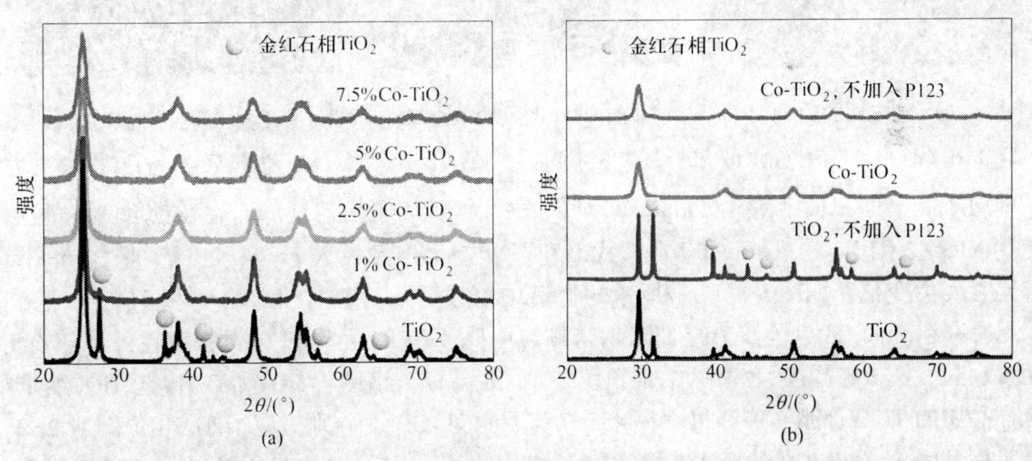

图 6-6 （a）TiO_2 和不同 Co 离子掺杂量（1%~10%）的 TiO_2 纳米颗粒的 XRD 谱图；（b）在制备样品过程中加入和不加入 P123 分别得到的 TiO_2 和 Co 离子掺杂 TiO_2 纳米颗粒的 XRD 图

TiO_2 和 Co 掺杂 TiO_2 纳米颗粒的透射电镜和高分辨透射电镜如图 6-7 所示。从图 6-6（a）中可以看出，纯 TiO_2 纳米颗粒的大小不均一，粒径范围在 10~35nm 之间。根据 JCPDS 卡片 No. 21-1272，从纯 TiO_2 纳米颗粒的高分辨谱图中可以看出，晶格间距为 0.325nm 对应于金红石相二氧化钛的（110）晶面。晶格间距 0.352nm，对应的是锐钛矿相二氧化钛的（101）晶面。说明 TiO_2 纳米颗粒中既含有锐钛矿相二氧化钛也含有金红石相二氧化钛。从图 6-7（c）中可以看出，TiO_2 纳米颗粒中掺入 5%Co 离子后，颗粒粒径减小，大小均一。从高分辨图中可以看出，只有锐钛矿相的（101）晶面存在，没有发现金红石相二氧化钛生成，说明钴离子的掺杂可以抑制金红石相二氧化钛的生成，这与 XRD 分析结果一致。电子能谱面扫描结果（Mapping）结果显示，Co 元素和 Ti 元素的分布相同，说明 Co 离子均匀地分布在 TiO_2 纳米颗粒中。

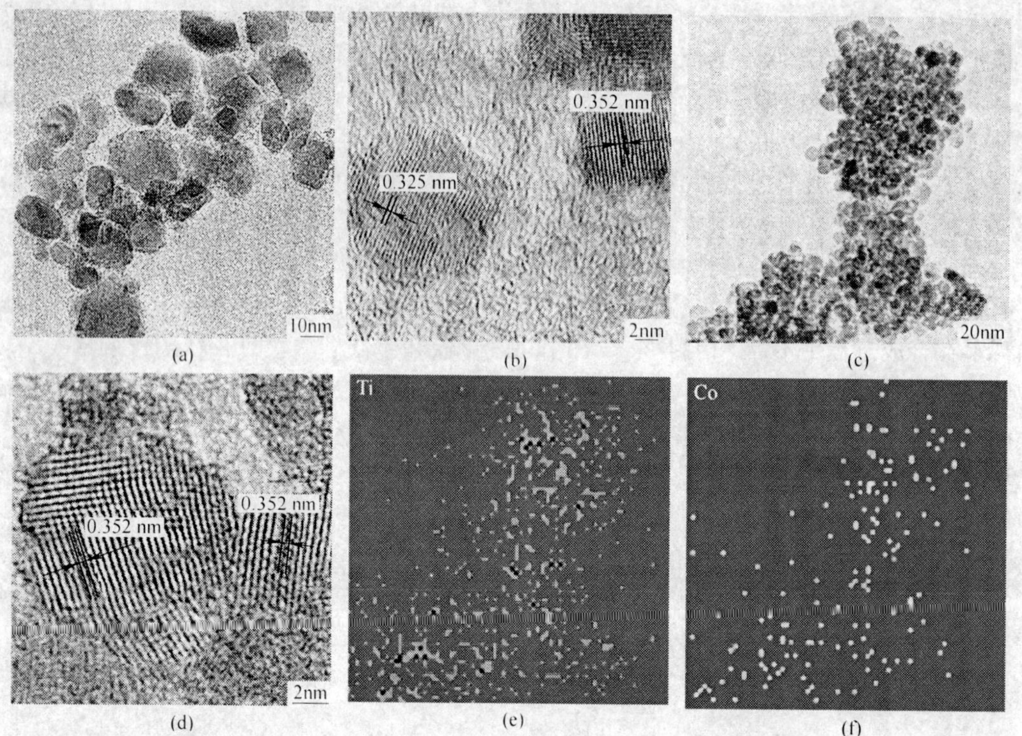

图 6-7　TiO_2 纳米颗粒的 TEM 图（a）和 HRTEM 图（b）；Co 离子掺杂 TiO_2 纳米颗粒的 TEM 图（c）和 HRTEM 图（d）；根据图（c）得到的 Co 掺杂 TiO_2 纳米颗粒中 Ti 元素（e）和 Co 元素（f）的元素分布图

电子能谱面扫描结果（Mapping）结果表明，Co 离子均匀地分布在 TiO_2 纳米颗粒中，使用 XPS 技术确定掺入 Co 的存在形式及化学状态，以及掺入 Co 离子以后 Ti^{4+} 的化学状态是否发生变化。如图 6-8（a）所示的全谱中可以看出，TiO_2 纳米颗粒中只有 Ti 元素和 O 元素存在。而 Co 离子掺杂的 TiO_2 纳米颗粒中除了有 Ti 元素和 O 元素存在外，还有 Co 元素存在。图 6-8（b）为 TiO_2 纳米颗粒中 Ti 2p 高分辨谱图，TiO_2 和 Co 掺杂 TiO_2 纳米颗粒样品中的 Ti 结合能峰位都出现在 457. 7eV 和 464. 5eV，分别对应于 Ti $2p_{3/2}$ 和 Ti $2p_{1/2}$，表明样品中 Ti 是以 Ti^{4+} 的形式存在。掺入 Co 离子后，峰位没有发生移动，这说明掺入的 Co 离子没有改变 Ti 的存在形式。

图 6-8（c）为 Co 掺杂 TiO_2 纳米颗粒中 Co 2p 高分辨谱图，样品中 Co 的结合能峰位出现在 780. 4eV 和 796. 6eV，分别对应于 Co $2p_{3/2}$ 和 Co $2p_{1/2}$，两个向着更高能量的振动峰分裂的 Co $2p_{3/2}$ 和 Co $2p_{1/2}$，并且 Co $2p_{1/2}$-Co $2p_{3/2}$ 轨道的能量差为 16eV，这说明 Co 以 Co^{2+} 的形式存在于 Co 掺杂 TiO_2 纳米颗粒晶格中[27]。图 6-8（d）为 TiO_2 样品中 O 1s 高分辨谱图，与纯 TiO_2 纳米颗粒相比，Co 离子掺杂的 TiO_2 纳米颗粒表面存在着丰富的 M—OH 键（531. 7eV 位置处），这是由于 Ti^{4+} 被 Co^{2+} 取代导致体系中引入氧空穴产生的。

表 6-1 为根据 XPS 测得的结果，TiO_2 和 Co 离子掺杂 TiO_2 纳米颗粒中 Co、Ti 和 O 元素的含量。

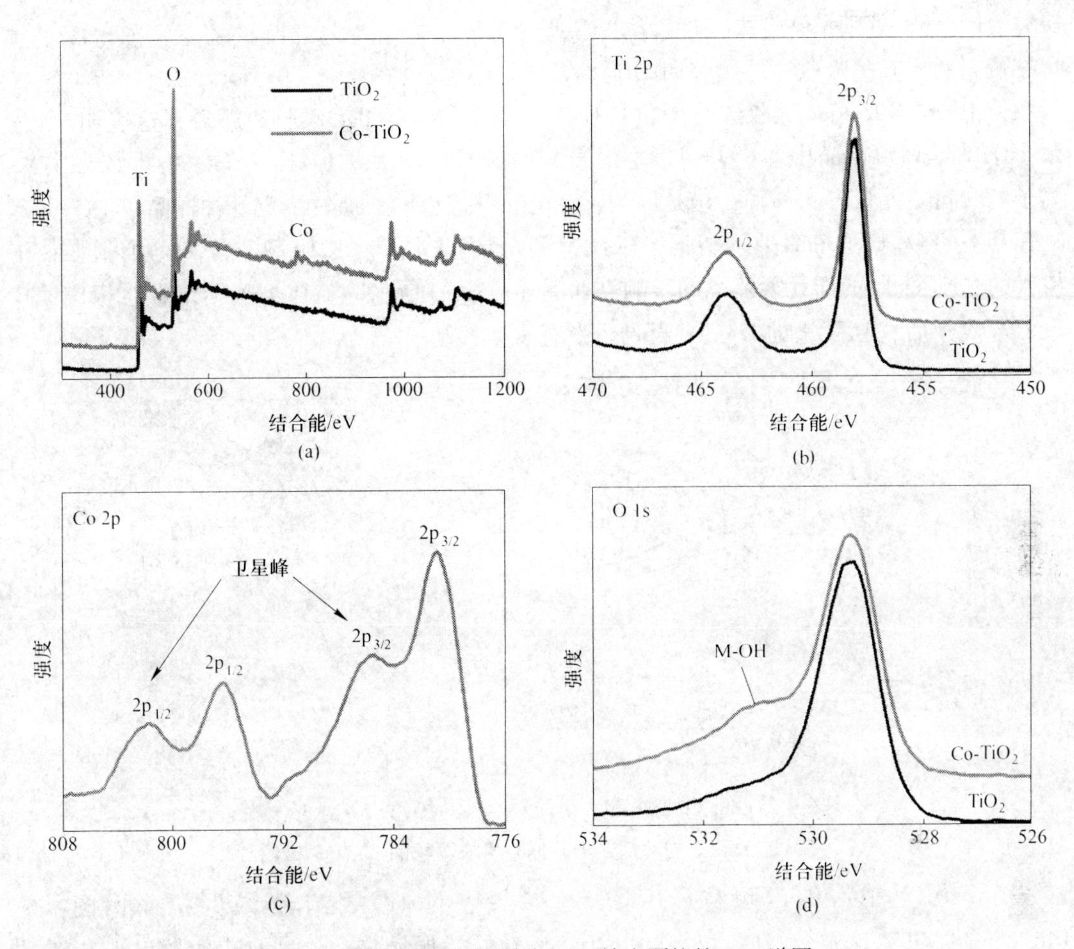

图 6-8 TiO_2和 Co 离子掺杂 TiO_2纳米颗粒的 XPS 谱图

表 6-1 根据 XPS 测得的 TiO_2和 Co 离子掺杂 TiO_2纳米颗粒中 Co、Ti 和 O 元素的含量

（原子分数,%）

样品	O	Ti	Co	Co/(Ti+Co)
TiO_2	69.62	30.38	—	—
Co-TiO_2	71.21	25.84	2.95	10.2

从 XPS 测试的结果上来看，Co 掺杂 TiO_2纳米颗粒中 Co 的含量为 2.95%，根据此测试结果计算，纳米颗粒表面 Co/(Ti+Co) 的摩尔比率为 10.2%，计算的原子比率远大于最初的理论掺杂量 5%，说明从纳米颗粒的表面到体相，Co^{2+}的浓度是浓差梯度分布的，表面上更多的 Ti^{4+}被 Co^{2+}取代。这是由于 Co^{2+}离子的半径（0.885Å）大于 Ti^{4+}离子的半径(0.745Å)，除此之外，四价离子被二价离子取代会导致在体系中引入氧空穴，在一定程度上会破坏材料的晶体结构。因此，可以在 TiO_2纳米颗粒的表面创造更多的活性位点。

事实上，用扩展 X 射线吸收精细结构（EXAFS）可以更直观地检测出钴以氧化态的 Co^{2+}形式存在于 TiO_2纳米颗粒晶格中。为了更直观地校对出 Co 的存在形式和环境，我们选择商品 CoO 和 Co_3O_4作为参比样品，该样品中 Co 离子的价态分别为+2、+2 和+3 价。

研究表明，XANES 光谱中的吸收边位置与吸收原子的价态有这密切的关系，随着原子氧化态价态的提高，吸收边位置将向高能量方向平移。如图 6-9（a）所示，Co 掺杂 TiO_2 纳米颗粒中 Co 的 K-edge 吸收边几乎和 CoO 样品中 Co 的 K-edge 吸收边相近，这表明 Co 掺杂 TiO_2 纳米颗粒样品中 Co 为+2 价。但是和商品 CoO 相比，Co 掺杂 TiO_2 纳米颗粒中 Co 离子的峰向低能量方向移动，这是周围存在的 Ti^{4+} 造成的。通过测定各种样品（TiO_2 纳米颗粒和不同 Co 掺杂量的 TiO_2 纳米颗粒）中 Ti 元素的 K-edge 吸收判断在 TiO_2 纳米颗粒中掺入的 Co^{2+} 离子对 Ti 元素环境的影响，如图 6-9（b）所示。与纯 TiO_2 纳米颗粒相比，掺入 Co^{2+} 离子后，Ti 元素的 K-edge 吸收边没有发生移动。

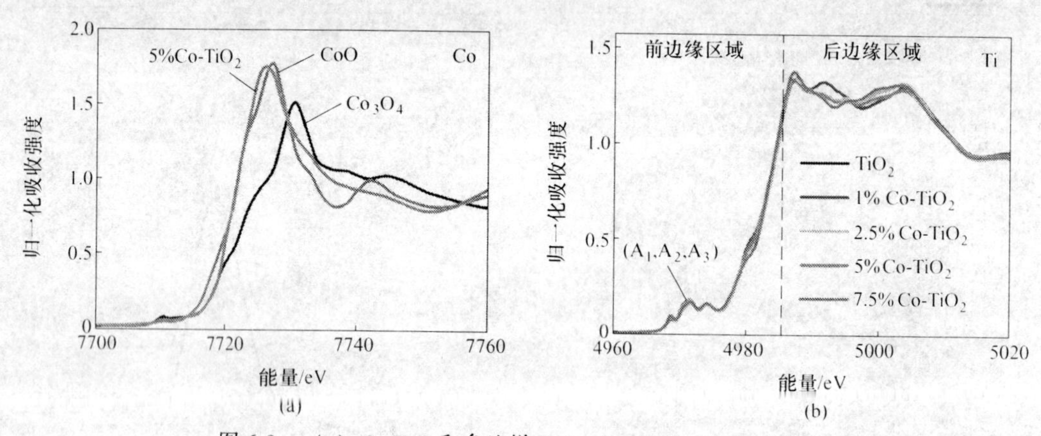

图 6-9　（a）Co-TiO_2 和参比样 CoO、Co_3O_4 的 XANES 谱图；
（b）TiO_2 和不同 Co 掺杂量 TiO_2 纳米颗粒的 XANES 谱图

图 6-10 为 TiO_2 纳米颗粒和不同 Co 掺杂量的 TiO_2 纳米颗粒的拉曼谱图，在 146.2cm^{-1}、399.1cm^{-1}、519.7cm^{-1} 和 640.5cm^{-1} 处的振动峰，分别对应于锐钛矿相二氧化钛的 E_g、B_{1g}、$A_{1g}(B_{1g})$ 和 E_g 峰。除了 TiO_2 材料的特征峰以外，没有其他杂质峰出现。E_g 峰是由于 O—Ti—O 键的弯曲震动引起的，把 E_g 峰放大，如图 6-10（b）左图所示，和纯 TiO_2 纳米颗粒相比，当 Co^{2+} 掺杂 TiO_2 纳米颗粒的 E_g 峰发生偏移，这是由于 Co^{2+} 取代了 O—Ti—O 键上 Ti^{4+} 产生的氧空穴引起的[28]。把 350～500cm^{-1} 处放大如图 6-10（b）右图所示，对于纯 TiO_2 纳米颗粒和少量 Co 掺杂量（Co/(Co+Ti) 的摩尔比不高于 2.5%）TiO_2 纳米颗粒，在 448.1cm^{-1} 处有微弱的振动峰，这个峰是金红石相的 E_g 峰，这说明纯 TiO_2 纳米颗粒和 Co 掺杂量不高于 2.5% 的 TiO_2 纳米颗粒中既含有锐钛矿相也含有金红石相二氧化钛，继续增加 Co 的掺杂量，金红石相的 E_g 峰消失，只剩下锐钛矿相的振动峰。又一次证明了随着 Co 掺杂量的增加，金红石相消失，这与 XRD 和 HRTEM 的分析结果一致。通过对 TEM、XRD、XPS、XANES 以及拉曼的数据分析总结可以得到 Co 离子掺杂 TiO_2 纳米颗粒的示意图，如图 6-10（c）所示[29]。

6.3.3　Co^{2+} 掺杂 TiO_2 纳米颗粒的电催化性能

从上述结论可知，很好地控制 TiO_2 纳米颗粒和 Co 掺杂的 TiO_2 纳米颗粒的尺寸和 Co 的掺杂量，有利于优化催化剂的析氧反应（OER）和氧还原反应（ORR）的性能。为了考察 Co 掺杂对催化剂氧还原和析氧催化活性的影响，对 TiO_2 纳米颗粒和不同 Co 掺杂量

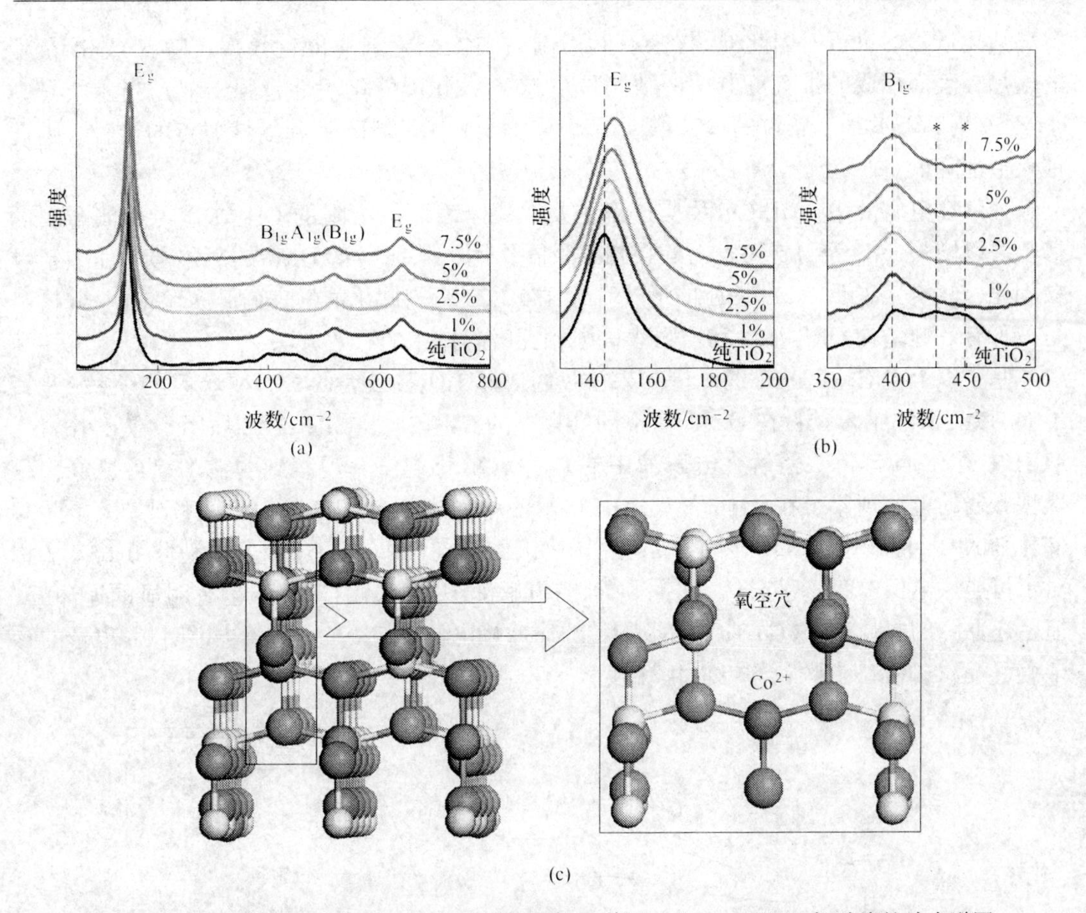

图 6-10 (a) 不同 Co 掺杂量 TiO_2 纳米颗粒的拉曼谱图；(b) E_g 和 B_{1g} 振动峰的放大谱图；(c) Co 掺杂 TiO_2 纳米颗粒的结构示意图

(半径最小的球代表钛原子，半径最大的球代表钴原子，球的半径大小并不代表真实原子大小)

的 TiO_2 纳米颗粒在电氧还原和析氧反应中的活性进行了研究，如图 6-11 所示。通过对比各个催化剂的 LSV 曲线可以发现，5%Co-TiO_2 纳米颗粒具有最好的电催化效率，主要是因为 Co^{2+} 替代 Ti^{4+}，使催化剂的表面产生大量带有负电荷的缺陷位点。O_2 的化学吸附和解离活化是影响 ORR 催化反应的重要过程，带有负电荷的缺陷位点有利于 O_2 的化学吸附和

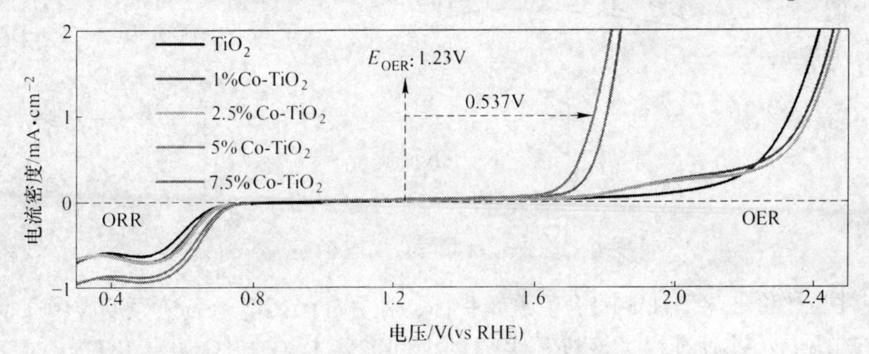

图 6-11 TiO_2 和 Co-TiO_2 的 LSV 曲线

(催化剂负载量：0.3mg/cm²；电解液：0.1mol/L KOH；扫描速率：10mV/s)

解离活化过程的进行，因此Co掺杂有利于调高TiO_2催化剂的催化效率。随着Co掺杂量的增加，表面形成的带有负电荷的缺陷位点越多，ORR催化活性越强。但是当掺杂量高于7.5%时，TiO_2纳米颗粒的尺寸增大，比表面积减小，降低O_2和活性位点的接触，因此催化活性降低。

在碱性电解液中，OER的反应速率主要取决于表面的吸附的OH^-浓度。过渡金属的掺杂可以增强OH^-等物质和表面的强相互吸附作用，从而降低OER的超电势。和纳米颗粒相比，氧空穴主要以M—OH的形式存在于5%Co-TiO_2催化剂的表面。实验证明Co掺杂是一种有效地增加OER活性和增强表面强相互吸附作用的有效方法。

基于以上ORR和OER的测试结果，我们选择TiO_2和5%Co-TiO_2纳米颗粒，系统考察了Co掺杂TiO_2纳米颗粒在O_2和N_2不同气氛下的CV响应，如图6-12所示。在0.1mol/L KOH中通入1h N_2除去溶解在电解液中的O_2后，催化剂没有观察到明显的氧还原峰，只呈现微弱的电容现象。在0.1mol/L KOH电解液中通入1h O_2使其溶解量达到最大，此时催化剂的CV曲线中出现明显的还原峰，5%Co-TiO_2纳米颗粒的还原峰电位是0.65V（相对于可逆氢电极电势）。同样，在饱和O_2的电解液中，TiO_2纳米颗粒也有明显的还原峰，但是还原峰的电位比5%Co-TiO_2纳米颗粒的还原峰电位低70mV。进一步说明Co离子的掺杂可以提高TiO_2纳米颗粒的电催化活性。

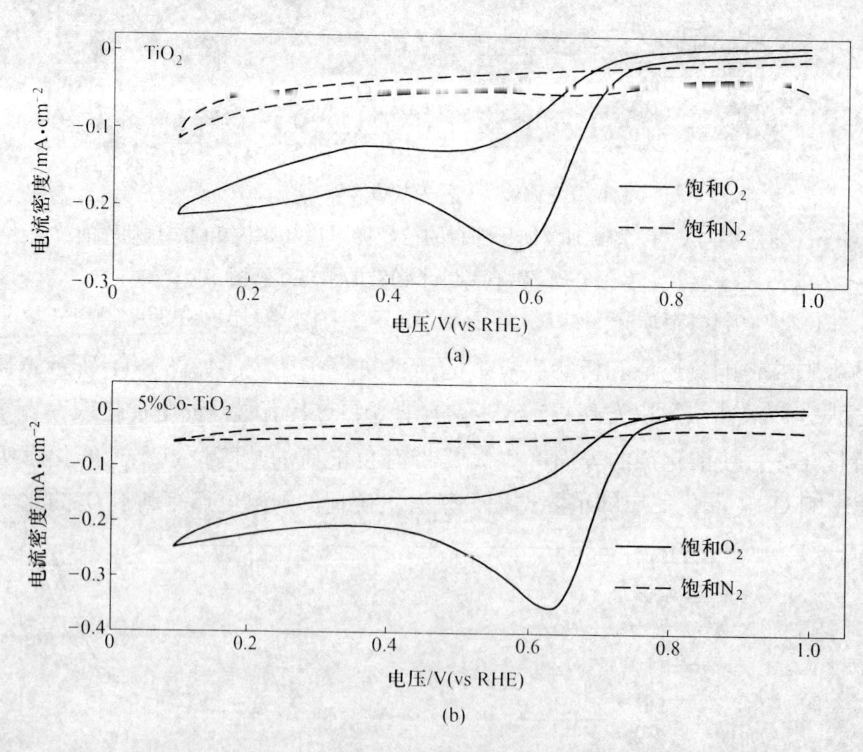

图6-12　TiO_2和Co-TiO_2样品的CV图

选择性是评价催化剂性能的一项重要指标，在标准的四电子氧还原反应中，通常会伴随着部分的两电子过渡过程，该过程生成的中间产物H_2O_2很容易氧化催化剂导致其失活。我们通过Koutecky-Levich方程计算得到电子转移数结果，如图6-13（a）所示，TiO_2和5%Co-TiO_2催化剂的氧还原过程的电子转移数在3.78~3.85之间，而TiO_2催化剂的氧

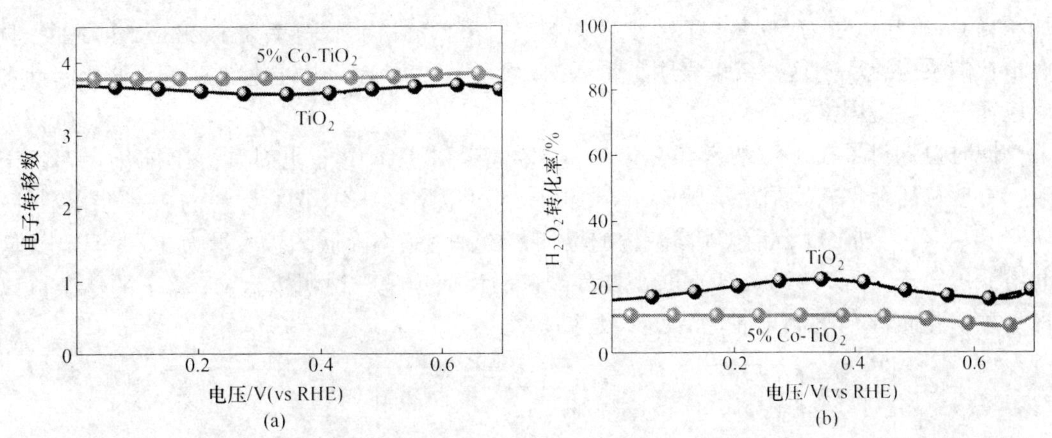

图 6-13 TiO_2和 Co-TiO_2样品的氧还原过程的电子转移数（a）以及相应的 H_2O_2转化率(b)

（根据在 0.1mol/L KOH 水溶液中，采用 RRDE 方法测试得到的数据计算得到。

催化剂负载量：0.3mg/cm²）

还原过程的电子转移数在 3.55~3.68 之间。与纯 TiO_2纳米颗粒相比，5%Co-TiO_2纳米颗粒的电子转移数更接近于 4，这说明催化还原氧气反应更接近于理想的四电子反应，与之对应产生的 H_2O_2含量更低，在催化反应中稳定性更高。这是由于 5%Co-TiO_2催化剂的表面含有丰富的氧空穴，有利于氧气的解离吸附，从而导致更多电子转移过程，具有更高的催化活性和选择性。

通过对比 LSV 曲线可以发现（图 6-14），在 6mol/L KOH 中，与纯 TiO_2纳米颗粒相比，Co 掺杂 TiO_2纳米颗粒具有良好的氧还原催化活性，起始电位降低了 0.14V。在电流密度 20mA/cm²处，随着 Co 掺杂量的增加，电势降低，当 Co 的掺杂量为 5%时，电势达到最低，比纯 TiO_2纳米颗粒的电势低 200mV。这可能是由于随着 Co 掺杂量的增加，颗粒尺寸减小，比表面积增大，氧空穴造成的活性位点增多造成的。当 Co 的掺杂量增加到 7.5%时，电势增加，这可能是由于 Co 的掺杂量为 7.5%时，TiO_2纳米颗粒的尺寸增大，比表面积降低，从而减少了活性位点，抑制了氧气的传输造成的，因此其催化活性降低。综上所述，Co 掺杂量为 5%的 TiO_2催化剂具有最优异的 ORR 性能。

在氧析出催化反应中，掺入 Co 离子后，TiO_2催化剂的超电势降低。随着 Co 离子的掺入量的增加，超电势逐渐降低，当 Co 的掺入量为 5%时，其超电势最低，继续增加 Co 离子的掺入量，超电势增加。随着 Co 离子掺入量的变化，氧析出催化活性的变化趋势与氧还原催化活性变化趋势一致。Co 掺杂量为 5%时具有最优异的析氧催化活性。通常电流密度 10mA/cm²被作为比较析氧催化反应的基准。在电流密度为 10mA/cm²下，Co 掺杂量为 5%的 TiO_2纳米颗粒催化剂具有最低的超电势，为 0.347V/(vs Hg/HgO)。与文献中报道的基于 TiO_2材料的析氧反应活性相比，超电势达到最低，说明合成的 Co 掺杂 TiO_2纳米颗粒产生更多的 OER 催化反应活性位点。且当钴的掺入量为 5%时，二氧化钛既具有优异的 ORR 催化活性，也具有优异的 OER 催化活性。

塔菲尔（Tafel）曲线是一种将催化动力学过程放大的说明图，直接反映出电催化剂的动力学反应速率。一般情况下，塔菲尔斜率（Tafel-slope）越低，说明催化反应速率越快。如图 6-14（b）所示，TiO_2纳米颗粒中掺入的 Co 离子可以明显降低催化剂的塔菲尔斜率，提高氧还原反应的反应速率，随着 Co 离子掺入量的增加，塔菲尔斜率先降低后增加，当Co的掺入量为5%时，TiO_2纳米颗粒具有最低的塔菲尔斜率为1.28mV/decade，具有最快的反应速率。这些结果表明，掺入Co离子是提高TiO_2电催化剂氧还原催化活性和反应速率的关键因素。

同时也探讨了在TiO_2纳米颗粒中掺入Co离子对TiO_2电催化剂氧析出催化速率的影响。直接从塔菲尔斜率值上反映Co离子的掺入可以增加TiO_2纳米材料的析氧催化活性。如图6-14（c）所示，随着Co掺杂量的增加，塔菲尔斜率降低，掺入量为5%时具有最低的塔菲尔斜率，为2.47mV/decade，具有最快的反应速率。说明掺入Co离子的掺杂可以提高TiO_2电催化剂氧氧化催化活性和反应速率。

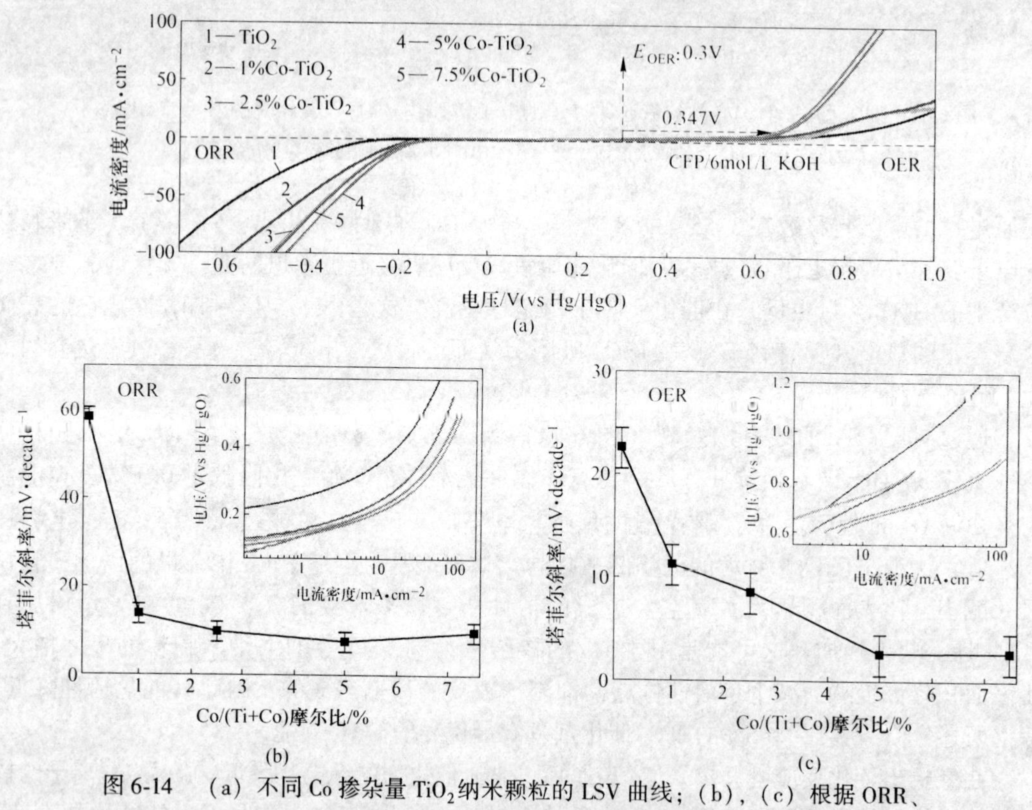

图6-14　（a）不同Co掺杂量TiO_2纳米颗粒的LSV曲线；（b），（c）根据ORR、OER数据计算得到的塔菲尔斜率曲线

（电解液：O_2饱和的6mol/L KOH水溶液；扫描速度：10mV/s）

我们不仅考察了在TiO_2纳米颗粒中掺入Co离子对其电催化活性的影响，也考察了在合成过程中加入三嵌段共聚物P123对催化剂电催化活性的影响，如图6-15所示。在相同的材料中，不加P123比加入P123制得的催化剂氧还原和析氧反应的催化活性较差，这可能是由于在合成TiO_2纳米颗粒过程中不加入三嵌段共聚物P123作为表面活性剂和稳定剂，会得到颗粒较大的催化剂，使得活性位点降低。虽然在合成Co掺杂TiO_2纳米颗粒过程中不加入三嵌段共聚物P123会得到粒径较小的电催化剂，但是由于粒径太小容易发生聚集，一方面减少了实际参与电催化反应的活性位点，另一方面抑制了O_2的转移，降低了氧还原和析氧反应的催化效率。因此，三嵌段共聚物P123在合成催化剂过程中作为表面活性剂和稳定剂，对电催化剂的活性起着重要的作用。

最近研究表明，通常可以使用CN^-或者SCN^-毒化实验来检测氧还原和氧析出催化反

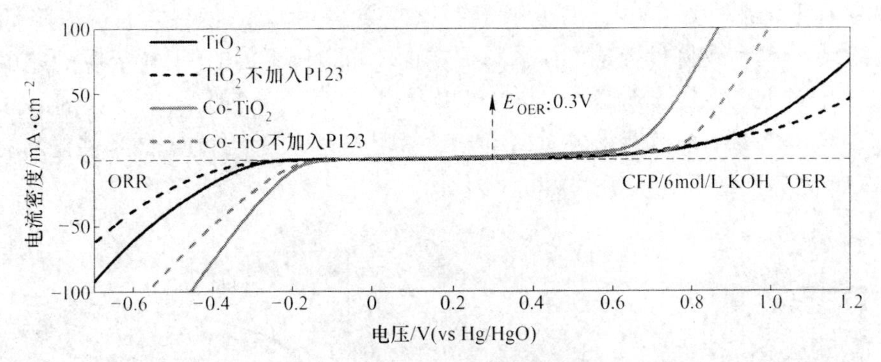

图 6-15　O_2和 Co 掺杂 TiO_2纳米颗粒的 LSV 曲线

（扫速为 10mV/s，电解液为氧气饱和的 6mol/L KOH 水溶液）

应的过渡金属活性位点的稳定性。因此为了进一步考察掺杂的 Co 离子对 TiO_2 纳米颗粒 OER 和 ORR 性能的影响，通过在电解液中添加 5mmol KSCN 考察 Co 掺杂 TiO_2纳米颗粒的在 SCN^-溶液中的稳定性。如图 6-16 所示，在电解液中加入 KSCN 后，其 OER 和 ORR 催化活性降低，这一现象表明了 TiO_2纳米颗粒中掺入的 Co 离子产生活性位点，提高了 ORR 和 OER 反应的催化活性和动力学反应速率[30]。

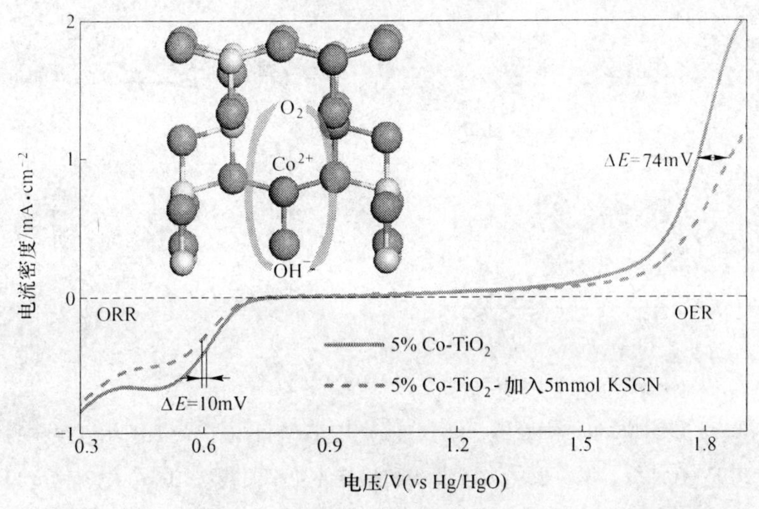

图 6-16　SCN^-毒化对 Co 掺杂 TiO_2纳米颗粒 ORR 和 OER 活性的影响

（电解液为氧气饱和的 0.1mol KOH 水溶液）

6.3.4　Co^{2+}掺杂 TiO_2纳米颗粒的锌-空气电池性能

从 6.3.3 节催化剂的电催化性能来看，TiO_2和 Co 掺杂 TiO_2纳米颗粒既有良好的 OER 性能，也具有优异的 ORR 电催化活性，因此可以作为空气阴极直接应用在两电极锌-空气电池中，锌箔作为阳极电极。如图 6-17（a）所示，我们用自制的装置进行原电池性能的测试。

首先我们考察 TiO_2和 Co 掺杂 TiO_2纳米颗粒催化剂作为空气阴极的充放电性能，如图 6-17（b）所示，在同一电流密度下，Co 掺杂 TiO_2纳米颗粒材料的充放电电势差小于纯

TiO_2纳米颗粒催化剂，这是由于TiO_2纳米颗粒掺杂的Co离子，一方面可以降低材料的OER反应的超电势，即降低充电电压；另一方面，可以降低ORR催化反应的超电势，即可以降低放电过电势。从图6-17（c）中可以看出，Co掺杂TiO_2纳米催化剂的开路电压为1.27V，高于纯TiO_2纳米催化剂（1.15V），并且Co离子掺杂TiO_2纳米催化剂的功率密度在0.495V处达到最高值，高达136mW/cm²。

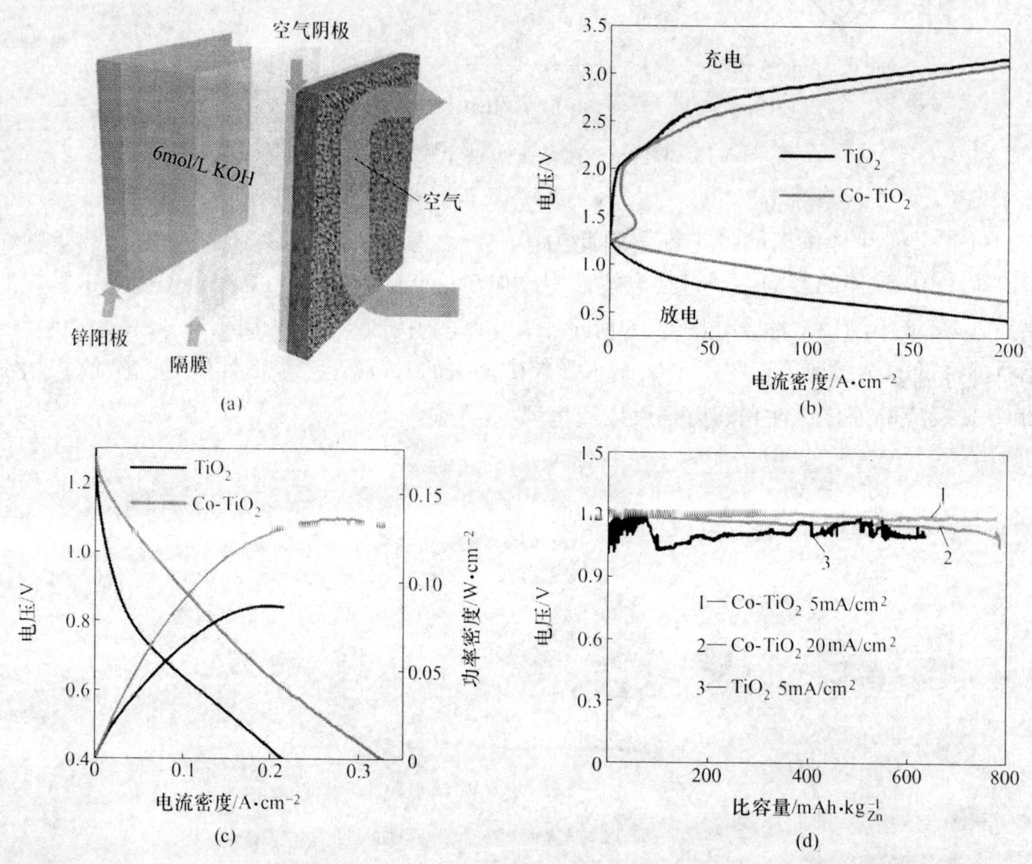

图6-17　（a）锌-空气电池原电池示意图；（b），（c）以TiO_2和Co掺杂TiO_2纳米颗粒的作为空气阴极材料的充电-放电V~i曲线，以及极化V~i曲线和相应的功率曲线；（d）在电流密度为5mA/cm²和20mA/cm²下，TiO_2和Co掺杂TiO_2纳米颗粒的作为ORR催化剂长期放电的曲线

为了简单地检测出Co掺杂TiO_2纳米催化剂的持续放电稳定性和考察其能量密度，我们对原电池进行了持续性放电测试，如图6-17（d）所示。从图中可以直接看出，与纯TiO_2纳米催化剂相比，Co掺杂TiO_2纳米催化剂具有优异的放电稳定性。在放电电流密度为5mA/cm²时，Co掺杂TiO_2纳米催化剂的放电容量可以达到778mAh/kg_{Zn}，相应的能量密度为938.5Wh/kg_{Zn}，几乎接近于锌-空气电池的理论能量密度（1090Wh/kg），远远高于文献中报道过的锌-空气电池的能量密度。在高电流下（20mA/cm²）持续放电，其放电容量可以达到785.9mAh/kg_{Zn}[1]，相应的能量密度为911.3Wh/kg_{Zn}，和低电流密度下的放电容量和能量密度相比，变化不大，这说明Co掺杂TiO_2纳米催化剂可以作为空气阴极电极进行大电流充放电。然而纯TiO_2纳米催化剂作为空气阴极电极，在放电电流为5mA/

cm^2时，稳定性很差，并且其放电容量为636.6mAh/kg_{Zn}，相应的能量密度为713.3Wh/kg_{Zn}，远远小于Co掺杂TiO_2纳米催化剂的放电容量和能量密度。综上所述，TiO_2纳米颗粒中掺入钴离子作为锌-空气电池的空气阴极电极，不仅可以提高TiO_2材料电催化的稳定性，降低电催化的超电势，提高动力学反应速率，还可以大大提高材料的容量和能量密度。

为了证明图6-17（b）中充放电的电势差主要来源于催化本身的ORR和OER反应，我们分别对5%Co-TiO_2纳米催化剂和Zn箔进行了充放电循环测试，如图6-18所示。从图中可以看出，5%Co-TiO_2催化剂的充放电电势差约为0.95V，而Zn箔的充放电电势差约为0.04V，可忽略不计。因此，在锌-空气电池的充放电过程和放电过程主要来源于Co掺杂TiO_2纳米催化剂的ORR和OER催化反应。

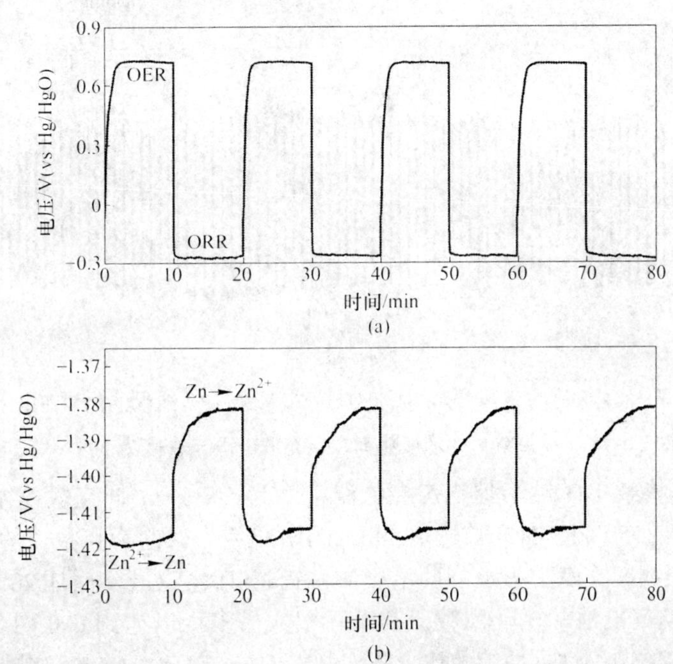

图6-18 在电流密度为10mA/cm^2下，空气阴极（a）和Zn阳极（b）的交替氧化还原反应

我们用TiO_2和Co掺杂TiO_2纳米催化剂作为空气阴极电极，锌铂作为阳极电极，用装置图6-19（a）进行两电极充放电循环测试。如图6-19（b）所示，在电流密度为时进行长时间充放电循环，Co掺杂TiO_2纳米催化剂的充电电压为2.0V左右，比纯TiO_2纳米催化剂低0.25V左右。这主要是因为：（1）TiO_2纳米颗粒中掺入的Co离子可以减小TiO_2颗粒的尺寸，增加其比表面积，从而为其催化反应增加了活性位点；（2）TiO_2纳米颗粒中掺入的Co离子可以明显降低催化剂的塔菲尔斜率，提高氧电催化的动力学反应速率。并且与纯TiO_2纳米颗粒催化剂（充放电电势差为1.05V）相比，掺入Co离子后，TiO_2纳米催化剂的充放电电势差（0.81V）降低。

稳定性是锌-空气电池的一个至关重要的性能指标。在大充放电电流密度20mA/cm^2下，Co掺杂TiO_2纳米颗粒催化剂作为空气阴极充放电循环性如图6-19（c）所示，充放电时间超过800h，远远大于文献中的报道值。并且，在560h时，充电电压稍微增大，放电电压降低，可能是因为长时间充放电，锌箔的性能发生变化或者电解液变质引起的，更换电解液和锌箔，电池仍然可以继续进行充放电循环。说明制备的 Co 掺杂 TiO_2 纳米颗粒催化剂具有超强的稳定性，为其商业化应用提供可能性。

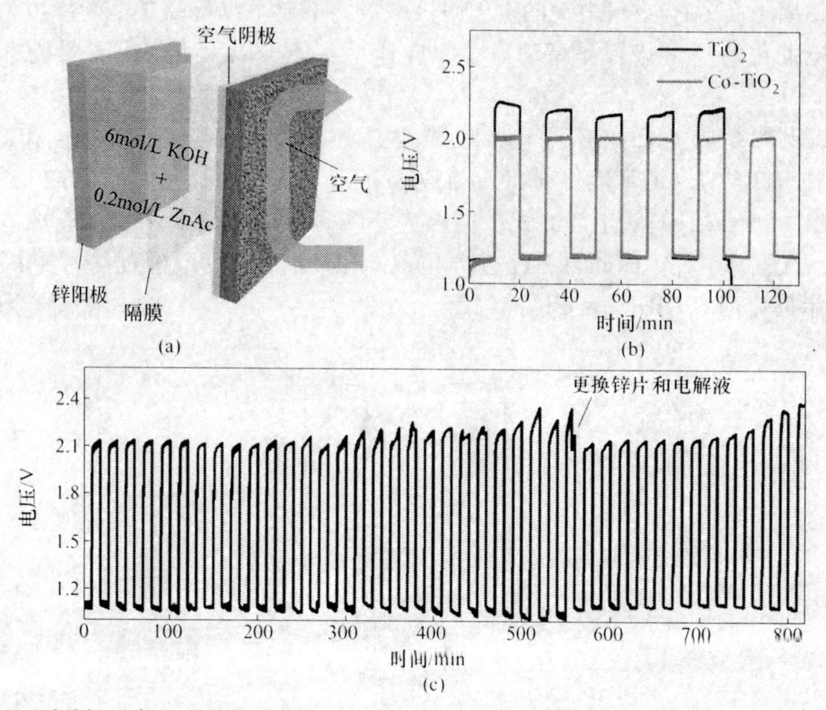

图 6-19　（a）可逆新-空气电池的装置图；（b）TiO_2 和 Co 掺杂 TiO_2 纳米催化剂在电流密度为 $5mA/cm^2$ 时长时间充放电图；（c）Co 掺杂 TiO_2 纳米催化剂在大充放电电流密度为 $20mA/cm^2$ 时充放电循环图

图 6-20 为 Co 掺杂 TiO_2 纳米催化剂在电流密度为 $5mA/cm^2$ 时充放电循环图。充放电循环圈数可以达到 3150 圈，时间长达 1050h。图中灰色为目前为止报道的两电极体系锌-空气电池的循环圈数，文献中报道的两电极体系锌-空气电池最多循环 200 圈。浅灰色为三电极体系中锌-空气电池的循环圈数，其循环圈数最多可以达到 600 圈。与表 6-3 中已经报道的可逆电池的循环性等性能相比，我们制得的 Co 掺杂 TiO_2 纳米颗粒催化剂具有超高的循环稳定性和较低的充放电电势差。

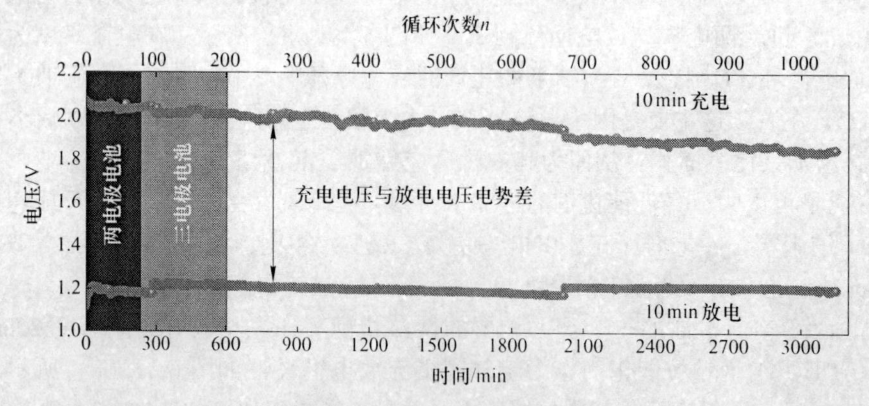

图 6-20　Co 掺杂 TiO_2 纳米催化剂在电流密度为 $5mA/cm^2$ 时充放电循环图

除了上述 TiO_2 纳米颗粒中掺入 Co 离子可以提高其催化性能外，我们选用制备 TiO_2 纳米颗粒的操作方法简单，可以大批量的合成催化剂，比如我们在原实验室条件的基础上扩大 65 倍可以一次至少合成 80.14g 催化剂（图 6-21），这为商业化生产提供了极大的可能性。

图 6-21 放大 65 倍用溶胶-凝胶方法一次合成 Co 掺杂 TiO_2 纳米颗粒 80.14g

Co 掺杂 TiO_2 纳米颗粒与已报道的新-空气电池和可逆锌-空气电池循环性能对比分别见表 6-2 和表 6-3。

表 6-2 Co 掺杂 TiO_2 纳米颗粒与已报道的新-空气电池性能对比

电催化剂	能量密度/$mA \cdot cm^{-2}$	比容量/$Wh \cdot kg_{Zn}^{-1}$	参考文献
$Co\text{-}TiO_2$	136	938.5	This work
NPMC-1000	约 70	约 835	[8]
N,B-CNT	约 50	—	[31]
N 掺杂石墨烯	约 100	—	[32]
CoO/N-CNT	约 265	>700	[33]
介孔/微孔-PoPD	—	800	[34]
CuPt-NC	253.8	728	[35]
Mn_3O_4/石墨烯	约 175	—	[36]
MnO_x/C	约 250	<320	[37]
FeCo-EDA	约 360	—	[38]
2DBN-800	23.9	—	[39]
CuFe 纳米颗粒	212	—	[40]

续表 6-2

电催化剂	能量密度/$mA \cdot cm^{-2}$	比容量/$Wh \cdot kg_{Zn}^{-1}$	参考文献
Cu-Pt 纳米笼	—	728	[41]
氮掺杂碳纤维	—	760	[42]
碳/二氧化锰	67.51	798	[43]
Ni 改性的 MnO_x/C	—	610	[44]
Fe@ N-C	220	—	[45]
$LaCoO_3$	77	—	[46]

表 6-3　Co 掺杂 TiO_2 纳米颗粒与已报道的可逆锌-空气电池循环性能对比

结构	电催化剂	极化电势	循环次数	参考文献
两电极电池	Co-TiO_2 颗粒	0.81V（充放电电流密度 5mA/cm^2）	1200s/次，共循环 315 次（1050h）	本章工作
		1.0V（充放电电流密度 20mA/cm^2）	20h/次，共循环 42 次（820h）	
	2DBN-800	约 1.3V（充放电电流密度 5mA/cm^2）	300s/次，共循环 11h	[39]
	C/$CoMn_2O_4$	0.95V（充放电电流密度 20mA/cm^2）	600s/次，共循环 33h	[47]
	Fe@ N-C	约 1.2V（充放电电流密度 1mA/cm^2）	1h/次，共循环 100 次	[45]
	NPMC-1000	约 1.26V（充放电电流密度 5mA/cm^2）	600s/次，共循环 180 次（30h）	[8]
三电极电池	NPMC-1000	约 1.26V（充放电电流密度 5mA/cm^2）	600s/次，共循环 600 次（100h）	[8]
	$LaCoO_3$	0.99V（充放电电流密度 10mA/cm^2）	300s/次，共循环 150 次	[46]

6.4　本章小结

本章用溶胶-凝胶方法制备了 TiO_2 和 Co 掺杂 TiO_2 纳米颗粒催化剂，探讨了 P123 作为表面活性剂和稳定剂对其尺寸、形貌和性能的影响。同时也深入探讨了 Co 离子的掺入量对 TiO_2 纳米颗粒尺寸、形貌、结构和性能的影响。最后将制备的 Co 掺杂 TiO_2 纳米颗粒催化剂作为空气阴极应用在两电极可逆循环锌-空气电池中。

（1）用溶胶-凝胶方法合成 TiO_2 和不同 Co 掺杂量的 TiO_2 纳米颗粒，通过 SEM、TEM、N_2 吸附-脱附等温曲线说明，在合成过程中加入 P123 作为表面活性剂和稳定剂，在一定程度上可以控制 TiO_2 纳米颗粒的形貌和尺寸。TiO_2 纳米颗粒中掺入的 Co 离子，在一定程度上可以降低样品的颗粒大小、增大比表面积。通过 XRD、Raman、XANES、XPS 等技术对 TiO_2 和 Co 掺杂 TiO_2 纳米颗粒的机构进行分析，发现 Co 离子的存在可以抑制金红石相 TiO_2 的生成，钴是以 Co^{2+} 的形式存在于 TiO_2 材料的晶格中，并且 Co^{2+} 取代了 O—Ti—O 键上 Ti^{4+}。

（2）考察了 TiO_2 和 Co 掺杂 TiO_2 纳米颗粒在电催化 ORR 和 OER 中的应用，发现在合成过程中加入 P123，可以控制材料的尺寸提高催化剂的电催化性能。催化剂性能的提高主要是由于掺入的 Co^{2+} 离子引起的。Co^{2+} 的掺入不仅仅可以降低催化剂析氧反应的超电势，还可以降低氧还原反应的电势。一方面是因为的 Co^{2+} 掺入可以增加催化剂的比表面积，增加活性位点；另一方面是由于 Co^{2+} 的掺入可以提高电催化反应的速率。

（3）TiO_2 和 Co 掺杂 TiO_2 纳米颗粒作为空气阴极应用在两电极可逆锌-空电池上。在放电电流密度为 5mA/cm^2 和 20mA/cm^2 时，Co 掺杂 TiO_2 纳米催化剂的放电容量分别可以达到 778mAh/kg_{Zn} 和 785.9mAh/kg_{Zn}，相应的能量密度分别为 938.5Wh/kg_{Zn} 和 911.3Wh/kg_{Zn}，表明具有很高的容量和能量密度。考察了 TiO_2 和 Co 掺杂 TiO_2 纳米颗粒作为空气阴极电池的可逆循环性能，在充放电电流密度为 5mA/cm^2 时，循环圈数可以达到 3150 圈，时间长达 1050h。在大充放电电流密度为 20mA/cm^2 时充放电时间也可长达 850h。并且该催化剂可以大批量合成，有望应用于锌-空电池的规模化制备。

参 考 文 献

[1] Lee D U, Choi J Y, Feng K, et al. Advanced extremely durable 3D bifunctional air electrodes for rechargeable zinc-air batteries [J]. *Advanced Energy Materials*, 2014, 4 (6): 1301389.

[2] Li Y, Gong M, Liang Y, et al. Advanced zinc-air batteries based on high-performance hybrid electrocatalysts [J]. *Nature Communications*, 2013, 4: 1805.

[3] Liu X, Park M, Kim M G, et al. Integrating NiCo alloys with their oxides as efficient bifunctional cathode catalysts for rechargeable zinc-air batteries [J]. *Angewandte Chemie International Edition*, 2015, 54 (33): 9654~9658.

[4] Suntivich J, Gasteiger H A, Yabuuchi N, et al. Design principles for oxygen-reduction activity on perovskite oxide catalysts for fuel cells and metal-air batteries [J]. *Nature Chemistry*, 2011, 3 (7): 546~550.

[5] Prabu M, Ketpang K, Shanmugam S. Hierarchical nanostructured $NiCo_2O_4$ as an efficient bifunctional non-precious metal catalyst for rechargeable zinc-air batteries [J]. *Nanoscale*, 2014, 6 (6): 3173~3181.

[6] Chen Z, Yu A, Higgins D, et al, Highly Active and Durable Core-Corona Structured Bifunctional Catalyst for Rechargeable Metal-Air Battery Application [J]. *Nano Letters*, 2012, 12 (4): 1946~1952.

[7] Trotochaud L, Young S L, Ranney J K, et al. Nickel-Iron Oxyhydroxide Oxygen-Evolution Electrocatalysts: The Role of Intentional and Incidental Iron Incorporation [J]. *Journal of the American Chemical Society*, 2014, 136 (18): 6744~6753.

[8] Zhang J, Zhao Z, Xia Z, et al. A metal-free bifunctional electrocatalyst for oxygen reductionand oxygen evolutionreactions [J]. *Nature Nanotechnology*, 2015, 10 (5): 444~452.

[9] Hu G, Nitze F, Gracia-Espino E, et al. Small palladium islands embedded in palladium-tungsten bimetallic nanoparticles form catalytic hotspots for oxygen reduction [J]. *Nature Communications*, 2014, 5: 5253.

[10] Hardin W G, Slanac D A, Wang X, et al. Highly Active, Nonprecious Metal Perovskite Electrocatalysts for Bifunctional Metal-Air Battery Electrodes [J]. *The Journal of Physical Chemistry Letters*, 2013, 4 (8): 1254~1259.

[11] Ganesan P, Ramakrishnan P, Prabu M, et al. Nitrogen and Sulfur Co-doped Graphene Supported Cobalt Sulfide Nanoparticles as an Efficient Air Cathode for Zinc-air Battery [J]. *Electrochimica Acta*, 2015, 183: 63~69.

[12] Chung H T, Won J H, Zelenay P, Active and stable carbon nanotube/nanoparticle composite electrocatalyst for oxygen reduction [J]. *Nature Communications*, 2013, 4: 1922.

[13] Liang J, Jiao Y, Jaroniec M, et al. Sulfur and Nitrogen Dual-Doped Mesoporous Graphene Electrocatalyst for Oxygen Reduction with Synergistically Enhanced Performance [J]. *Angewandte Chemie International Edition*, 2012, 51 (46): 11496~11500.

[14] Maiyalagan T, Jarvis K A, Therese S, et al, Spinel-type lithium cobalt oxide as a bifunctional electrocatalyst for the oxygen evolution and oxygen reduction reactions [J]. *Nature Communications*, 2014, 5: 3949.

[15] Song F, Hu X. Ultrathin Cobalt-Manganese Layered Double Hydroxide Is an Efficient Oxygen Evolution Catalyst [J]. *Journal of the American Chemical Society*, 2014, 136 (47): 16481~16484.

[16] Li B, Ge X, Goh F W T, et al. Co_3O_4 nanoparticles decorated carbon nanofiber mat as binder-free air-cathode for high performance rechargeable zinc-air batteries [J]. *Nanoscale*, 2015, 7 (5): 1830~1838.

[17] An T, Ge X, Hor T S A, et al. Co_3O_4 nanoparticles grown on N-doped Vulcan carbon as a scalable bifunctional electrocatalyst for rechargeable zinc-air batteries [J]. *RSC Advances*, 2015, 5 (92): 75773~75780.

[18] Du G, Liu X, Zong Y, et al. Co_3O_4 nanoparticle-modified MnO_2 nanotube bifunctional oxygen cathode catalysts for rechargeable zinc-air batteries [J]. *Nanoscale*, 2013, 5 (11): 4657~4661.

[19] Zha C, He D, Zou J, et al. A minky-dot-fabric-shaped composite of porous TiO_2 microsphere/reduced graphene oxide for lithium ion batteries [J]. *Journal of Materials Chemistry A*, 2014, 2 (40): 16931~16938.

[20] He Y J, Peng J F, Chu W, et al. Black mesoporous anatase TiO_2 nanoleaves: a high capacity and high rate anode for aqueous Al-ion batteries [J]. *Journal of Materials Chemistry A*, 2014, 2 (6): 1721~1731.

[21] Subramanian V, Wolf E E, Kamat P V. Catalysis with TiO_2/Gold Nanocomposites. Effect of Metal Particle Size on the Fermi Level Equilibration [J]. *Journal of the American Chemical Society*, 2004, 126 (15): 4943~4950.

[22] Maneeratana V, Portehault D, Chaste J, et al. Original Electrospun Core-Shell Nanostructured Magnéli Titanium Oxide Fibers and their Electrical Properties [J]. *Advanced Materials*, 2014, 26 (17): 2654~2658.

[23] Shin J Y, Samuelis D, Maier J. Sustained Lithium-Storage Performance of Hierarchical, Nanoporous Anatase TiO_2 at High Rates: Emphasis on Interfacial Storage Phenomena [J]. *Advanced Functional Materials*, 2011, 21 (18): 3464~3472.

[24] Cai Y, Wang H E, Zhuan Huang S, et al. Hierarchical Nanotube-Constructed Porous TiO_2-B Spheres for High Performance Lithium Ion Batteries [J]. *Scientific Reports*, 2015, 5: 11557.

[25] Han L N, Lv L B, Zhu Q C, et al. Ultra-durable two-electrode Zn-air secondary batteries based on bifunctional titania nanocatalysts: a Co^{2+} dopant boosts the electrochemical activity [J]. *Journal of Materials Chemistry A*, 2016, 4 (20): 7841~7847.

[26] Xiao G, Huang X, Liao X, et al. One-pot facile synthesis of cerium-doped TiO_2 mesoporous nanofibers using collagen fiber as the biotemplate and its application in visible light photocatalysis [J]. *The Journal of Physical Chemistry C*, 2013, 117 (19): 9739~9746.

[27] Li J G, Büchel R, Isobe M, et al. Cobalt-doped TiO_2 nanocrystallites: radio-frequency thermal plasma processing, phase structure, and magnetic properties [J]. *The Journal of Physical Chemistry C*, 2009, 113 (19): 8009~8015.

[28] Wang X H, Li J G, Kamiyama H, et al. Pyrogenic iron (Ⅲ) -doped TiO_2 nanopowders synthesized in RF thermal plasma: phase formation, defect structure, band gap, and magnetic properties [J]. *Journal of the American Chemical Society*, 2005, 127 (31): 10982~10990.

[29] de Souza T E, Mesquita A, de Zevallos A O, et al. Structural and magnetic properties of dilute magnetic oxide based on nanostructured Co-doped anatase TiO_2 ($Ti_{1-x}Co_xO_{2-\delta}$) [J]. *The Journal of Physical Chemistry C*, 2013, 117 (25): 13252~13260.

[30] Pei D N, Gong L, Zhang A Y, et al., Defective titanium dioxide single crystals exposed by high-energy {001} facets for efficient oxygen reduction [J]. *Nature Communications*, 2015, 6: 8696.

[31] Liu Y, Chen S, Quan, X, et al., Boron and nitrogen codoped nanodiamond as an efficient metal-free catalyst for oxygen reduction reaction [J]. *The Journal of Physical Chemistry C*, 2013, 117 (29): 14992~14998.

[32] Sun Y, Li C, Shi G. Nanoporous nitrogen doped carbon modified graphene as electrocatalyst for oxygen reduction reaction [J]. *Journal of Materials Chemistry*, 2012, 22 (25): 12810~12816.

[33] Yang S J, Antonietti M, Fechler N. Self-assembly of metal phenolic mesocrystals and morphosynthetic transformation toward hierarchically porous carbons [J]. *Journal of the American Chemical Society*, 2015, 137 (25): 8269~8273.

[34] Liang H W, Zhuang X, Brüller S, et al. Hierarchically porous carbons with optimized nitrogen doping as highly active electrocatalysts for oxygen reduction [J]. *Nature Communications*, 2014, 5: 4793.

[35] Ma T Y, Ran J, Dai S, et al. Phosphorus-doped graphitic carbon nitrides grown in situ on carbon-fiber paper: flexible and reversible oxygen electrodes [J]. *Angewandte Chemie International Edition*, 2015, 54 (15): 4646~4650.

[36] Lee J S, Lee T, Song H K, et al. Ionic liquid modified graphene nanosheets anchoring manganese oxide nanoparticles as efficient electrocatalysts for Zn-air batteries [J]. *Energy & Environmental Science*, 2011, 4 (10): 4148~4154.

[37] Lee J S, Park G S, Lee H I, et al. Ketjenblack carbon supported amorphous manganese oxides nanowires as highly efficient electrocatalyst for oxygen reduction reaction in alkaline solutions [J]. *Nano Letters*, 2011, 11 (12): 5362~5366.

[38] Chen Z, Choi J Y, Wang H, et al. Highly durable and active non-precious air cathode catalyst for zinc air battery [J]. *Journal of Power Sources*, 2011, 196 (7): 3673~3677.

[39] Zhuang X, Gehrig D, Forler N, et al. Conjugated microporous polymers with dimensionality-controlled heterostructures for green energy devices [J]. *Advanced Materials*, 2015, 27 (25): 3789~3796.

[40] Nam G, Park J, Choi M, et al. Carbon-coated core-shell Fe-Cu nanoparticles as highly active and durable electrocatalysts for a Zn-air battery [J]. *ACS Nano*, 2015, 9 (6): 6493~6501.

[41] Dhavale V M, Kurungot S, Cu-Pt nanocage with 3-D electrocatalytic surface as an efficient oxygen reduction electrocatalyst for a primary Zn-air battery [J]. *ACS Catalysis*, 2015, 5 (3): 1445~1452.

[42] Liang H W, Wu Z Y, Chen L F, et al. Bacterial cellulose derived nitrogen-doped carbon nanofiber aerogel: an efficient metal-free oxygen reduction electrocatalyst for zinc-air battery [J]. *Nano Energy*, 2015, 11: 366~376.

[43] Li P C, Hu, C C, Lee T C, et al. Synthesis and characterization of carbon black/manganese oxide air cathodes for zinc-air batteries [J]. *Journal of Power Sources*, 2014, 269: 88~97.

[44] Wu Q, Jiang L, Qi L, et al. Electrocatalytic performance of Ni modified MnO_x/C composites toward oxygen reduction reaction and their application in Zn-air battery [J]. *International Journal of Hydrogen Energy*, 2014, 39 (7): 3423~3432.

[45] Wang J, Wu H, Gao D, et al. High-density iron nanoparticles encapsulated within nitrogen-doped carbon nanosheets as efficient oxygen electrocatalyst for zinc-air battery [J]. *Nano Energy*, 2015, 13: 387~396.

[46] Zhu C, Nobuta A, Nakatsugawa I, et al. Solution combustion synthesis of $LaMO_3$ (M = Fe, Co, Mn)

perovskite nanoparticles and the measurement of their electrocatalytic properties for air cathode [J]. *International Journal of Hydrogen Energy*, 2013, 38 (30): 13238~13248.

[47] Prabu M, Ramakrishnan P, Nara H, et al. Zinc-air battery: understanding the structure and morphology changes of graphene-supported $CoMn_2O_4$ bifunctional catalysts under practical rechargeable conditions [J]. *ACS Applied Materials & Interfaces*, 2014, 6 (19): 16545~16555.

7 TiN/NC 复合材料的制备及其储锂性能研究

7.1 概述

负极材料是锂离子电池中另一个关键组成部分，目前已经实际商业化应用的负极材料一般是碳素材料，如石墨、软碳（如焦炭等）、硬碳等；而处于实验室研究探索阶段的负极材料则主要有硅、锡基氧化物、锡合金、过渡金属氧化物以及其他一些金属间化合物等。研究发现，理想的锂离子电池负极材料应具有以下特点[1]：（1）锂离子扩散速率高；（2）在与锂离子的反应中自由能变化小；（3）嵌入反应高度可逆；（4）热力学稳定，不与电解质发生反应；（5）电导率较好。按照储锂机理的不同，锂离子电池的负极材料大致可以分为如下三种：嵌入/脱出型、合金/去和金型和转化型。嵌入/脱出型储锂材料主要是通过锂离子的嵌入和脱出来提供储锂容量，此类材料一般都具有较好的充放电循环稳定性，这是因为锂离子在嵌入/脱出型材料中的嵌入和脱出虽然会引起材料电子和离子电导率的变化，但其晶胞体积和主体结构在此过程中却不会发生任何改变。在常见的锂电池负极材料中，石墨、钛酸锂（$Li_4Ti_5O_{12}$，LTO）和二氧化钛（TiO_2）是三种典型的嵌入/脱出型负极材料。

石墨具有层状晶体结构，层与层之间以范德华力结合，其中层状结构中的碳原子又以sp^2杂化的方式结合形成六角结构[2]。石墨的层状结构使得锂离子在其中的嵌入和脱出更加容易。在充放电过程中，锂离子不断地在石墨层间嵌入和脱出。在锂离子嵌入过程中，锂离子与石墨形成 Li_xC_6化合物，其理论比容量为 372mAh/g[3]。由于具有嵌锂电压平台低、不可逆容量较小和循环稳定性较好等特点，石墨类材料被广泛应用于锂离子电池负极材料的研究中，而且它也是目前商业化锂离子电池最为常用的负极材料。但与此同时，石墨电极也存在着与有机溶剂相容能力差、易发生溶剂共插入效应而使嵌锂能力降低的问题[4]。目前对石墨电极材料的改性研究主要集中于表面的处理和包覆、掺杂、与其他材料复合、材料的纳米化和多孔化等方面[5~10]。

金属氮化物（metal nitrides，简称 MN）具有优异的电导率[11]，并且它们的低电位和平电位接近锂金属电位[12]，金属氮化物已经成为高性能 LiB 中一种有前景、新型的电极材料[13,14]。除此之外，金属氮化物具有高的锂离子扩散通道，是金属氮化物可作为电极材料的原因之一。金属氮化物体系表明有序或者无序相具有一定量的锂空位[15]，在 Li_3N 中，锂空位是电荷的载体（图 7-1），众所周知，它是在环境温度，结晶固体电解质中可以观察的具有最高 Li^+电导率的快离子导体。在氮化物相中形成额外的空位可以增强锂离子扩散的能力[16]。锂离子在金属氮化物中的扩散包括内部和界面扩散。理论计算出在母体化合物 Li_3N 中锂离子的扩散速率为 $9.02\times10^{-14}m^2/s$[15]，锂离子在 $Li_{3-x-y}Cu_xN$[17]、$LiMn_3N_2$[18]、LiNiN[15]等化合物中的扩散速率分别为 $2.7\times10^{-14}m^2/s$、$5.4\times10^{-14}m^2/s$ 以

及 $0.638\times10^{-14}m^2/s$。因此，由于锂空穴空位可以增强锂离子扩散的能力，从而导致金属氮化物具有相对较高的功率密度，所以金属氮化物也可以提供恰当的动力学反应[12,19]。

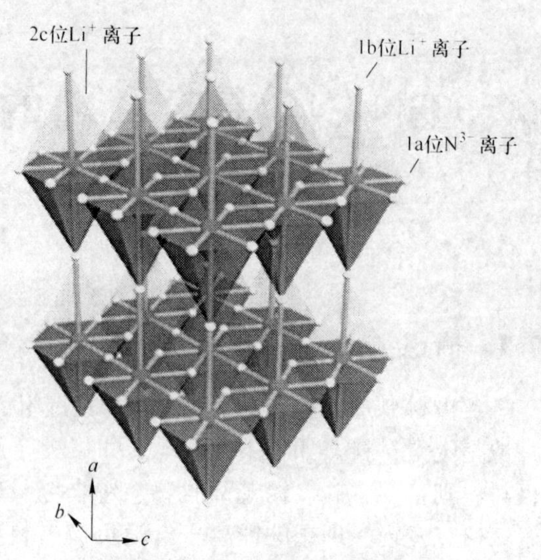

图 7-1 氮化锂结构示意图
（灰色的球代表 Li 原子，灰白色的球代表 N 原子，空间群是 P6/mmc）

在之前的文献报道中，过渡金属氮化物如 NV[20]、Mo_2N[21]、WN[22]、TiN[23]等由于其更高的电导率和良好的稳定性，在 ORR 催化领域都有较多的应用。TiN 而 TiN 作为另一种重要的钛基化合物材料，也具有良好的稳定性和优越的催化活性[24,25]，在能源储存与转化应用中具有更好的前景，因此研究 TiN 纳米材料的制备和电化学性能具有较大的意义。其主要制备方法包括：金属钛粉直接氮化法、化学气相沉积法、氧化钛还原氮化法、自蔓延高温合成法、溶剂热合成法、溶胶-凝胶法等[26~28]。文献中最常见的是将 TiO_2 前驱体在 NH_3 气氛中煅烧，由于煅烧过程中无法完全避免 O 的存在，因此 N 和 O 原子往往共存于 TiN 晶格中，部分研究人员称其为 TiN。这种方法存在以下缺点：一是使用 NH_3 作为氮源，在高温下煅烧得到 TiN，成本高；二是如果煅烧之前的 TiO_{2-x} 纳米颗粒非常细小，煅烧的过程中会发生团聚，这种团聚会严重影响材料的电化学性能。因此，亟须寻找一种更加合适的方法来避免纳米材料的团聚，从而制备出形貌和性能均良好的 TiN 材料。

在本章中，以三嵌段共聚物 P123 为主要碳源、二聚氰胺为氮源、还原剂和碳源，采用溶胶-凝胶和固相法制备了 TiN@ NC 复合材料（注：根据 XPS 测试结果，制备的复合材料中氧含量较高，且与 N 共存于 TiN 晶格中，在本章中，我们把制备的复合材料命名为 TiN@ NC 复合材料）。DCDA 的加入量对复合材料中碳的含量、TiN@ NC 复合材料的形貌、比表面积及孔容积的影响很大。将制备的 TiN@ NC 复合材料制成电极应用在锂离子电池上，可用于探索储锂性能。

7.2 TiN@NC 复合材料的制备

负极材料的制备过程如下：

（1）取 8mL TTIP（钛酸异丙酯）和一定质量的 P123 置于 20mL 样品瓶中，在室温下进行搅拌使两者完全混合形成溶液 A（大约需要搅拌 12h）。

（2）在 100mL 烧杯中加入一定量的乙醇和浓盐酸，搅拌后形成溶液 B。

（3）把溶液 A 加入溶液 B 中搅拌 10min 后加入 8mL 蒸馏水，继续搅拌 30min 后，置于 40℃ 油浴锅中反应 12h。在这个反应阶段中一定时间里溶液上层会出现果冻化的现象，这主要是溶液中的物质发生水解反应。

（4）加入一定质量的 DCDA（二聚氰胺），在 40℃ 油浴锅中蒸干。

（5）样品蒸干后取一定量蒸干的样品放到坩埚里面，将坩埚的盖子盖好然后置于通氮气的马弗炉中 800℃下煅烧，初始温度为 50℃，烧结时的温度上升梯度为 5℃/min，上升到 800℃后保温 1h 后降温冷却，待管式烧结炉的温度冷却至室温时取出样品，将其置于玛瑙研钵中进行研磨，研磨好以后放到装样品的塑料管中密封备用，标记为 TiN@ NC。

制备过程中各药品用量见表 7-1，所有样品的配置相同，只是加入的二聚氰胺的量不同，根据制备过程中加入不同量的二聚氰胺分别得到 TiN@ NC-1、TiN@ NC-2 和 TiN@ NC-3 三种样品。

表 7-1 负极材料制备过程中各试剂用量

样 品	TTIP/mL	蒸馏水/mL	DCDA/g
TiN@ NC-1	8	8	5. 6
TiN@ NC-2	8	8	11. 2
TiN@ NC-3	8	8	16. 8

7.3 结果与讨论

7.3.1 TiN@ NC 复合材料的形貌表征

首先我们考察了二聚氰胺对所制备的 TiN@ NC 复合材料形貌的影响，如图 7-2 所示。在钛酸异丙酯、盐酸、水、乙醇加入量相同及实验条件相同的情况下，当二聚氰胺的加入量为 5. 6g 时，得到的 TiN@ NC-1 复合材料大多是纳米颗粒聚集而成，只有一小部分碳材料存在；当二聚氰胺的加入量增加至 11. 2g 时，出现了大量块状的碳材料（图 7-1（c）和（d）），生成的 TiN 材料可能被包覆在碳材料中，继续增加二聚氰胺的加入量（图 7-1（e）和（f）），碳的含量越来越高，并且团聚现象较严重。进一步说明了在制备过程中加入的二聚氰胺可以作为制备碳材料的一种重要的碳源。

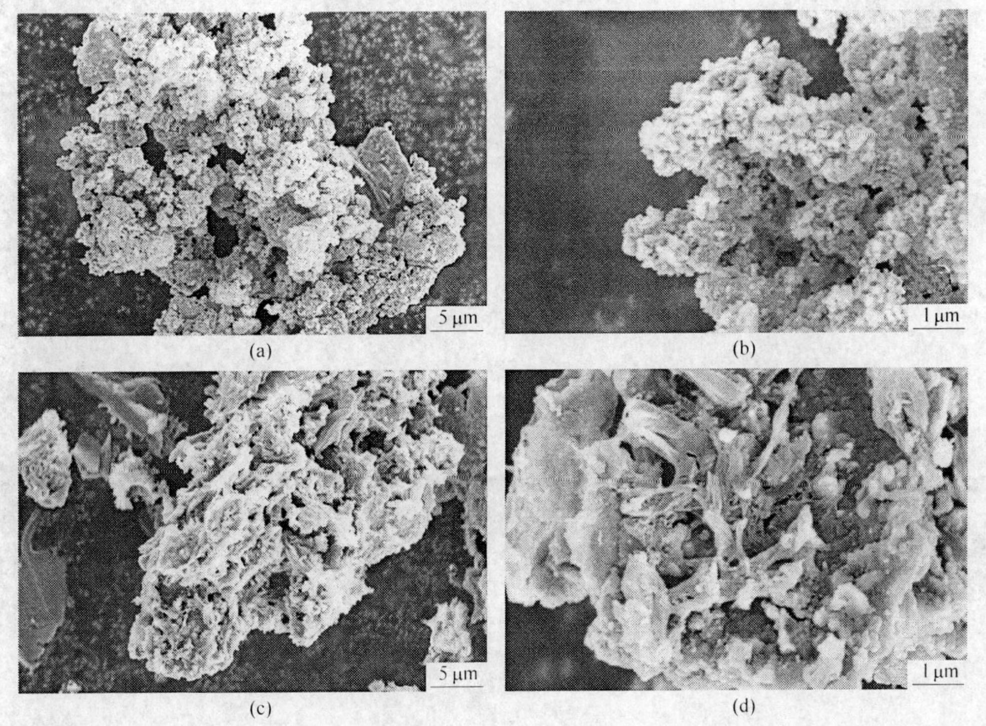

(a) (b) (c) (d)

(e)　(f)

图 7-2　制备的 TiN@ NC 复合材料的 SEM 图
(a)，(b) TiN@ NC-1 复合材料的 SEM 图；(c)，(d) TiN@ NC-2 复合材料的 SEM 图；(e)，(f) TiN@ NC-3 复合材料的 SEM 图

如图 7-3 (a)、(d) 和 (g) 所示，制备的 TiN@ NC 复合材料主要是由碳和 TiN 两种材料组成的，并且在制备过程中，随着二聚氰胺加入量的增加，碳的含量明显增多，结果与 SEM 测试结果一致，进一步直接说明二聚氰胺可以作为制备碳材料的碳源。从图 7-3 (a) 和 (b) 中可以看出，TiN@ NC-1 复合材料中只有少量的 TiN 大颗粒存在，大部分是直径为 10~20nm 的 TiN 颗粒。制备过程中增加二聚氰胺的加入量，TiN@ NC-2 复合材料中 TiN 颗粒的尺寸明显增大，其颗粒尺寸均在 20nm 以上。继续增加二聚氰胺的加入量至 16.8g 时，制备的 TiN@ NC-3 复合材料中的碳成块状形式存在，且 TiN 颗粒的尺寸和 TiN@ NC-3 复合材料中 TiN 颗粒的尺寸相差较小。

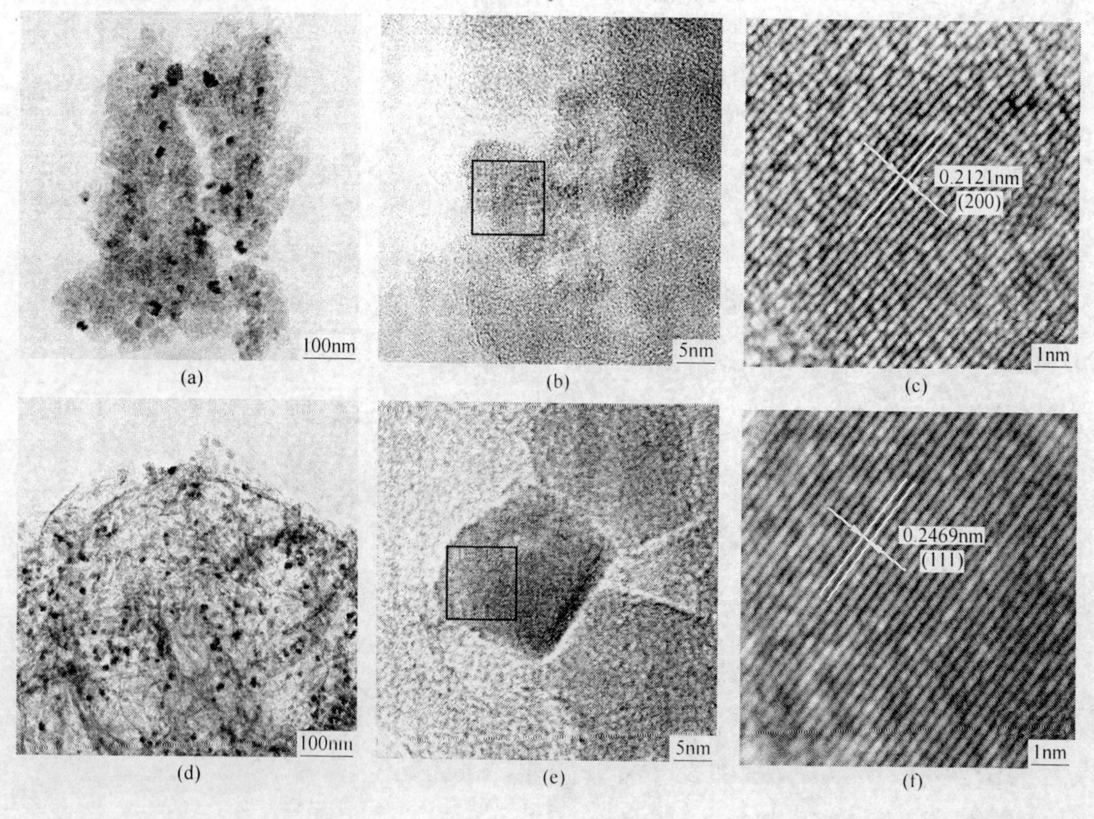

(a)　(b)　(c)
(d)　(e)　(f)

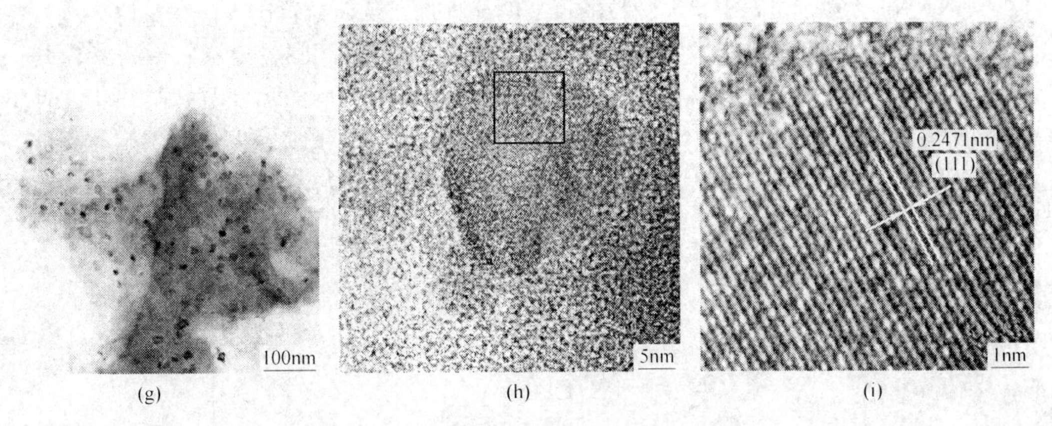

图 7-3 制备的 TiN@ NC 复合材料的 TEM 图

（a）、（d）、（g） TiN@ NC-1、TiN@ NC-2 和 TiN@ NC-3 复合材料的 TEM 图；（b）、（c） TiN@ NC-1 复合材料的 HRTEM 图；（e）、（f） TiN@ NC-2 复合材料的 HRTEM 图；（h）、（i） TiN@ NC-3 复合材料的 HRTEM 图

从图 7-3（b）、（e） 和 （h） 中可以看出，TiN 纳米颗粒均被碳材料包覆形成 TiN@ NC 复合材料，TiN 纳米颗粒周围碳含量与制备过程中加入的二聚氰胺的量有一定的关系。除此之外，根据高分辨透射电镜图（图 7-3（c）、（f） 和 （i））可以看出，加入 5.6g 二聚氰胺制备的 TiN@ NC-1 复合材料中两个晶面间距是 0.2121nm，对应于立方相 TiN 结构中的（200）晶面。制备过程中增加二聚氰胺的量可以得到的 TiN@ NC-2 和 TiN@ NC-3 复合材料中晶面间距分别是 0.2469nm 和 0.2471nm，均对应于立方相 TiN 结构中的（111）晶面。

7.3.2 TiN@ NC 复合材料的结构表征

首先对制备的材料进行物相分析。如图 7-4 所示，测得的 XRD 结果表明，在 2θ 角为 10°~80°范围内，一共有 6 个明显衍射峰出现，其中在 2θ 角分别为 36.7°、42.7°、62°、74.5°、78.5°位置处出现的衍射峰，位于立方相 TiN（NaCl-type structure，JCPDS No. 38-1420）结构以及立方相 TiO（NaCl-type structure，JCPDS No. 08-0117）结构中的（111）、（200）、（220）、（311）及（222）晶面之间，并且衍射峰的位置靠近于立方相 TiN 结构[29]。在 2θ 角为 26°左右的峰为石墨碳材料的特征峰，并且随着制备过程中二聚氰胺（DCDA）加入量的增加，衍射峰明显增强，这是因为在制备过程中，二聚氰胺不仅可以作为氮源用于制备 TiN 材料，也是制备碳材料的一种重要的原料，结果与 SEM 和 TEM 测试结果一致。除了 TiN 纳米颗粒和碳材料的衍射峰之外，无其他衍射峰出现，说明无杂质残余。

负极材料的比表面积、孔径大小及孔容积大小对电池的比容量有着一定的影响。为了表征 TiN@ NC 复合材料的孔结构特征，我们进行了氮气吸附-脱附曲线测试，结果如图7-5所示。根据 IUPAC 分类标准，TiN@ NC 复合材料的吸附-脱附等温线表现出Ⅰ和Ⅳ型等温线的组合特征。吸附-脱附等温线中呈现的回滞环表明 TiN@ NC 复合材料中含有大量的介孔。在制备过程中加入不同量的二聚氰胺，最后得到的 TiN@ NC 复合材料的比表面积有所差别，比如加入 5.6g 二聚氰胺制备的 TiN@ NC 复合材料的比表面积高达 499.68m^2/g，增加二聚氰胺的加入量，得到的 TiN@ NC 复合材料的比表面积稍微下降，为 291.89m^2/g；比表面积的下降可能受 TiN@ NC 复合材料中颗粒尺寸的影响，与 TiN@ NC-1 复合材料相比，TiN@ NC-2 复合材料中 TiN 颗粒的尺寸明显增加，从而导致比表面积下降。当二聚氰胺的加入量增加至 16. 8g 时，TiN@ NC-3 复合材料的比表面积为 352. 33m²/g，稍大于 TiN@ NC-2 复合材料的比表面积，可能是由于 TiN@ NC-3 和 TiN@ NC-2 复合材料中 TiN 纳米颗粒的尺寸相差不大，但是形成的碳材料形状不同造成的。由此可以看出，二聚氰胺加入量的不同，所制备的 TiN@ NC 复合材料的比表面积变化较大，这与制备的 TiN@ NC 复合材料的结构和形貌有直接的关系。

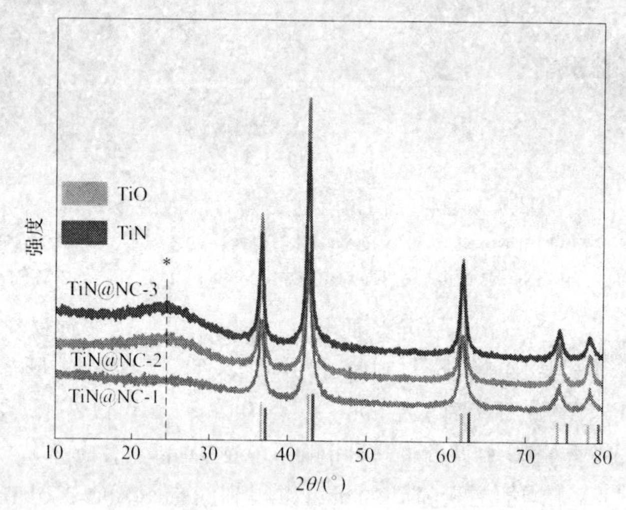

图 7-4　制备的 TiN@ NC-1、TiN@ NC-2 及 TiN@ NC-3 复合材料的 XRD 谱图

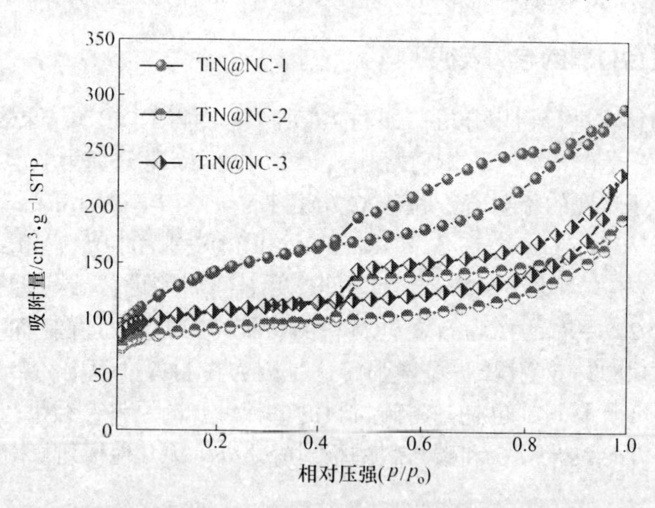

图 7-5　TiN@ NC 复合材料的氮气吸附-脱附曲线

图 7-6 为 TiN@ NC 复合材料的孔径分布及孔容积曲线图。从图中可以看出，制备的 TiN@ NC 复合材料的孔直径大都在 15nm 以下，并且在制备过程中加入 5. 6g DCDA 制备的复合材料具有最大的孔容积。对于 TiN@ NC-1 复合材料，孔径在 2~20nm 之间，总孔容积达到 0. 38cm³/g，并且孔径大于 20nm 时，其总的孔容积变化不大，这说明 TiN@ NC-1 复合材料的孔径主要分布在 20nm 以下。孔径在 2~20nm 范围内，TiN@ NC-2 复合材料的总的孔容积仅为 0. 22cm³/g，并且当孔径大于 20nm 时，总的孔容积缓慢上升，说明 TiN@ NC-2 复合材料中基本不仅存在孔径小于 20nm 的介孔，还存在少量的大于 20nm 的介孔。

孔径在 2~20nm 之间时，TiN@ NC-3 复合材料的总的孔容积为 0.26cm^3/g，并且当孔径大于 20nm 时，总的孔容积逐渐上升，当孔径为 50nm 时，基本保持不变，这说明 TiN@ NC-3 复合材料中 20~50nm 之间的孔比 TiN@ NC-1 复合材料中多一些，这些孔可能是由于 TiN @ NC-3 复合材料中块状的碳堆积而形成的堆积孔。

XPS 检测结果表明只有 Ti、C、N、O 四种元素存在于 TiN@ NC 复合材料中，如图 7-7 所示。从图中可以看出，在制备过程中随着二聚氰胺加入量的增加，制备的 TiN@ NC-1、TiN@ NC-2 以及 TiN@ NC-3 三种复合材料的 XPS 全谱中 O 的峰逐渐减弱，而 N 的峰逐渐增强。三种复合材料中不同元素的含量列于表 7-2 中。

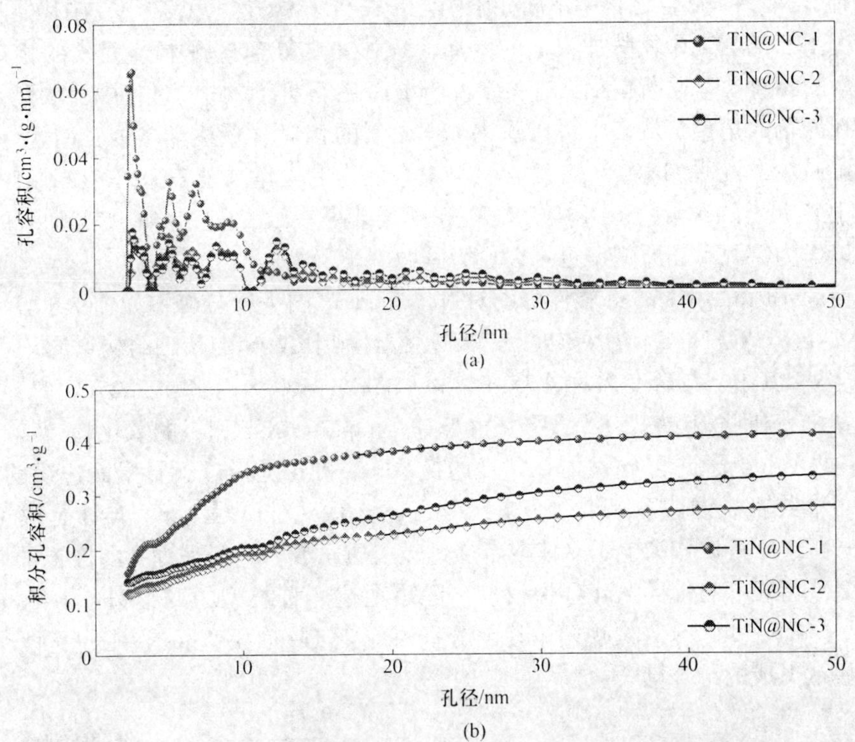

图 7-6 TiN@ NC 复合材料的孔径分布曲线（a）以及孔容积曲线（b）

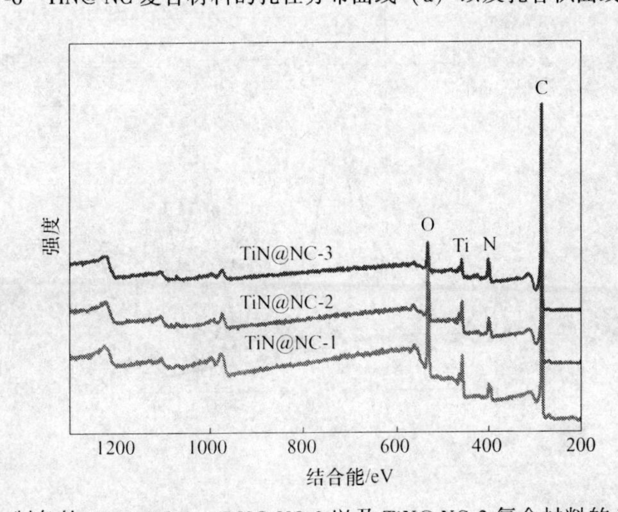

图 7-7 制备的 TiN@ NC-1、TiN@ NC-2 以及 TiN@ NC-3 复合材料的 XPS 全谱

表 7-2　根据 XPS 数据得到的不同 TiN@NC 复合材料中的化学组分

（原子分数,%）

样品名称	C	N	O	Ti
TiN@ NC-1	65. 08	7. 83	22. 98	4. 11
TiN@ NC-2	77. 49	8. 57	10. 06	3. 89
TiN@ NC-3	81. 62	9. 37	7. 08	1. 93

对各种 TiN@ NC 复合材料中不同元素的含量进行了总结，见表 7-2。在其他制备条件不变的情况下，随着二聚氰胺加入量的增加，TiN@ NC 复合材料中 N 元素的相对含量增加，O 元素的相对含量逐渐减小，进一步说明了在制备复合材料的过程中，二聚氰胺充当了氮源和还原剂的角色。从表中可以看出，C 元素的相对含量逐渐增加，而 Ti 元素的相对含量逐渐减少，说明 TiN@ NC-3 复合材料中 C 元素的含量高于 TiN@ NC-2 和 TiN@ NC-1 复合材料中 C 元素的含量，与 XRD、TEM 等测试结果一致，进一步证实了加入的二聚氰胺不仅可以作为氮源和还原剂，也可以作为碳源。

通过使用 Thermo Avantage 软件分别对 N 1s 精细谱图进行分峰，如图 7-8 所示。制备的 TiN@ NC-1、TiN@ NC-2、TiN@ NC-3 三种复合材料中 N 1s 的精细结构谱图均可以分为 6 种类型的 N。其中，结合能为 398. 35eV、399. 32eV、400. 8eV 和 402. 25eV，分别对应于吡啶氮（N-6）、吡咯氮（N-5）、石墨氮（N-Q，graphitic N）和氮的氧化物[30]。其中 N-5 是指带有两个 p 电子并与 π 键体系共轭的氮原子。N-6 是指位于石墨面边缘的氮原子，该原子除了给共轭 π 键体系提供一个电子外，还含有一对孤对电子。N-Q 是位于石墨内部的氮原子，Q-N 可以作为电子受体或者通过吸引质子或者电子来提高电极碳材料的电导率，促进氮或者相邻官能团氧化还原反应。除了上述 4 种类型的 N 之外，在电子结合能为 395. 95eV 和 397. 05eV 处出现两个峰，分别对应于 Ti—N 和 Ti—N—O，这两个峰是 N 原子和金属钛形成的结合键[31]。

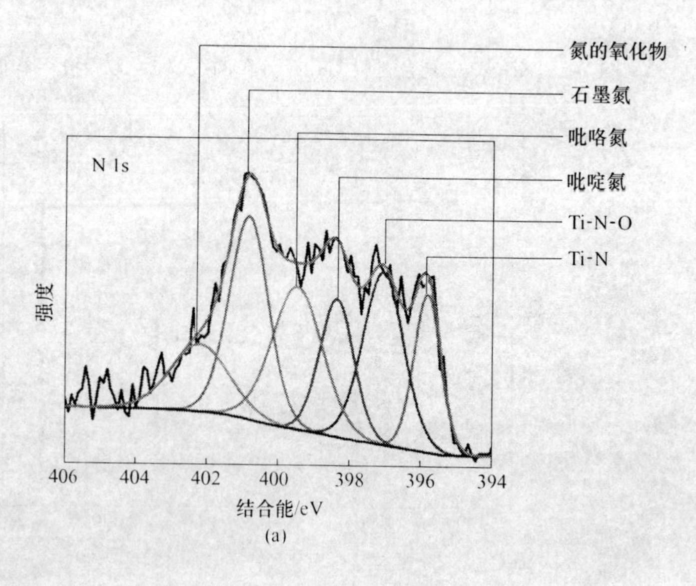

(a)

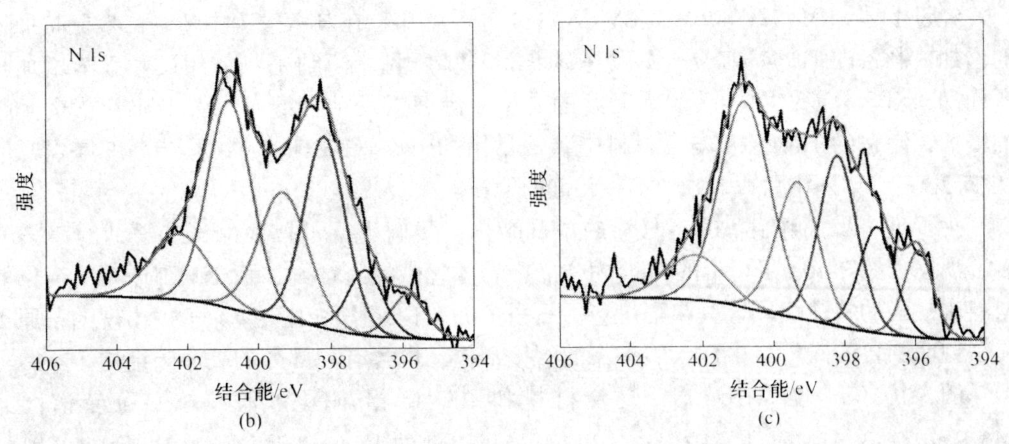

图 7-8 制备的 TiN@ NC-1、TiN@ NC-2 以及 TiN@ NC-3 复合材料中 N1s 的精细谱图

（a）TiN@ NC-1；（b）TiN@ NC-2；（c）TiN@ NC-3

同时使用 Thermo Avantage 软件分别对 Ti 2p 精细谱图进行分峰，如图 7-9 所示。制备的 TiN@ NC-1、TiN@ NC-2、TiN@ NC-3 三种复合材料中 Ti 2p 的精细结构谱图均可以分为 3 种类型的 Ti，其中结合能为 455. 12eV（和 455. 12 eV）、456. 62eV（和 455. 12eV）、458. 34eV（和 455. 12eV），分别对应于 TiN、TiN（或者 TiO）、TiO_2 [32]。

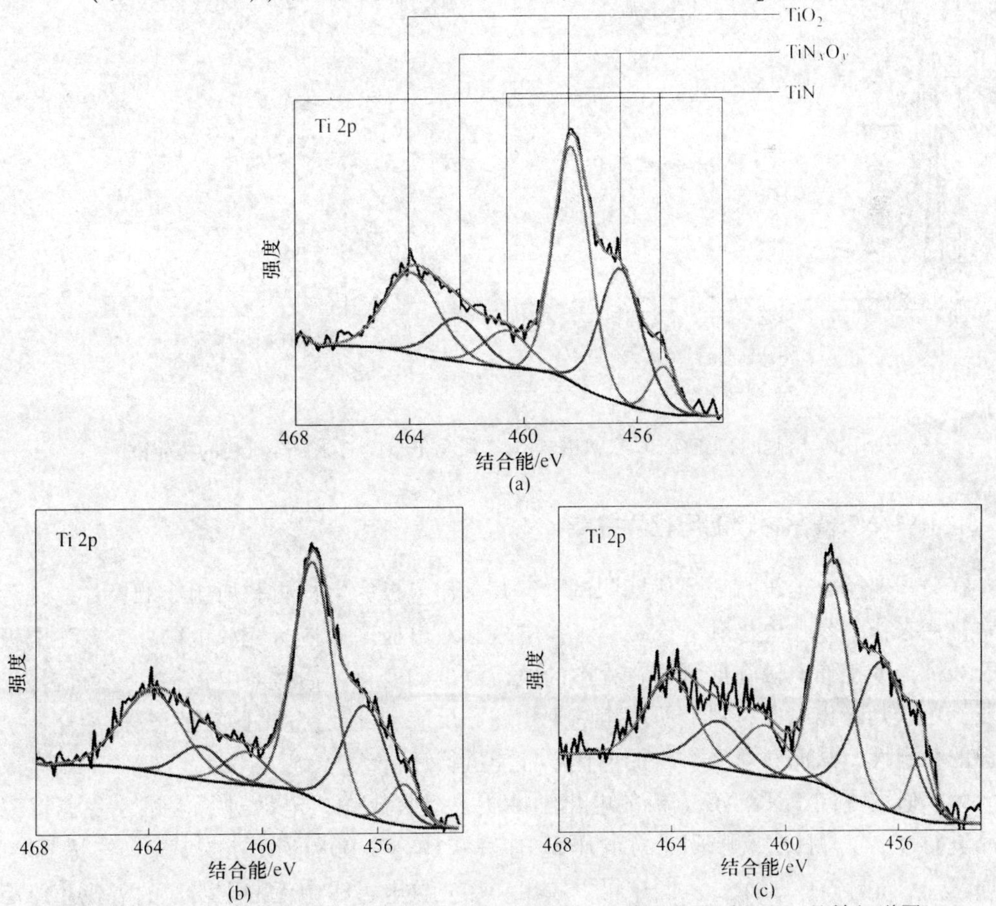

图 7-9 制备的 TiN@ NC-1、TiN@ NC-2 以及 TiN@ NC-3 复合材料中 Ti 2p 的精细谱图

（a）TiN@ NC-1；（b）TiN@ NC-2；（c）TiN@ NC-3

经过上述 SEM、TEM、HRTEM 及 XRD 分析可知，在制备过程中随着二聚氰胺加入量的增加，制备的 TiN@ NC 复合材料中碳含量增加，且 TiN 纳米颗粒的尺寸逐渐增加。众所周知，XPS 只能检测样品表面元素的含量、价态以及结合键等，由于随着二聚氰胺量的增加，制备的 TiN@ NC 复合材料中碳含量增加，尽管 TiN 纳米颗粒结晶度增强，但是从 Ti 2p 精细谱图中可以看出，Ti—N 键的含量较少。

为了进一步了解制备的碳材料的微观结构，我们进行了拉曼测试，得到的谱图如图 7-10 所示。图 7-10（b）中的 G 峰为样品中石墨化碳的特征峰，而 D 峰则是 sp^2杂化的碳材料中缺陷的特征峰，这些缺陷位包括石墨烯的结构缺陷和引入杂原子后出现的杂原子缺陷，说明制备的碳材料中包含了有序的石墨结构，也含有一部分的无序碳结构[33]。

图 7-10（a）为 TiN@ NC 复合材料和锐钛矿相 TiO_2 纳米颗粒的拉曼谱图，在 146.2cm^{-1}、399.1cm^{-1}、519.7cm^{-1}和 640.5cm^{-1}处的振动峰，分别对应于锐钛矿相 TiO_2 纳米颗粒的 E_g、B_{1g}、A_{1g}（B_{1g}）和 E_g 峰。除了锐钛矿相 TiO_2纳米颗粒的特征峰以外，没有其他杂质峰出现。和锐钛矿相二氧化钛材料的拉曼振动峰相比较，TiN@ NC 复合材料中纳米颗粒的振动峰向左发生了偏移，可能是由于氮化后，钛离子的价态发生变化引起的[34]。

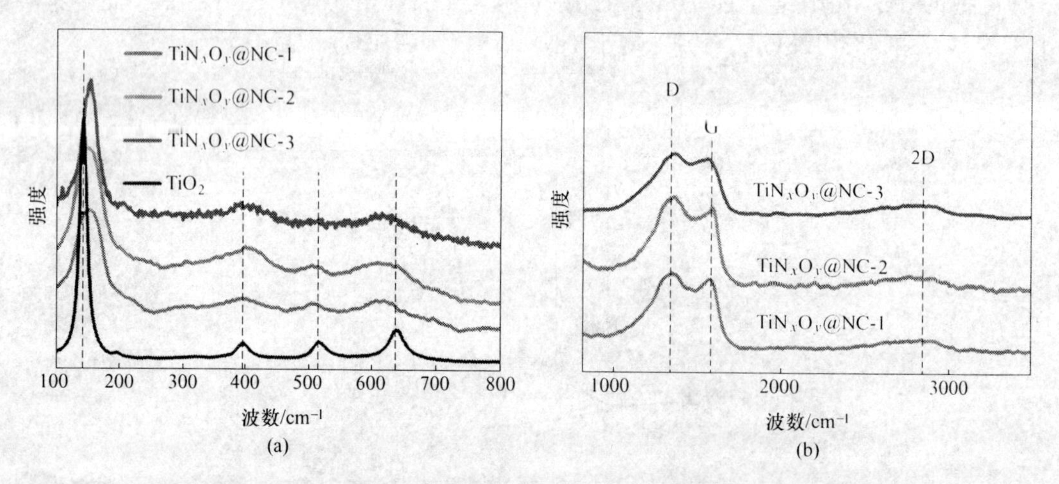

图 7-10 制备的 TiN@ NC-1、TiN@ NC-2 以及 TiN@ NC-3 复合材料的拉曼谱图

7.3.3 TiN@ NC 复合材料的电化学性能

在对锂离子电池进行循环伏安测试时，其工作电极为电极材料所组成的极片，锂片则通常被用来作为参比电极和对电极，工作电极和对电极之间进行充放电循环，参比电极则用于表征校准工作电极在此测试过程中的电极电位的变化。通过对电极材料进行循环伏安测试，可以判断出电极材料上所发生的氧化还原反应和此反应的可逆性以及循环充放电后电极的稳定性，从而对电极材料的电化学性能进行评价。

为了研究不同 TiN@ NC 电极的电化学性质，组装成扣式电池进行测试，我们首先对样品进行了 CV 测试，测试时的电压范围为 0.01～3.00V（vs Li^+/Li），扫描速率为 0.1mV/s，如图 7-11 所示。从图中可以看出，在充放电过程中无特别明显的氧化还原峰出现，仅在 1.3V 左右出现了一个微弱的宽峰。经过三次充放电，CV 图没有发生明显的变化，说明制备的 TiN@ NC 材料具有优异的稳定性。

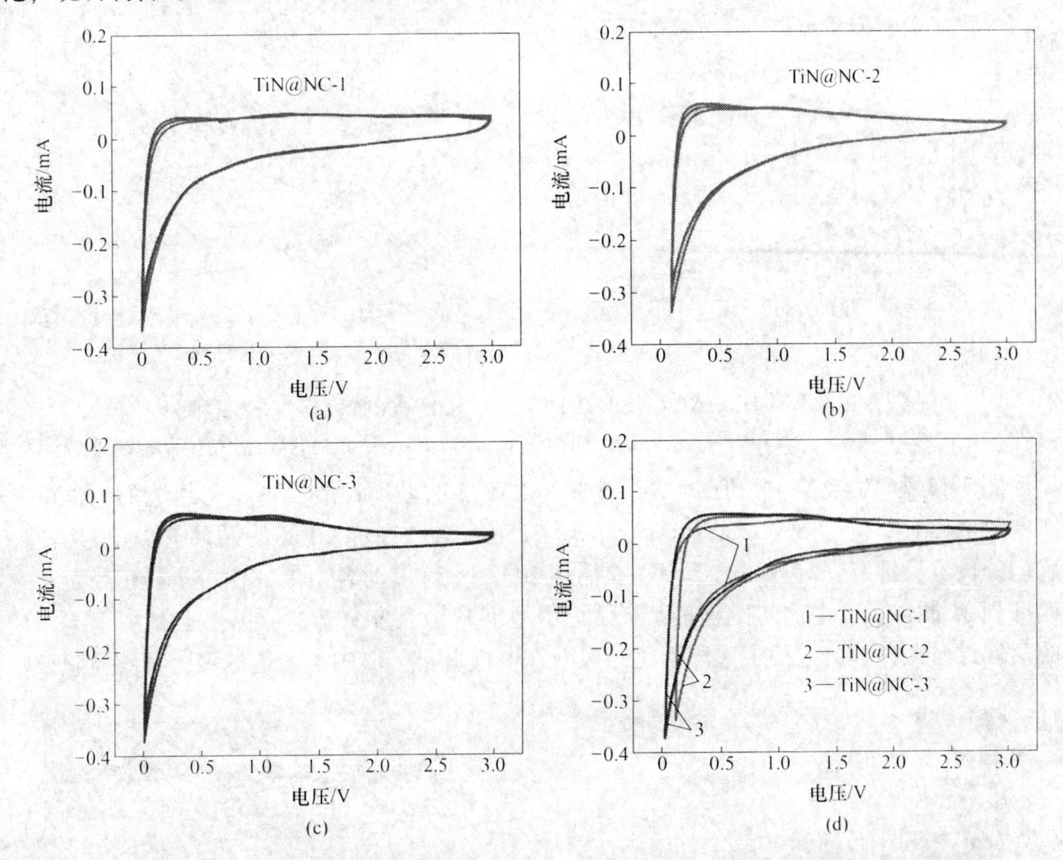

图 7-11 TiN@ NC 复合材料作为负极材料制成的锂离子电池的 CV 曲线（扫描速度：0.1mV/s）

图 7-12 为 TiN@ NC-1、TiN@ NC-2、TiN@ NC-3 的充放电曲线图，测试时充放电电流密度为 100mAh/g，电压范围在 0.01~3V 之间。从图中可以看出，随着循环次数的增加，TiN@ NC-1、TiN@ NC-2、TiN@ NC-3 材料组装成的电池的充放电比容量逐渐增加，可能是在充放电过程中，电极中的活性材料逐渐活化，以及在电极材料上形成了稳定的聚合物胶质膜引起的。通过边角 TiN@ NC-1、TiN@ NC-2、TiN@ NC-3 三种材料组装成的电池充放电比容量可知，基于 TiN@ NC-3 材料的锂离子电池的比容量最大，且随着 TiN@ NC 材料中碳含量的增加，充放电比容量逐渐增加。

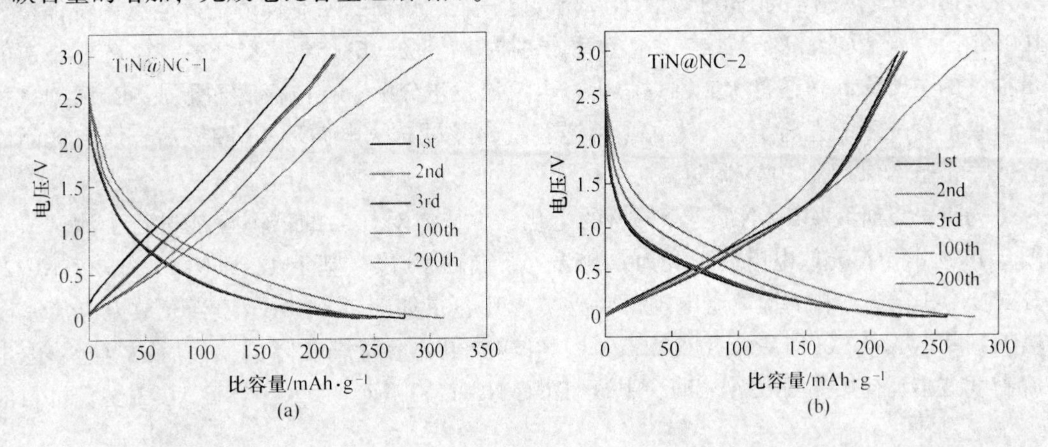

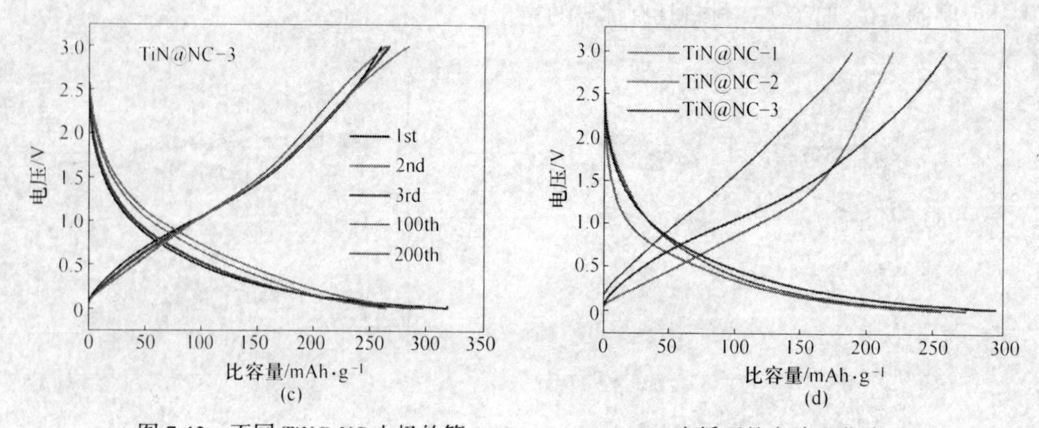

图 7-12　不同 TiN@ NC 电极的第 1、2、3、100、200 次循环的充放电曲线

（a）TiN@ NC-1；（b）TiN@ NC-2；（c）TiN@ NC-3；（d）不同 TiN@ NC 电极的第 1 次循环的充放电曲线

图 7-13 为 TiN@ NC-1、TiN@ NC-2、TiN@ NC-3 的循环性能，各材料组装的电池的首次的放电比容量为 275mAh/g、260mAh/g、325mAh/g，在前 20 圈的循环充放电过程中，它们的比容量都有一定程度的下降，在循环 20 圈到 35 圈时各电池的比容量趋于稳定，在循环到 35 圈以后，电池的比容量又开始慢慢地上升。缓慢上升的原因可能是由于电极中的活性材料在充放电过程中逐渐活化，以及在电极材料上形成了稳定的聚合物胶质膜。

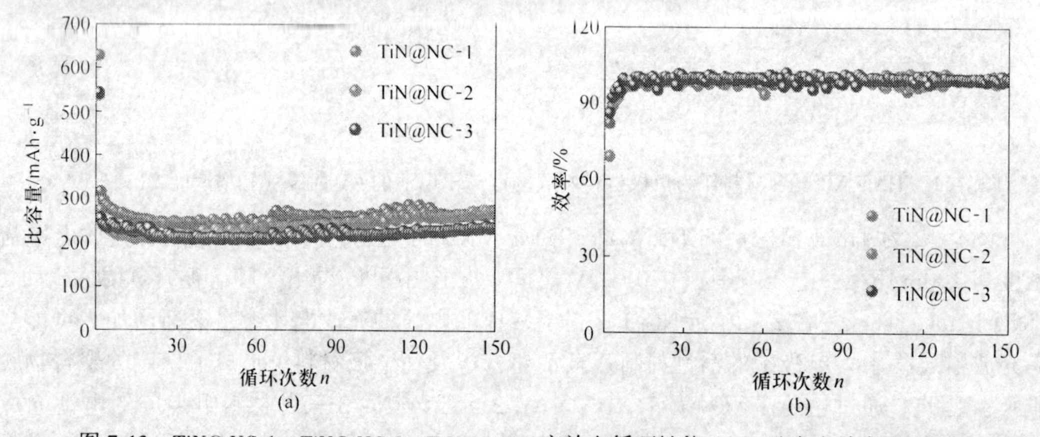

图 7-13　TiN@ NC-1、TiN@ NC-2、TiN@ NC-3 充放电循环性能（a）及库仑效率图（b）

从循环库仑效率图我们可以看到，充放电一定次数后，所有样品的库仑效率都保持在 100%附近。电极的首次充放电库仑效率分别为 81.5%、68.5%、85.6%，存在不可逆能量损失的主要原因是在首次嵌锂过程中，电解液发生分解，在电极表面形成 SEI 膜的过程中，会消耗一定的锂离子，产生了不可逆容量。经过充放电循环 10 圈以后，所有样品库仑效率都基本保持在 100%附近。

为进一步研究 TiN@ NC 复合材料的电化学性质，对样品的倍率性能进行了测试，如图 7-14 所示。在充放电电流密度为 0.05A/g 下循环 10 次，基于 TiN@ NC-1、TiN@ NC-2、TiN@ NC-3 复合材料的锂离子电池的可逆放电比容量如图 7.14 所示。当充放电电流密度增加到 0.10A/g、0.15A/g、0.20A/g 时，可逆放电比容量稍微降低。而后，当充放电电流密度减小到初始的 0.05A/g 时，基于 TiN@ NC-1、TiN@ NC-2、TiN@ NC-3 复合材料的锂离子电池的可逆放电比容量比相同充放电电流密度下初始可逆充放电比容量稍微增高，表明 TiN@ NC 复合材料电极具有优异的倍率性能。

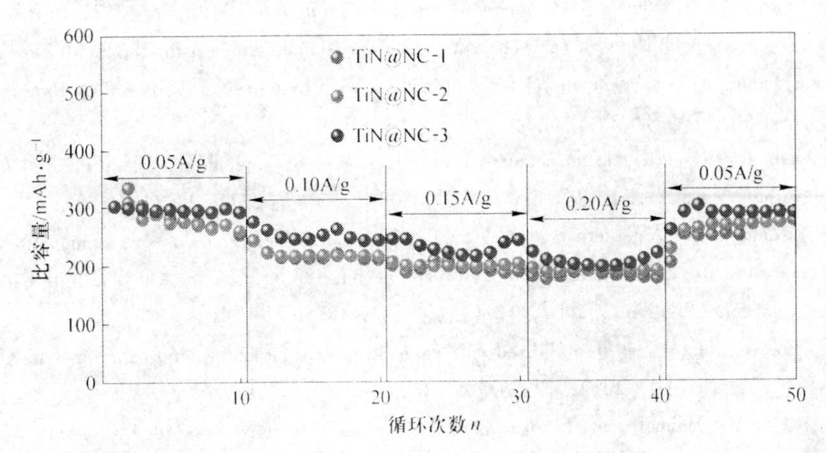

图 7-14 TiN@ NC-1、TiN@ NC-2、TiN@ NC-3 复合材料倍率充放电下的比容量图

7.4 本章小结

本章所使用样品的合成方法是在前期合成方法的基础上进行了调控，合成了 TiN@ NC 复合材料，并将其制作成电极材料应用于锂离子电池中。

（1）在前期合成方法的基础上，通过调控原料 DCDA 和 TTIP 的量，制备出不同碳含量，具有高比表面积的 TiN@ NC 复合材料。DCDA 的加入量对复合材料中碳的含量、TiN @ NC 复合材料的形貌、比表面积及孔容积的影响很大。

（2）通过对制备的 TiN@ NC 复合材料进行电化学性能测试，结果表明碳含量在一定程度上影响 TiN@ NC 复合材料基锂离子电池的比容量，在制备过程中随着 DCDA 加入量的增加，形成复合材料的充放电的能量密度逐渐增加。并且在充放电循环过程中，随着循环次数的增加，TiN@ NC 复合材料基锂离子电池的比容量均有不同程度的增加。

参 考 文 献

[1] 吕晓欣．锂离子电池过渡金属氧化物负极材料的制备及其电化学性能表征［D］．苏州：苏州大学，2016.

[2] Frackowiak E，Gautier S，Gaucher H，et al. Electrochemical storage of lithium in multiwalled carbon nanotubes［J］. *Carbon*，1999，37（1）：61~69.

[3] Ohzuku T，Iwakoshi Y，Sawai K. Formation of Lithium-graphite intercalation compounds in nonaqueous electrolytesand their application as a negative electrode for a lithium ion（shuttlecock）cell［J］. *Journal of the Electrochemical Society*，1993，140（9）：2490~2498.

[4] 郭炳，李新海，杨松青．化学电源：电池原理及制造技术［M］．长沙：中南工业大学出版社，2000.

[5] 唐致远，潘丽珠，刘春燕．锂离子电池石墨负极材料表面镍包覆［J］．电池，2002，32：194~196.

[6] Zhou F D，Qiu K H，Peng G C，et al. Silver/carbon nanotube hybrids：Anovel conductive network for

high-rate lithium ion batteries [J]. *Electrochemica Acta*, 2015, 151: 16~20.

[7] Wang X X, Wang J N, Chang H, et al. Preparation of short carbon nanotubes and application as an electrode material in Li-ion batteries [J]. *Advanced Functional Materials*, 2007, 17 (17): 3613~3618.

[8] He B, Li W C, Lu A H. High nitrogen-content carbon nanosheets formed using the Schiff-base reaction in a molten salt medium as efficient anode materials for lithium-ion batteries [J]. *Journal of Materials Chemistry A*, 2015, 3 (2): 579~585.

[9] Yoo E J, Kim J, Hosono E, et al. Large reversible Li storage of graphene nanosheet families for use in rechargeable lithium ion batteries [J]. *Nano Letters*, 2008, 8 (8): 2277~2282.

[10] Hu Y S, Adelhelm P, Antonietti M, et al. Synthesis of hierarchically porous carbon monoliths with highly ordered microstructure and their application in rechargeable lithium batteries with high-rate capability [J]. *Advanced Functional Materials*, 2007, 17 (12): 1873~1878.

[11] Lu X, Wang G, Zhai T, et al. Stabilized TiN nanowire arrays for high-performance and flexible supercapacitors [J]. *Nano Letters*, 2012, 12: 5376~5381.

[12] Das B, Reddy M, Malar P, et al. Nanoflake CoN as a high capacity anode for Li-ion batteries [J]. *Solid State Ionics*, 2009, 180: 1061~1068.

[13] Cui G, Gu L, Thomas A, et al. A carbon/titanium vanadium nitride composite for lithium storage [J]. *Chem Phys Chem*, 2010, 11: 3219.

[14] Suzuk N, Cervera R B, Ohnishi T, et al. Silicon nitride thin film electrode for lithium-ion batteries [J]. *Journal of Power Sources*, 2013, 231: 186~189.

[15] Stoeva Z, Gomez R, Gordon A G, et al. Fast lithium ion diffusion in the ternary layered nitridometalate LiNiN [J]. *Journal of the American Chemical Society*, 2004, 126: 4066~4067.

[16] Balogun M S, Qiu W T, Wang W, et al. Recent advances in metal nitrides as highperformance electrode materials for energy storage devices [J]. *Journal of Materials Chemistry A*, 2015, 3: 1364~1387.

[17] Powell A S, Stoeva Z, Smith R I, et al. Structure, stoichiometry and transport properties of lithium copper nitride battery materials: combined NMR and powder neutron diffraction studies [J]. *Physical Chemistry Chemical Physics*, 2011, 13: 10641~10647.

[18] Sun Q, Fu Z W. Mn_3N_2 as a novel negative electrode material for rechargeable lithium batteries [J]. *Applied Surface Science*, 2012, 258: 3197~3201.

[19] Takeda Y, Nishijima M, Yamahata M, et al. Lithium secondary batteries using a lithium cobalt nitride, $Li_{2.6}Co_{0.4}N$, as the anode [J]. *Solid State Ionics*, 2000, 130: 61~69.

[20] Huang T, Mao S, Zhou G, et al. Hydrothermal Synthesis of Vanadium Nitride and Modulation of Its Catalytic Performance for Oxygen Reduction Reaction [J]. *Nanoscale*, 2014, 6 (16): 9608~9613.

[21] Zhong H, Zhang H, Liu G, et al. A novel non-noble electrocatalyst for PEM fuel cell based on molybdenum nitride [J]. *Electrochemistry Communications*, 2006, 8 (5): 707~712.

[22] Dong Y, Li J, Tungsten nitride nanocrystals on nitrogen-doped carbon black as efficient electrocatalysts for oxygen reduction reactions [J] *Chemical Communications*, 2015, 51 (3): 572~575.

[23] Chandra N, Sharma M, Singh D K, et al. Synthesis of nano-TiC powder using titanium gel precursor and carbon particles [J]. *Materials Letters*, 2009, 63 (12): 1051~1053.

[24] Ohnishi R, Takanabe K, Katayama M, et al. Nano-nitride cathode catalysts of Ti, Ta, and Nb for polymer electrolyte fuel cells: temperature-programmed desorption investigation of molecularly adsorbed oxygen at low temperature [J]. *Journal of Physical Chemistry C*, 2013, 117 (1): 496~502.

[25] Youn D H, Bae G, Han S, et al. A highly efficient transition metal nitride-based electrocatalyst for oxygen reduction reaction: TiN on a CNT-graphene hybrid support [J]. *Journal of Materials Chemistry A*, 2013,

1 (27): 8007~8015.

[26] 孔祥鹏, 赵煜, 张林香, 等. 氮化钛纳米粉体材料的研究进展 [J]. 材料导报, 2010, 5 (24): 110~113.

[27] Kato A, Iwata M, Hojo J, et al. Fine titanium nitride powders by the vapor phase reaction of $TiCl_4$-NH_3-H_2-N_2 system [J]. *Journal of the Ceramic Society of Japan*, 1975, 83 (961): 453~459.

[28] Zhu L P, Ohashi M, Yamanaka S. Novel synthesis of TiN fine powders by nitridation with ammonium chloride [J]. *Materials Research Bulletin*, 2002, 37 (3): 475~476.

[29] Chen T T, Liu H P, Wei Y J, et al. Porous titanium oxynitride sheets as electrochemical electrodes for energy storage [J]. *Nanoscale*, 2014, 6: 5106~5109.

[30] Zhou X, Gao Y J, Deng S W, et al. Improved oxygen reduction reaction performance of Co confined in ordered N-doped porous carbon derived from ZIF-67 @ PILs [J]. *Industrial & Engineering Chemistry Research*, 2017, 56: 11100~11110.

[31] Kim B G, Jo C, Shin J, et al. Ordered Mesoporous Titanium Nitride as a Promising Carbon-Free Cathode for Aprotic Lithium-Oxygen Batteries [J]. *ACS Nano* 2017, 11: 1736~1746.

[32] Drygas' M, Czosnek C, Paine R T, et al. Two-stage aerosol synthesis of titanium nitride TiN and titanium oxynitride TiO_xN_y nanopowders of spherical particle morphology [J]. *Chemistry Materials*, 2006, 18: 3122~3129.

[33] Yue Y H, Han P X, He X, et al. In situ synthesis of a graphene/titanium nitride hybrid material with highly improved performance for lithium storage [J]. *Journal of Materials Chemistry*, 2012, 22: 4938~4943.

[34] Balogun M S, Yu M H, Li C, et al. Facile synthesis of titanium nitride nanowires on carbon fabric for flexible and high-rate lithium ion batteries [J]. *Journal of Materials Chemistry A*, 2014, 2: 10825~10829.